Faszination Aphyos

Faszination Aphyos

Prachtkärpflinge erfolgreich halten und züchten

Dieter Ott

Mit 194 farbigen Fotos von Dieter Ott

Grafiken von Dieter Ott/Alfons Schmid

Titelfotos: Dieter Ott

Autorenfoto Umschlagrückseite: Karin Ott

ISBN: 978-3-89432-001-0

Lektorat: Caren Fuhrmann – www.textorganisation.de

Satz und Layout: ISM Satz- und Reprostudio GmbH

Druck und Bindung: Esser printSolutions GmbH, Bretten

Inhaltsverzeichnis

1 Vorwort

Liebe Leserin, lieber Leser,

Sie interessieren sich für Prachtkärpflinge? Da haben wir etwas gemeinsam. Diese Killifische in unseren Aquarien sind besondere Tiere, nicht nur aufgrund ihrer geringen Größe und ihrer prächtigen Farben, sondern auch im Hinblick auf ihre Fortpflanzungsbiologie.

Dieses Buch beschränkt sich auf drei Fischgruppen west- und zentralafrikanischer Killifische, die lange Zeit wissenschaftlich der Gattung *Aphyosemion* zugerechnet wurden. Ich fasse sie praktischerweise unter dem Begriff »Aphyos« zusammen.

Das Wissen um unsere Killifische ist in den vergangenen 40 Jahren enorm gewachsen. Denken wir an die große Zahl an Neubeschreibungen, so erklärt sich der Umfang des Artenteils (siehe Kapitel 9). Selbstverständlich gehe ich in eigenen Kapiteln auf Einzelheiten zur Haltung und Zucht der Arten ein, wobei ein intensiver Blick auf die ursprünglichen heimatlichen Biotope die große Vielfalt der Ansprüche widerspiegelt.

Abb. 1.1: *Fundulopanchax gardneri nigerianus* »Misajé«

Meine Leidenschaft für die Killis erwachte bereits als Schulkind, als ich im Berliner Zoo gebannt vor den Aquarien mit den prachtvollen Fischen stand. Doch mein schmales Taschengeld und der leider produzierte Trockenfisch dämpften zunächst meine Begeisterung. Wochenlang studierte ich danach Berichte zur Haltung und Zucht von Killifischen. Als ich die »*Aphyosemion*-Plauderei« von Arend van den Nieuwenhuizen (1961) las, ließ meine Fantasie aus den Schwarz-Weiß-Bildern eine stimmungsvolle Unterwasserwelt erstehen, in deren Dschungel die Farben der Killifische leuchteten. Nachdem ich erstmals – damals rare – Farbfotos in einer DATZ-Ausgabe sah, war ich den Tieren verfallen. Endlich wollte ich sie in meinen Aquarien sehen. In den 1960er-Jahren ließ ich mir einige Arten von einer holländischen Züchterin schicken, die immer wieder annonciert hatte. Die Freude war groß, als zwischen den Schwimmpflanzen auch ein paar Jungfische auftauchten. Dass diese nach ein paar Tagen wieder verschwunden, wohl gefressen worden waren, holte mich aus meinen Träumen auf den Erdboden zurück. So einfach wie die Lebendgebärenden waren die Eierlegenden Zahnkarpfen wohl nicht zu züchten.

Bis auf wenige Ausnahmen finden Sie Arten der Prachtkärpflinge leider nicht im Fachhandel. Wir Killianer sind deshalb eine Gemeinschaft, die sich gegenseitig unterstützt. Dabei geht es nicht nur um die Beschaffung neuer Arten, sondern auch um Fragen zu allen möglichen Themen rund um die Aquaristik. Der Austausch geschieht nicht im stillen Kämmerlein, zum Fachsimpeln werden alle Gesprächs- und Informationskanäle bis hin zu den Social Media genutzt. Wir sind stolz darauf, dass die vorhandenen Aphyo-Arten auch alle gezüchtet werden. Selten widersteht eine Art allen Bemühungen. Weil es im Hobbybereich viele Killifischarten gibt, die Zahl der Killianer im Verhältnis dazu allerdings eher gering ist, kommt der Arterhaltung große Bedeutung zu. Zum Glück ist die Vermehrung mit den heutigen Möglichkeiten bis auf wenige Ausnahmen nicht schwierig. Mit etwas Übung gelingt sie jedem Aquarianer. Deshalb habe ich meine »Rezepte« in diesem Buch im Kapitel »Zucht« sehr ausführlich beschrieben. Ich hoffe, es bietet Ihnen viele Anregungen.

Aufgrund der großen Artenfülle verwende ich im Buch bis auf wenige Ausnahmen die wissenschaftlichen Namen. Auch wenn einige sehr kompliziert klingen, ist bei ihnen gewährleistet, dass sie international verstanden werden. Das ist gerade bei unseren Killifischen von großem Vorteil, weil der Austausch unter den Freunden dieser Arten inzwischen weltweit läuft. Bei der hohen Artenzahl erscheint mir die Vergabe von deutschen Namen wenig zielführend. Den »Kap Lopez« kennt fast jeder Aquarianer. Aber der »Rotgepunktete Fähnchenträger« wäre ein *Aphyosemion*, der mit vielen anderen Arten verwechselt werden könnte. Nutzen wir die wissenschaftlichen Bezeichnungen, sind wir sicher, dass der Gesprächspartner oder Internetfreund denselben Fisch meint.

Die verwendeten Fachbegriffe werden in der Regel im Glossar erläutert, gelegentlich auch innerhalb des Textes.

In rund 150 Jahren Aquaristik sind unzählige wissenschaftliche und praktische Informationen veröffentlicht worden, wichtige oder eher unwichtige. Es ist verblüffend, wie viel unsere Altvorderen bereits von und im Umgang mit den Fischen wussten. Sie haben sehr genau hingeschaut. Wenn ich meine Erfahrungen in der Haltung und Zucht darstelle, so geschieht dies selbstverständlich in Kenntnis und Nutzung der heutigen Möglichkeiten des Wissenserwerbs. Niemand wird *Fundulopanchax sjostedti* in der Manier der »DATZ-Züchterkniffe I« aus den 1950er-Jahren ansetzen und die Eier mit dem Glasrohr aus dem Sand aufwirbeln und absaugen wollen.

Seit über 60 Jahren bin ich Aquarianer. Die Leidenschaft zu kleinen bunten Fischen hat mich im Hobby gehalten. Jede Art, die ich mir ins Aquarium hole, möchte ich nachziehen. Mal gelingt dies zügig, manchmal muss ich Etliches ausprobieren, gelegentlich scheitere ich bei diesem Versuch und das Fragen beginnt.

Manchmal erstaune ich vor mir selbst. Da weiß ich ohne Zögern, wo ein bestimmter Fundort einer Fischart liegt, und wenig später benötige ich im Auto das Navi, um einen in der Nähe liegenden, eigentlich vertrauten Ort zu finden. Mir liegt es am Herzen, dass wir die Länder, in denen die Heimat unserer Killifische liegt, nicht nur als Fanggebiet für unsere Fische wahrnehmen. Die Menschen dort haben unsere Anteilnahme und Unterstützung verdient, auch wenn dabei viele Hürden überwunden werden müssen. Ein Blick über den eigenen Tellerrand kann viel bewirken.

Mit diesem Buch möchte ich mein Wissen und meine Erfahrungen mit den Prachtkärpflingen an Sie weitergeben. Diesen kleinen Fischen gilt seit vielen Jahren meine besondere Liebe. Dabei muss ein Killi nicht selten sein, um mir zu gefallen.

Vielleicht gelingt es mir, etwas von meiner Leidenschaft in Ihnen zu wecken. Es würde mich sehr freuen.

Ihr Dieter Ott

Meeder, Januar 2019

2 Einführung

2.1 Gestatten: Killifisch

Die in diesem Buch behandelten Arten gehören zu den Killifischen, einer Gruppierung innerhalb der Zahnkärpflinge (Cyprinodontiformes) mit einer Körperlänge von 30 bis 100 mm. Auf den ersten Blick unterscheiden sie sich nicht großartig von anderen Verwandten. In ihrer Körperform erinnern sie etwas an den Hecht und geben allein dadurch einen Hinweis auf eine räuberische Lebensweise. Aufgrund ihres Körper- und Flossenbaus sind sie offensichtlich keine ausdauernden Schwimmer. Ins Auge fallen die meist prächtigen Färbungsmuster der Männchen, die sie deutlich von den dezenter gefärbten, meist kleineren Weibchen unterscheiden.

Abb. 2.1: *Laimosemion xiphidius* kann farblich mit den *Aphyosemion* mithalten.

Sind das unverträgliche Killer oder woher kommt der Name?

Fiedler (1991) stellt im »Lehrbuch der speziellen Zoologie« einen Bezug zur Gattung *Fundulus* her und vermutet, dass sich der Name »Killifisch« wohl von

»Kill-fish« (to kill = englisch für »töten«) ableiten würde, weil einige Arten giftig seien. Diese Vermutung ist falsch.

Die Bezeichnung Killifisch stammt aus der Umgangssprache. Im 18. Jahrhundert nannten die Einwohner New Yorks kleine Fische in den die Stadt umgebenden Gräben und Wasseransammlungen »Kilvis«. Wir erinnern uns: New York wurde als Neu-Amsterdam von niederländischen Kaufleuten gegründet. Deshalb ist es nicht verwunderlich, dass sich altniederländische Begriffe in der Sprache erhielten. Seegers (1980) verweist auf eine Ende des 18. Jahrhunderts in den Schriften der »Gesellschaft Naturforschender Freunde« publizierte ausführliche Arbeit des Deutschen Johann David Schoepf, in denen der Verfasser auf diese nordamerikanischen Fische einging. Erstmals ist hier der Volksmund mit dem »Killifish« erwähnt.

Die Bezeichnung »Killi-fishes« wurde in der Aquarienliteratur schnell aufgegriffen und begegnet uns bereits 1890 in einem Beitrag von W. Geyer. In diesem Artikel findet sich eine der Ursachen für eine Verallgemeinerung des Begriffs, denn die Gattung *Fundulus* diente lange Zeit als Sammelbecken für Arten, die allerdings in den letzten Jahrzehnten wissenschaftlich ganz anders eingeordnet wurden, weil sie verwandtschaftlich weiter entfernt stehen. Die Liebhaber dieser Fische versuchten den Gattungsnamen einzudeutschen. So stand der Begriff »Fundulen« lange Zeit als Synonym.

Namenspate Karpfen

Den Begriff »Zahnkarpfen« prägte Bernard Germain Étienne Médard de La Ville-sur-Illon, comte de Lacépède (1756–1825), genannt La Cépède, mit dem Gattungsnamen *Cyprinodon*. Er stellt die wörtliche Übersetzung dar. Zu dieser Beschreibung führten ihn die Aufsammlung und das ihm schließlich zugegangene Manuskript des biologisch interessierten Handelsagenten L. A. G. Bosc. Dieser meinte, im aufgesammelten Fisch einen Karpfenverwandten gefunden zu haben. Die Zahnkarpfen tragen statt der Schlundzähne europäischer Karpfen echte Zähne, sodass La Cépède zu Beginn des 19. Jahrhunderts die von Bosc gefundenen Fische folgerichtig systematisch abgrenzte. Dass die Tiere Eier legen, war problemlos festzustellen. Der Familienname Cyprinodontidae (Eierlegende Zahnkarpfen) stellt eine Ableitung aus dem durch R. Owen lange für alle Zahnkarpfenarten verwandten Sammelbegriff *Cyprinodon* dar (Rachow in Holly et al. o. J.).

Bereits zur Wende vom 19. zum 20. Jahrhundert sprachen viele aquaristische Veröffentlichungen von Eierlegenden Zahnkarpfen. Die Bedeutung dieser Bezeichnung hat sich im Laufe der Zeit gewandelt, z. B. gehören die früher hinzugezählten *Oryzias* nicht mehr dazu.

Abb. 2.2: *Oryzias* zählen heute nicht mehr zu den Killifischen.

Was macht aus einem Fisch einen Killifisch?

Killifische sind mehr oder minder schlanke Tiere, deren Körperbau nur bei einigen Arten an den Karpfen erinnert. Sie tragen echte Zähne, die sie als kleine Räuber ausweisen. Das Seitenlinienorgan ist auf den Kopf reduziert. Die erkennbaren Organe werden Neuromasten genannt. Es handelt sich um Vertiefungen mit Sinnesknospen.

Auf dem Kopf befinden sich Schuppen, die sich überlappen und dabei regelmäßige, in den Gattungen mehr oder weniger deutliche Muster zeigen. Die oben aufliegende Schuppe ist Namensgeber für die Schuppentypbezeichnung.

Durch Darmuntersuchungen konnte belegt werden, dass den Cyprinodontidae wie bei den Cyprinidae ein Magen fehlt. Im Kapitel 6.1 gehe ich darauf näher ein.

Eine Besonderheit der Killifische ist, dass das Larvalstadium im Ei durchlaufen wird. Die kurze Phase zwischen dem Schlupf des Jungfisches und der ersten Futteraufnahme kann noch hinzugerechnet werden.

2.2 Ein bisschen Wissenschaft

Über kurz oder lang wird jeder Killi-Liebhaber auf die zahlreichen Diskussionen rund um die Artnamen unserer Aphyos stoßen. Es gibt gültige »Internationale Regeln für die zoologische Nomenklatur«, doch die Meinungen innerhalb der Systematiker gehen weit auseinander. Vielleicht möchten Sie sich ein genaueres Bild zu den offenen Fragen machen und die Entscheidung über den Gebrauch der Artnamen zukünftig selbst fällen? Die Erläuterung dieses Themas ist mir wichtig, daher habe ich nachfolgend etwas Basiswissen zusammengestellt. Weitere Hinweise gibt es bei der Beschreibung der Arten. Die zahlreichen Literaturhinweise bieten Gelegenheit für eine Überprüfung meiner Darstellung sowie für die eigene weitere Vertiefung.

Systematik in Anlehnung an Huber (2018) und Costa (2015):

Ordnung Cyprinodontiformes Berg, 1940
__ Unterordnung Aplocheiloidei Bleeker, 1859
____ ...
____ Familie Nothobranchiidae Garman, 1895
_______ Unterfamilie Nothobranchiinae Garman, 1895
__________ Tribus Nothobranchiini Garman, 1895
_____________ ...
_____________ Subtribus Aphyosemina Huber, 2000
________________ Gattung *Aphyosemion* Myers, 1924
___________________ Untergattungen:
___________________ *Aphyosemion* s.s. Myers, 1924
___________________ *Chromaphyosemion* Radda, 1971
___________________ *Diapteron* Huber & Seegers, 1977
___________________ *Episemion* Radda & Pürzl, 1987
___________________ *Kathetys* Huber, 1977
___________________ *Mesoaphyosemion* Radda, 1977
___________________ *Raddaella* Huber, 1977
________________ ...
________________ Gattung *Fundulopanchax* Myers, 1924
___________________ Untergattungen
___________________ *Fundulopanchax* Radda, 1977
___________________ *Paludopanchax* Radda, 1977
___________________ *Paraphyosemion* Kottelat, 1976
___________________ *Pauciradius* Wildekamp & Van der Zee, 2005
_______ Unterfamilie Epiplatinae Huber, 2000
__________ ...
__________ Tribus Callopanchini Huber, 2000
________________ Gattung *Archiaphyosemion* s.s. Radda, 1977
________________ Gattung *Nimbapanchax* Sonnenberg & Busch, 2009
________________ Gattung *Callopanchax* Myers, 1933
________________ Gattung *Scriptaphyosemion* Radda & Pürzl, 1987
__________ ...

Die Punkte weisen darauf hin, dass es unter diesem Taxon eines oder mehrere weitere gibt.

Unsere Aphyos systematisch betrachtet

Die Einordnung der Taxa in einen Rang oberhalb der Gattungsgruppe soll weitere verwandtschaftliche Beziehungen offenlegen. Die »Internationalen Regeln für die zoologische Nomenklatur« kennen hierfür die Kategorien Tribus, Unterfamilie, Familie, Überfamilie sowie alle erforderlichen Zwischenkategorien (Artikel 35). Es gibt unterschiedliche wissenschaftliche Arbeitshypothesen. Van der Zee et al. (2007) verwenden z. B. die Unterfamilien Epiplatyinae sowie Nothobranchiinae mit neuer Definition.

Einzelne Autoren (siehe z. B. Costa 2015; Huber 2018) diskutieren teilweise kontrovers die Feinheiten der Schreibweise kreierter Taxa.

Van der Laan et al. (2014) erkennen Garman, 1895 und nicht Radda, 1981 als Autor der Unterfamilie Nothobranchiinae an.

Aphyosemion – was bedeuten Gattung und Untergattung?

Nicht nur bei den *Aphyosemion*-Arten wird die Frage diskutiert, ob und unter welchen Voraussetzungen Untergattungen in den Gattungsrang erhoben werden sollten. Mehrfach wurde thematisiert, dass in der Gattung *Aphyosemion* – nach dem damaligen Verständnis – mit den morphometrischen und meristischen Merkmalen, die in der Ichthyologie gebräuchlich sind, lediglich Untergattungen oder Artengruppen (Superspezies) abgegrenzt werden können, siehe Scheel (1968) und Amiet (1987, 1991). Häufig wird auf die Monophylie, also die auf einem Vorfahren beruhende Verwandtschaft, abgestellt.

Leider sind sich die Ichthyologen in diesen Fragen nicht einig. Deshalb verwende ich *Chromaphyosemion* und *Diapteron* hier im Status einer Untergattung. Im Kapitel 9 behandele ich diese Problematik näher. Dies soll dem Hobbyaquarianer als Orientierungshilfe zur eigenen Verwendung dieser systematischen Begriffe dienen.

In ihrer jüngsten Arbeit gehen Van der Zee et al. (2018) auf die Arbeitshypothese von Huber (2013c) ein. Dieser hatte mit *Scheelsemion* Huber, 2013 zwei neue Untergattungen beschrieben und ordnete *Mesoaphyosemion* Radda, 1977 neu ein. Die *Aphyosemion-ogoense*-Artengruppe stellte er in *Iconisemion* ein. Van der Zee et al. (2018) sehen dies anders, nicht zuletzt, weil die Monophylie, auf die sich Huber (2013c) bezieht, nicht durch die vorhandenen Daten unterstützt wird. Sie betrachten ihrerseits die erwähnte Untergattung *Iconisemion* Huber, 2013 im Sinne der Artengruppe und ihres Typus als Gattung und sprechen deshalb von *Iconisemion striatum*.

Für mich ist eindeutig, dass die Einordnung von Waisen im Sinne von Collier (2007) in die Unterarten *Scheelsemion* (Huber, 2013) und *Iconisemion* (Huber, 2013) in Huber (2018) im Gegensatz zu den von Collier (2007) dargestellten Ergebnissen steht. Beim gegenwärtigen Stand der Kenntnisse scheint mir die

Auffassung von Mayr (1975) beachtenswert, wonach es »unter Umständen sogar zweckmäßiger sein kann, stattdessen ›Artengruppen‹ als weniger formale Kategoriebezeichnung zu verwenden«. Wir sollten deshalb vor einer Verwendung der neuen Untergattungen zunächst weitere Untersuchungen abwarten (siehe auch Kapitel 9).

Verschiedene Konzepte für die Artdefinition

Als Aquarianer gewinnt man in den zugänglichen Veröffentlichungen manchmal den Eindruck, als gäbe es nur ein gültiges Artkonzept. Dabei sind in der Vergangenheit und in der Gegenwart mehrere Konzepte begründet worden.

Scheel (1968) zieht es vor, jene Arten als »bio-species« zu bezeichnen, die anhand der äußeren morphologischen Merkmale nicht im Detail definiert werden können. Die im Jahr 1975 als modern geltende Definition des zoologischen Begriffs trennt verschiedene und gültige Arten nicht auf der Basis morphologischer Unterschiede, sondern aufgrund ihrer tiefgehenden Isolation. Mayr (1975) stellt die zahllosen Artkonzepte über mehrere Seiten hinweg vor und erläutert die drei hierin auszumachenden Grundlinien. In jüngerer Zeit will der eine oder andere Molekularbiologe eher keine abgegrenzten Arten, sondern lediglich einzelne Individuen sehen. Damit kehren sie mit moderner Begründung zu den Ansichten eines der Konzepte des 19. und Anfang 20. Jahrhunderts zurück.

Am populärsten erscheint mir das **»Biologische Artkonzept«** von Mayr (1942, siehe Mayr 1975): »Eine Art ist eine Gruppe von sich tatsächlich oder potenziell fortpflanzenden Populationen, die reproduktiv von anderen solchen Gruppen getrennt sind.« Das biologische Artkonzept beruht auf dem historisch gewachsenen gemeinsamen Informationsgehalt des Genbestandes einer Art. Aus dieser Definition erwuchs die Idee zum Kreuzungsexperiment. Hierbei wurden einzelne Tiere verschiedener Fundorte nachgezogen, die Lebensfähigkeit der Nachkommen und die Fruchtbarkeit dieser Hybriden beobachtet und daraus Schlüsse auf die Artzugehörigkeit gezogen (Scheel 1968). Wie im Kapitel 9 zur Geschichte der Aphyos dargestellt wird, ist dieser Ansatz bei Knochenfischen nicht unumstritten.

Bemerkenswert finde ich, dass neben der ökologischen auch eine genetische Einheit gesehen wird. Das Individuum ist also lediglich als vorübergehender, kurzlebiger Träger eines kleinen Ausschnitts des Gesamt-Genbestandes anzusehen. Mayr (1975) hebt hervor, dass von einem biologischen Artkonzept nicht gesprochen wird, weil es sich auf biologische Taxa bezieht, sondern weil es biologisch definiert ist. Obwohl Scheel mit »bio-species« einen nahezu identischen Begriff verwendet, ist dieser inhaltlich verschieden. Mayr bevorzugt für diese Arten den Begriff »sibling species« (Zwillingsarten) und widmet diesen ein ganzes Unterkapitel. Verkürzt dargestellt handelt es sich um Arten, die keine nennenswerten morphologischen Unterschiede für diagnostische Zwecke nach der geografischen Separation erworben haben. Hat man Zwillingsarten erst einmal festgestellt und genau untersucht, stellt sich gewöhnlich heraus, dass sie über übersehene morphologische Unterschiede verfügen.

Das **»Phylogenetische Artkonzept«** definiert Carcraft (1983): »Eine Art ist der kleinste diagnostizierbare Cluster von individuellen Organismen mit dem gleichen Muster bei Vor- und Nachfahren.« Dieses Konzept hat nur im Zusammenhang mit der »phylogenetischen Systematik« (auch Kladistik genannt) einen Sinn. Ihm folgt z. B. Sonnenberg (2007), der sich auf Moritz et al. (2000) beruft.

Huber (1999) steuerte seine Überlegungen zum **»Grenzarten-Konzept«** (frontier species concept; 1981 von ihm »Grenzphänomen« genannt) bei. Er ging von der Überlegung aus, dass nahe verwandte Arten der gleichen Artengruppe der Cyprinodontiformes selten sympatrisch vorkämen. Sich gegenseitig ausschließend (allopatrisch) ersetzen sie einander in benachbarten Verbreitungsgebieten. Die »Superspezies« sieht er als Anhäufung dieser einzelnen Arten. Seine hier nicht näher dargestellten Gedanken zum Verbreitungsmodus der Arten/Superspezies gipfeln in der Erkenntnis, dass bis auf die landschaftsbestimmenden Elemente Ebene und Höhenzug nichts zu finden ist, was deren Verbreitungsgrenzen erklären könnte. Er sieht für beide ein Verbreitungsmuster, bei dem ein oder zwei Arten meist nahe des Zentrums des Verbreitungsgebietes und mit generellem Farbmuster weit verbreitet sind. Daneben zeigen sich mehrere auf die Randzonen beschränkte Arten, die weniger unterschiedliche und viel charakteristischere Farbmuster zeigen. Diese Phänotypen sieht er als Ausdruck des direkten Verbreitungskonfliktes.

Bei der Besprechung von *Aphyosemion (Chromaphyosemion) poliaki* werden wir weiteren Konzepten begegnen.

Anmerkung zu »Superspezies« und »Unterarten«

Die »Internationalen Regeln für die zoologische Nomenklatur« sehen in Artikel 45 für die Artgruppe die Kategorien Art und Unterart vor. Die Frage, welche Voraussetzungen erfüllt sein müssen, um Art oder Unterart sein zu können, wird häufig strittig diskutiert. Ich will deshalb einen kurzen Überblick zu den Überlegungen und damit auch zu den gelegentlich auftauchenden Begriffen geben.

Von einer »Superspezies« wird bei einer monophyletischen Gruppe nahe verwandter und weitgehend bis völlig allopatrischer Arten gesprochen. Dieser Begriff geht auf Rensch (1929, in Mayr 1975) zurück. Er hatte den Begriff »Artenkreis« für allopatrische Populationen vorgeschlagen, die bereits so verschieden sind, dass es nur noch wenige Zweifel darüber gab, dass sie Artrang erreicht hätten. Weil die direkte englische Übersetzung »circle of species« missverständlich gewesen wäre, ersetzte sie MAYR 1931 (siehe MAYR 1975) durch »superspecies«. Für unsere Aphyos, die sich morphologisch nur moderat unterscheiden, wäre von den hier anstehenden Merkmalen nur der geografische Kontakt in der Verbreitung bedeutsam (ohne sich zu vermischen oder sogar leichte Überschneidungen der Verbreitungsareale). Nach MAYR bleiben Superspezies taxonomisch unberücksichtigt, würden jedoch in Monografien und Katalogen durch entsprechende Überschriften oder Symbole herausgestellt.

MAYR betont, dass die »Unterart« eine von der Art grundverschiedene Kategorie sei. Dabei gibt es kein Kriterium zur Definition einer Unterart, das nicht künstlich wäre. Eine Unterart wird als Zusammenfassung phänotypisch ähnlicher Populationen einer Art definiert, die ein geografisches Teilgebiet des Areals bewohnen und sich taxonomisch von anderen Populationen der Art unterscheiden. Dazu wird erläutert, dass eine Unterart aus vielen lokalen Populationen bestehen kann, die sich – obgleich einander sehr ähnlich – sämtlich genetisch und phänotypisch geringfügig unterscheiden. Diese Unterschiede sollen durch Messungen und statistische Verfahren nachweisbar sein. Sehr deutlich weist MAYR darauf hin, dass es widersinnig wäre und zu einem nomenklatorischen Chaos führen würde, wollte man jede derartige Population formell als Unterart ausweisen. Es müssen also ausreichende diagnostische morphologische Merkmale vorhanden sein.

Die Überlegungen von MAYR gehen im Detail noch weiter. Die kurze Darstellung soll an dieser Stelle für das Verständnis einiger kontrovers diskutierter und im Artenteil dargestellter Fälle ausreichen.

Von Unterarten zu unterscheiden sind kryptische Arten. Dies sind Formen, die sich zwar genetisch voneinander differenzieren, morphologisch aber kaum zu unterscheiden sind.

Der kompetente Systematiker

Vor etlichen Jahren hat sich SEEGERS (1986a) Gedanken über einen »kompetenten Systematiker« gemacht. Er kommt zu dem Schluss, dass dieser in der Regel Biologie studiert haben müsste. Natürlich räumt er sogleich ein, dass es solche Kompetenz auch ohne dieses Studium gibt, allerdings nur bei wenigen Personen. Er verkneift es sich, in diesem Zusammenhang Namen zu nennen.

Ich habe kein solches Studium, auch wenn ich mich mit Fragen der Systematik seit vielen Jahren befasse. Aber ich bin fest davon überzeugt, dass ein Biologiestudium Kenntnisse und ein gewisses Gefühl für die zu entscheidenden Fragen vermittelt, von denen ich mich ein ganzes Stück entfernt fühle. Deshalb werde ich die Frage des Status der *Aphyosemion*-Untergattungen und weitere strittige Punkte hier nicht abschließend beurteilen, sondern überlasse dies den kompetenten Fachleuten.

2.3 Aquaristische Praxis

Dieses Buch soll vor allem ein praktischer Ratgeber für Aquarianer und Aquarianerinnen sein. Deshalb lege ich den Schwerpunkt auf die Haltung und Zucht. Doch zunächst noch einige Bemerkungen zum historischen Hintergrund.

Wie kamen Killis nach Europa?

In der Aquaristik beschäftigten sich Liebhaber schon früh mit den wenigen im Zoohandel kaum erhältlichen Arten. Doch wie hat das angefangen?

Waren Seeleute auf großer Fahrt monatelang unterwegs, langweilten sie sich, wenn sie nichts zu tun hatten. Da heimatliche Tiere den Seetransport oft nicht überstanden, holten sie sich als Ersatz exotische Tiere auf die Schiffe, zunächst nur wenige Tierarten. Am Ziel ihrer Reise endete für gewöhnlich das Interesse der Seeleute an ihren tierischen Begleitern. So wurden die Vögel, Affen, kleinen Raubtiere und Nager in europäischen Häfen verkauft. Zunächst war den Seeleuten der Preis gleichgültig. Dann wurde daraus ein Geschäft, bei dem sogar konkrete Bestellungen aufgegeben wurden. Die Vielfalt der importierten Arten stieg schnell an.

Die sich nach und nach gründenden Aquarien- und Terrarienvereine förderten diese Importtätigkeit, weil sie sich neue Arten versprachen. PAUL NITSCHE verfasste 1901 in seiner Schrift »Der Import von lebenden Fischen« eine »Anweisung für jeden Seereisenden, sich leicht einen reichlichen Nebenverdienst zu schaffen«. Die entsprechenden Sendungen kamen oft in Hamburg an, das damals als Tor zur Welt galt (LADIGES 1932). Um sich ihre Verdienstmöglichkeit zu erhalten, verschleierten die »Seebären« häufig die wirkliche Herkunft ihrer Fische. Dies erschwerte in der Folge eine richtige Artzuordnung. Davon wird in diesem Buch mehrmals die Rede sein.

Die importierten Fische erwiesen sich manchmal als hinfällig. Dafür gab es mehrere Ursachen. Auf der Überfahrt wurden sie nur minimal versorgt. Zudem war über die Pflegeerfordernisse zunächst nichts bekannt. Die Systematik dieser Arten war wegen der damaligen eingeschränkten Möglichkeiten wissenschaftlichen Arbeitens nicht ausgereift. An Telefon, Internet oder E-Mail war noch lange nicht zu denken. Das Reisen auf dem Kontinent war beschwerlich und zeitraubend. Briefe konnten nur mit entsprechendem Zeitlauf zugestellt werden. Um so bedeutender ist der systematische Überblick von SCHERMER (1924).

Gründung von Killifisch-Gemeinschaften

In einigen Regionen Deutschlands häuften sich die Zuchterfolge. Nach und nach wurden sich die Aquarianer der Bedeutung der Haltungsbedingungen, besonders der Wasserhärte, bewusst. Für viele Fischliebhaber stellte die Zucht von Killifischen einen Nachweis züchterischen Könnens dar. Dennoch blieben die Arten im Handel selten. Zwangsläufig war die Beschaffung dieser Liebhaberspezies eines der Hauptprobleme. Um diese Situation zu verbessern, wurden Killifisch-Gemeinschaften gegründet.

In Amerika fanden sich im Jahr 1961 erstmals Killiliebhaber zusammen. Offiziell wurde die American Killifish Association (AKA) 1962 gegründet (Duffy 1963). Im Jahr 1965 folgte die British Killifish Association. In der Bundesrepublik Deutschland war es im Mai 1969 soweit: Die Deutsche Killifisch Gemeinschaft wurde aus der Taufe gehoben. Der Name wurde gewählt, weil sich der Begriff »Killifisch« nach Meinung der Gründungsväter international etabliert hatte.

Im ehemals anderen Teil Deutschlands, in der Deutschen Demokratischen Republik, fand am 26. und 27. Oktober 1963 die zentrale Tagung der Aquarianer und Terrarianer in Erfurt statt. Dort wurde, neben weiteren Arbeitsgruppen, die Zentrale Arbeitsgruppe (ZAG) Eierlegende Zahnkarpfen ins Leben gerufen.

Abb. 2.3: *Aphyosemion (Diapteron) fulgens* »BS 02/03«.

Die genannten Killifisch-Gemeinschaften beschäftigen sich mit den Arten, die noch heute unter Killis verstanden werden. Dabei schlossen sie auch Arten der Gattung *Oryzias* ein, die fast ein Jahrhundert zu den Eierlegenden Zahnkarpfen gerechnet wurden, bis Parenti (1981) sie aus den Atheriniformes herauslöste und in den Rang einer Ordnung Cyprinodontiformes erhob.

3 Verbreitung unserer Aphyos

3.1 Lebensräume: Feuchtsavanne, Trockensavanne, Dornensavanne

Wer Killifische pflegt, will viele Dinge wissen, um sie gesund zu erhalten und zu vermehren. Dazu gehört die Frage nach den Heimatgewässern der Pfleglinge. Wo findet man diese Fische, welche Wasserwerte werden gemessen, wie verteilen sich die Arten im Biotop?

Killifische kommen in Afrika, aber auch in Amerika, Asien und im europäischen Mittelmeerraum vor. Die afrikanischen Prachtkärpflinge sind in den Savannen nördlich und südlich des Äquators verbreitet, vom Senegal über Gambia, Guinea, Liberia, Elfenbeinküste, Ghana, Togo, Benin, Nigeria, Kamerun, Äquatorial-Guinea und Gabun bis zum Kongo ebenso wie in den Binnenländern Mali, Burkina Faso und Niger. Die Tropen Afrikas bestehen meist nicht mehr aus unberührtem Regenwald. Die Landwirtschaft beansprucht inzwischen große Flächen. Daneben fällen Bewohner viele Bäume, um sie als Brennmaterial zu nutzen. Geeignete Biotope werden daher immer weiter zurückgedrängt.

Abb. 3.1: *Fundulopanchax gardneri nigerianus*.

Dieses Buch behandelt die afrikanischen Aphyos. Sie sind relativ weit verbreitet, kommen allerdings hauptsächlich in den atlantiknahen Gebieten Westafrikas und des westlichen Zentralafrikas vor.

Abb. 3.2: Verbreitungsgebiet der Aphyos in Westafrika.

Erläuterungen zur Abb. 3.2: Die Verbreitungsgebiete sind in Veröffentlichungen meist flächig dargestellt, um einen ersten Eindruck zu vermitteln. In Wirklichkeit können wir nur über die bisherigen Funde berichten und diese sind punktuell verteilt. Dieses Verteilungsmuster ist schnell erklärt. Ganz gleich, ob Wissenschaftler oder interessierter Aquarianer, die Sammler folgten alle den vorhandenen Straßen oder Flüssen. Dabei wurde in gewissen Abständen gefangen, sodass eine flächendeckende Aufsammlung nie erfolgte. Und natürlich findet man einen Fisch eher in Flusstälern als auf Bergen. Lassen Sie sich also von der flächigen Darstellung nicht irritieren. Ich habe die Fundorte mit ihrer ungefähren Lage rot eingetragen. Aufgrund des Maßstabs fallen die Flecke etwas großzügig aus, sonst wären sie gar nicht zu erkennen. Das vermutete Verbreitungsgebiet ist gelb hinterlegt.

Häufig wird lediglich von Fängen in der »Savanne« gesprochen, obwohl wir hier unterschiedlichen Lebensbedingungen begegnen, aus denen sich die Pflegehinweise zur Haltung im Aquarium ergeben.

Die Feuchtsavanne liegt in der Übergangszone zum Regenwald. In ihr hält die Zeit, in der der Niederschlag geringer als die Verdunstung ist, in der also ein arides Klima herrscht, zweieinhalb bis fünf Monate an. Jährlich fallen etwa 1000–1500 mm Niederschlag. Die regengrünen Feuchtwälder werfen ihr Laub in der Trockenzeit dennoch ab. Die Flächen sind mit hohen Gräsern durchsetzt, die einen gewissen Schatten spenden.

In der Trockensavanne sind es bereits fünf bis siebeneinhalb aride Monate. Der jährliche Niederschlag liegt im Durchschnitt bei 500–1000 mm. Es bilden sich nur kleinere Flächen, sogenannte Inseln, von Trockenwäldern mit Laub abwerfenden Bäumen. Es gibt eine geschlossene, brusthohe Grasflur.

Die Dornensavanne schließlich ist mit ihren siebeneinhalb bis zehn ariden Monaten und mageren 200–500 mm Niederschlag am trockensten. Wer schon einmal mit den reichlich vorhandenen Dornbüschen unangenehm in Kontakt gekommen ist, wird sich vielleicht mit dem Gedanken trösten, dass sie einigen Tierarten Schutz bieten. Niedrige, mäßig bewachsene Grasflächen bieten da wenig Rückzugsmöglichkeiten. Die Vegetation überlebt in Wurzeln oder Samen.

Dahomey-Lücke als Verbreitungshindernis

Im Verbreitungsgebiet unserer Aphyos fällt eine Unterbrechung an der Guineaküste auf, die vom Südosten Togos über Mittel-Benin bis ins westliche Nigeria reicht. Die sich westlich und östlich erstreckenden immergrünen tropischen Regenwälder oder das, was von ihnen übrig ist, werden durch diesen fast waldfreien Savannenkorridor unterbrochen. Diese Unterbrechung wird als Dahomey-Lücke (Dahomey Gap) bezeichnet. Das heutige Benin geht in wesentlichen Teilen auf das alte westafrikanische Königreich Dahome zurück und war namensgebend. Diese Savannenzone ist nicht durch Menschen verursacht. Sie erklärt sich aus einem komplizierten Wirkungsgeflecht von ozeanischer Tiefenströmung, flachem Küstenschelf, Luftströmungen und Gewitterlinien. Ausführlich sind Ursache und Wirkung bei Vollmert et al. (2003) dargestellt. Westlich dieser Lücke finden wir die Gattungen *Archiaphyosemion, Callopanchax, Nimbapanchax* sowie *Scriptaphyosemion*. Östlich hiervon sind *Aphyosemion* und *Fundulopanchax* beheimatet. Damit erwies sich die Dahomey-Lücke als Verbreitungshindernis, die Gattungen der Killifische konnten sich nur in die entweder westlich oder östlich liegenden Gebiete ausdehnen. Lediglich *Fundulopanchax* als östlich der Lücke verbreitete Gattung ist es mit der Art *walkeri* gelungen, sich im Westen anzusiedeln.

Abb. 3.3: Die Dahomey-Lücke.

Schauen wir uns im Folgenden einige Lebensräume etwas näher an. Für fehlende Angaben ist ein Strich gesetzt.

3.2 Verbreitungsgebiet westlich der Dahomey-Lücke

Nicht selten stoßen wir auf das Foto einer Art, die unser Interesse weckt. Wollen wir etwas über den Fundort erfahren, um Informationen über die Lebensbedingungen zu erhalten, kann es schwierig werden. Manchmal kommt der Name des Fundorts in einem Land mehrfach vor, wie z. B. in Sierra Leone oder Kamerun. Roloff hat schon 1976 wie andere Autoren vor und nach ihm auf diese Hürde hingewiesen. Oft hilft es bei der Suche, die Reiseroute der Fänger nachzuvollziehen. In wissenschaftlichen Arbeiten finden wir glücklicherweise hin und wieder die genauen Koordinaten.

Guinea

Sonnenberg & Busch (2010) beschrieben *Callopanchax sidibeorum* vom Typenfundort nahe einer kleinen Siedlung aus der Region Kindia. Die kleine Ortschaft Bombokoré liegt ungefähr 3 km von der nächsten Stadt, Fandi, entfernt.

Wasser	1997: Bach 27 °C und 29 °C in den Gräben, pH 5,2, 10µS/cm, 2008: 27 °C, stehendes oder langsam fließendes Wasser, beschattet vom krautigen Bewuchs und jungen Bäumen an den Uferbereichen, Wassertiefe im Maximum ca. 60–80 cm.
Luft	1997: 36 °C, 2008: 31 °C.
Pflanzen	1997: im Wasser keine. An den Uferrändern fanden sich krautartige Pflanzen. 2008: im Wasser Pflanzenwuchs, speziell *Nymphea*.
Geografische Gegebenheiten und Anmerkungen	
	Senke mit kleinen Wasseransammlungen, Gräben und verbundene Pfuhle. Teiche und Gräben im Sekundärwald, nicht weit entfernt von einem kleinen Bach. Im Bach floss das Wasser nur langsam, während es in den anderen Gewässern stand. Das klare Wasser war ca. 20–30 cm tief. Der Grund wurde von Sand und einigen Steinen gebildet mit einer Schicht verfallender Blätter und Holz. Im stehenden Wasser der Gräben und Pfuhle fing Busch *Callopanchax sidebeorum* und *Epiplatys fasciolatus*. An Plätzen mit reinem Grasbewuchs und ohne Blätterschicht stieß er hingegen lediglich auf *Scriptaphyosemion geryi*. Während der Aufsammlung im Jahr 2008 war die Senke überflutet. Abweichend zum ersten Fang waren die 2008 gefangenen Tiere von unterschiedlicher Größe. Das Spektrum reichte von Jungfischen mit etwa 2,5 cm Totallänge bis zu voll ausgewachsenen geschlechtsreifen Tieren in guter Kondition, während 1997 alle Tiere voll ausgewachsen waren und erste Alterungserscheinungen zeigten. *Callopanchax sidebeorum* scheint beschattete Wasserzonen mit langsam fließendem oder stehendem Wasser zu bevorzugen. Dennoch ist damit zu rechnen, dass einige erwachsene Tiere während der Trockenzeit in das fließende Wasser des Bachs wechseln, wie es von Ortsansässigen berichtet wurde.

Eine Aufsammlung durch Cauvet, J. Laird und R. Romand erbrachte 2006 an einem Fundort (Fundort-Code GCLR 06/02) bei Kamara Bounyi einen pH-Wert von 9,8!

Sierra Leone

Erster *Fundort*:

In der Nähe von Ngabu, etwa 20 km von Moyamba entfernt, fand Etzel einen *Callopanchax*, der zunächst von Roloff (1976) als »Etzels Toddi« bezeichnet wurde. Später wurden die Tiere als *Callopanchax huwaldi* beschrieben.

Wasser	30 °C, knietiefes, bernsteinfarbenes Wasser.
Luft	-
Pflanzen	-
Geografische Gegebenheiten und Anmerkungen	
	Gesamtes Gelände der sengenden Tropensonne ausgesetzt. Baumbestand fehlte. Roloff (1976) betonte, dass die Wassertemperatur erheblich die Werte übertraf, die er selbst bei seinen Reisen nach Sierra Leone und Liberia für *Roloffia*-Arten (gemeint sind nach heutigem Verständnis *Callopanchax* und *Scriptaphyosemion*) aufgezeichnet hat. Er warf ein, dass die Regenzeit noch nicht ihr Ende erreicht hätte und dass das die Wasseransammlungen speisende Regenwasser noch täglich für einige Stunden über den von der Sonne aufgeheizten Boden floss. Einige Zeit später würden die Standorte nur noch von kälterem Quellwasser versorgt und die Tiere zögen sich in schattigere Bereiche zurück. *Callopanchax* sind hingegen standorttreu und sterben spätestens, wenn der Gewässerteil austrocknet.

Zweiter Fundort:

Wasser	In Biotopen der Umgebung 28 °C, pH-Wert: 5,5, Karbonathärte und Gesamthärte kleiner als 1 Grad.
Luft	36 °C.
Pflanzen	Fang in grasbestandenen Randbereichen.
Geografische Gegebenheiten und Anmerkungen	
	Einen wunderschönen *Scriptaphyosemion geryi* fanden Busch und seine Mitreisenden im Jahr 1989 (= »SL 89«) im offenen Gelände bei Rotain (in manchen Karten auch als Roten bezeichnet). Es handelte sich um ein schnell fließendes Gewässer, das voll der Sonne ausgesetzt war. Die *Scriptaphyosemion geryi* von 1,5 bis 2 cm Größe schwammen bevorzugt im Schutz der flachen, grasbestandenen Randbereiche. Sie lebten syntop mit *Epiplatys fasciolatus*. In nahe liegenden Außenständen in unbewegtem Wasser fanden sich in der Laubschicht hingegen *Callopanchax occidentalis*.

Elfenbeinküste

Das Leben in der freien Natur ist gefährlich, lebensgefährlich. Die Fische müssen sich anpassen, wollen sie überleben. Zudem sind unsere Aphyos im Verhältnis zu anderen Tieren recht klein. Es verwundert deshalb nicht, dass sie in den Biotopen, aber auch im Aquarium durch ihr Fluchtverhalten auffallen. Sie suchen dort Schutz, wo ihre Räuber nur schwer hinkommen. Das kann die Uferbepflanzung, das kann aber auch sehr flaches Wasser oder Schutz aus Pflanzenteilen oder Steinen sein. Romand (1980) beobachtete eine Population von *Fundulopanchax walkeri* bei Agboville, Elfenbeinküste.

Wasser	Zeitweise rund 30 °C (siehe Anmerkungen).
Luft	-
Pflanzen	-
Geografische Gegebenheiten und Anmerkungen	
	Der kleine, schwach strömende Bach ließ darauf schließen, dass er zeitweise austrocknen würde. Es ist deshalb nicht verwunderlich, dass diese Art zu den Annuellen gezählt wird. Diese Anpassung an recht unwirtliche Lebensumstände hilft ihr, als Art zu überleben. Das gilt aber nicht für alle Nachkömmlinge. Romand zeigte das Foto einer Spinne, die ein *Fundulopanchax-walkeri*-Männchen erbeutet und auf das Trockene geschleppt hat. Er berichtet, dass ein paar Monate später der gleiche Ort fast ausgetrocknet war. Die verbliebene feuchte Zone hatte sich mit rund 30 °C deutlich erwärmt. Der Sauerstoffgehalt lag bei fast Null. Zu diesem Zeitpunkt gefangene Fische sehen erbärmlich aus, erholen sich im Aquarium aber schnell und können noch über ein Jahr leben.

Ghana

Ältere Angaben müssen wir mit Vorbehalt lesen. Natürlich war es wichtig, dass Fänger über ihre Ergebnisse berichteten – und wir Aquarianer sind wissbegierig. Schließlich wollen wir unseren Fischen die bestmöglichen Bedingungen bieten. Doch wenn Kluge (1970) über *Aphyosemion sjoestedti* (heute *Fundulopanchax sjostedti*) berichtet, die er gegen Ende des Artikels als Goldfasan-Prachtkärpfling bezeichnet, läuten bei Kennern sicherlich die Alarmglocken. Über die Verwechslung mit *Callopanchax occidentalis* wird in diesem Buch später noch zu berichten sein. Das Verbreitungsgebiet der letztgenannten Gattung ist bei Sonnenberg & Busch (2010) dargestellt. Es endet östlich bereits in Liberia. Die von Kluge aufgesammelten Fische sind in dem genannten Artikel nicht abgebildet. So stellt sich die Frage, welche Art er auf dem Kwahu-Plateau gefunden hat. Bei der Farbbeschreibung fühle ich mich an *Fundulosoma thierryi* erinnert. Zwischen beiden Arten liegen jedoch bedeutende Größenunterschiede. Die Artzugehörigkeit erscheint rätselhaft und lädt zu Fangversuchen ein.

Wasser	Lauwarm, verhältnismäßig kühl (Kluge).
Luft	-
Pflanzen	Busch außerhalb des Wassers beschattete das Biotop. Riccia-Polster und Wasserfarn. Kolonien von schleimigen Grünalgen.
Geografische Gegebenheiten und Anmerkungen	
	Gegrabene Löcher im sandigen Boden.

Nigeria

Radda (1975) beschrieb von Akamkpa (ca. 20 km nördlich von Calabar) *Fundulopanchax scheeli akamkpaense* und gab dabei eine Übersicht zu den ökologischen Daten.

Wasser	21,8 °C, 31 µS/cm bei 0,6 dGH, pH 6,8. Sauerstoffsättigung 7,6 mg/l.
Luft	21,2 °C (6:30 Uhr).
Pflanzen	Dem der Erstbeschreibung beigegebenen Foto ist zu entnehmen, dass die bewachsenen Randbereiche etwas Schatten spendeten.
Geografische Gegebenheiten und Anmerkungen	
	-

Im März 1973 am Fundort Bochou-Akagbé (Huber & Wrigt 1975, Zweitautor Schreibfehler: richtig Wright).

Wasser	23,5 °C, pH 5,7.
Luft	24 °C.
Pflanzen	-
Geografische Gegebenheiten und Anmerkungen	
	Vorkommen von *Fundulopanchax gardneri gardneri* und *Fundulopanchax gardneri nigerianus*.

3.3 Verbreitungsgebiet östlich der Dahomey-Lücke

Kamerun

Im Januar 2005 sammelten Agnèse, Brummet und Caminade (Fundort-Code ABC/05/12) gegen 15:30 Uhr in einem kleinen Bach auf der linken Seite der Straße 200 m im Wald hinter der Siedlung Fungé (04°45'50,8"N 08°54'26,6"O).

Wasser	26,5 °C, pH 6,3, 20 µS/cm, 130 mV, $NO_2 = 0$, $NO_3 = 0$.
Luft	-
Pflanzen	-
Geografische Gegebenheiten und Anmerkungen	
	Keine Wasserströmung, Kiesboden. Gefundene Arten: *Aphyosemion callium, Chromaphyosemion bivittatum, Epiplatys* sp, *Procatopus* sp.

Agnèse und Mitreisende fingen im Mai 2011 südlich von Boumnyebel (Fundort-Code ADK-11-441) von *Aphyosemion raddai* deutlich mehr Männchen als Weibchen (03°52'0,27"N 10°49'11,2"O).

Gresens, Kaufmann, Kirchwehn, Battista und Schoening gingen 1981 ebenfalls bei Fungé einige *Fundulopanchax sjostedti* ins Netz. Leider handelte es sich ausnahmslos um Männchen.

Den vielseitigsten Bericht aus Kamerun lieferte Vlaming (1994). Er war für Entwicklungsprojekte 1968 und 1971 insgesamt dreieinhalb Jahre in Ostkamerun.

Abb. 3.4: *Aphyosemion gardneri nigerianus* »Misajé«.

Später kehrte er u. a. mit seiner Frau in diese Gebiete zurück und veröffentlichte Einzelheiten seiner Beobachtungen. Winfried Stenglein, dem leider im Jahr 2000 verstorbenen ehemaligen Vorsitzenden und Redakteur der DKG, verdanken wir es, dass Vlaming sich überreden ließ, für ein sehr umfangreiches Sonderheft seine Erfahrungen vor Ort zusammenzustellen.

Der große Wert dieses Hefts liegt in den Einzelheiten, zu denen der Autor sich äußert. Er berichtet von den vier Jahreszeiten bis zum Zustand der Straßen vieles, was so nirgends aufgeschrieben steht. Mir hat es das am Wald- und Savannenrand liegende Dorf Diang mit seinen Quellen angetan, weil hier *Aphyosemion elberti* gefunden wurde.

Wasser	In der Umgebung von Diang liegende Quellen wichen im Jahresverlauf nur um 0,5 °C von etwa 22 °C ab. Einige Meter von der Quelle strömte das Wasser langsamer, die Temperatur veränderte sich leicht. Wasser in offenen und sonnenbeschienenen Flächen 1 bis 2,5 °C wärmer, mitunter werden 30 °C erreicht. Nachts in den am Tag beschatteten Bereichen etwa 19 °C. In den offenen Flächen entweicht mehr Wärme, sodass die Bäche um 1 bis 1,5 °C kälter sind.
Luft	Durchschnittliche Tag- und Nachttemperatur 24–25 °C. März bis Juli kühler, November bis Januar wärmer.
Pflanzen	-
Geografische Gegebenheiten und Anmerkungen	
	Es überrascht nicht, dass in der großen Trockenzeit diese Effekte etwas deutlicher ausfallen, weil die Bäume und Sträucher Blätter abwerfen. Auffällig ist jedoch, dass der pH-Wert praktisch das ganze Jahr konstant bei 6 steht, aber für die kurze Zeit von Mitte Februar bis zum Einsetzen des Regens Mitte März bis auf 5,5 zurückgeht, um dann wieder den Ausgangswert zu erreichen. Als erfahrener Aquarianer würde man vermuten, dass der Regen das Ablaichen auslöst. Doch bereits Ende Februar wurden Jungfische bei der Nahrungsaufnahme beobachtet. Sie sind beim Einsetzen des Regens bereits größer und kräftiger.

Gabun

In einem seiner zahlreichen wertvollen Beiträge berichtete Radda (1977) über die Ergebnisse einer Sammelreise nach Nordgabun. Neben der Erstbeschreibung von *Aphyosemion maculatum* sowie *A. punctatum* und der angeführten Begleitfauna sind die ökologischen Daten interessant.

Wasser	Am Typenfundort der erstgenannten Art pH-Wert 6,4, Leitfähigkeit 20 µS/cm, dGH 0,5. Passaro & Eberl (1999) nennen für Nordgabun 22 und 24 °C.
Luft	-
Pflanzen	-
Geografische Gegebenheiten und Anmerkungen	
	-

Zu seinen Untersuchungen im Ivindo-Becken von Gabun merkt Brosset (1982) an, dass die Temperatur der Gewässer mit 20–23 °C bemerkenswert stabil war.

Huber & Radda (1977) fanden *Aphyosemion citrineipinnis* (Fundort G21/76).

Wasser	Rasch strömender Gebirgsfluss mit einer Bettbreite von 2–12 m, wurde an der Straße für einen Waschplatz aufgestaut, im Fluss 10–60 cm tief. Werte um 15:30 Uhr: 20,5 °C, pH 5,5, 24 µS/cm.
Luft	24 °C.
Pflanzen	-
Geografische Gegebenheiten und Anmerkungen	
	-

Abb. 3.5: *Aphyosemion tirbaki* »BSW 97/8« aus Gabun gehört zu den von Collier ungruppierten Arten.

Vorsicht: Faunenverfälschung

Am Ende dieser Übersicht zu verschiedenen Fundorten sei der Bericht von Pürzl (1993) erwähnt, der auf die Faunenverfälschung durch Schwoiser aufmerksam machte. Dieser setzte absichtlich Fische aus anderen Landesteilen in der näheren Umgebung seiner Fangstation aus. Es waren Fische, von denen Schwoiser annahm, dass sie für den Handel attraktiv seien. Auch mit solchen Veränderungen ist zu rechnen.

3.4 Anmerkungen zur Aufsammlung von Fischen

Als erster Killifisch aus der *Aphyosemion*-Verwandtschaft gelangte 1905 ein einzelnes Exemplar des *Fundulopanchax sjostedti* unter der Bezeichnung »Fundulus gularis BOULENGER var. blau« nach Europa (Stansch 1914). Im gleichen Jahr erreichte auch *Fundulopanchax arnoldi* die Becken der Aquarianer, denen die Zucht noch Schwierigkeiten bereitete. Dennoch war das Interesse europäischer Aquarianer an Killifischen groß, sodass bis zum Ersten Weltkrieg viele dieser Arten importiert wurden. Die Weltkriege hemmten diese Einfuhren. Erst in den 1960/70er-Jahren setzte die Sammeltätigkeit wieder ein. Aus deutscher Sicht waren die Reisen von Roloff (1936, 1967, 1971) eine Pionierleistung, für die er neben seinen züchterischen Erfolgen noch heute verehrt wird.

Eng verbunden mit diesen Fängen ist unter anderem die Sammeltätigkeit von Daget, Scheel, Radda, Pürzl, Romand und Huber. Wir müssen den Fängern dankbar sein, dass sie die Strapazen auf sich genommen, meist Fische mitgebracht und häufig über ihre Reisen berichtet haben. So profitiert die Aquaristik vom zusammengetragenen Wissen. Solch eine Fangreise wird natürlich am Heimatort soweit wie möglich vorbereitet. Dennoch bleiben viele Dinge, die erst vor Ort organisiert werden können. Dazu gehört beispielsweise ein geeignetes Fahrzeug. Passaro & Eberl (1998) legten ihre Anstrengungen bei der Beschaffung eines fahrbaren Untersatzes im Juli 1993 offen. Erst mussten sie ein privates Fahrzeug suchen, weil sie mit den Fahrzeugen der Autovermietung den Ort Libreville nicht hätten verlassen dürfen. Dann gestalteten sich die Preisverhandlungen schwierig und zäh. Kompliziert war außerdem die Versorgung mit Lebensmitteln, wobei besonders auf keimfreies Wasser geachtet werden musste.

Besondere Bedeutung der angegebenen Fundort-Codes

Bei den Killianern hat es sich eingebürgert, zum Namen stets den Fundort-Code anzugeben. Die Aquarianer, die sich um andere Fischgruppen kümmern, belächeln dies oft. Diese Angabe hat sich jedoch als wichtig und sinnvoll herausgestellt. Der Code umfasst meist eine Angabe zum bereisten Land, den oder die Fänger, das Kalenderjahr sowie die Fundortnummer. Häufig werden diese Angaben in einem Reisebericht erläutert. Die Erfahrung lehrt, dass hin und wieder die Fundortform einer scheinbar bekannten Spezies als neue Art erkannt und beschrieben wurde.

Ich möchte deshalb unterstreichen, dass es nach wie vor wichtig ist, zu den unterschiedlichen Arten die jeweiligen Fundortangaben zu nennen, die mit viel Mühe importierten Fische zu erhalten und sie neben dem Namen mit dem Fundort-Code zu bezeichnen. Bedenken wir dabei, dass die Staaten immer häufiger den Fang oder zumindest die Ausfuhr einschränken oder an förmliche Genehmigungen binden. In manchen Ländern führten diese Bestimmungen dazu, dass die Mitnahme von gefangenen Fischen so nebenbei ausgeschlossen ist. Seit diese Restriktionen zunehmen, haben wir allen Grund, auf die Erhaltung der bei uns in den Aquarien lebenden Bestände verstärkt zu achten.

4 Verhalten

Ein großer Anreiz der Aquaristik liegt in der Möglichkeit, die Fische in ihrem Lebenselement zu beobachten. Kaum haben wir sie in ihr Domizil eingesetzt, können wir ihnen bei der Begegnung zusehen. Wir bemerken, wie sich Verhaltensmuster wiederholen. Allerdings gibt es Abweichungen, weil sich ein Verhalten nicht immer in gleicher Form an das andere anschließt.

Unsere Beobachtungen als Aquarianer bleiben leider oft nur Fragmente. Es werden einzelne Verhaltensweisen beschrieben, aber nicht der gesamte Kampf bis zur Flucht oder das Balzen bis zum Ablaichen. Wissenschaftler haben das Verhaltensinventar näher studiert. Leider wurde über unsere Aphyos bisher nur sehr wenig veröffentlicht.

In der Wissenschaft ist die Erkenntnis, dass das Verhalten der Organismen nach Gesetzmäßigkeiten abläuft, die man erforschen kann, noch nicht sehr alt. Das Gedankengut der vergleichenden Verhaltensforschung (Ethologie) fasste Tinbergen 1951 zum ersten Mal in seinem Lehrbuch »The study of instinct« zusammen. Das Bewusstsein für dieses wissenschaftliche Teilgebiet wuchs und Namen wie Konrad Lorenz sind noch heute ein Begriff. Das Buch seines Mitarbeiters Irenäus Eibl-Eibesfeldt »Grundriss der vergleichenden Verhaltensforschung« ziert in der fünften Auflage (1978) nicht von ungefähr ein Bild kämpfender Buntbarsch-Männchen. Die Cichliden waren immer wieder Gegenstand ethologischer Versuche, wenngleich andere Tiergruppen und natürlich der Mensch meist im Vordergrund standen. In den 1970er-Jahren entfachten solche Veröffentlichungen bei den Aquarianern Begeisterung für dieses Themengebiet, denken wir nur an die Ethogramme, mit denen Stallknecht (1994 u. a.) das Ablaichverhalten von Salmlern beschrieb und frühzeitig Zweifel an der entsprechenden Gattungszugehörigkeit begründete. Wegen ihrer häufigen Farbwechsel, der Familienstruktur und des Familienlebens bei der Aufzucht ihrer Jungen zogen die Cichliden die Aufmerksamkeit auf sich.

Die genaue Beobachtung ist eine Stärke der Aquarianer. Dies ist nicht verwunderlich. Schließlich nutzen wir sie für die Haltung und Zucht. Wenn wir beispielsweise wissen, welches das stärkste Tier ist, wer unterdrückt wird oder wer nicht ausreichend ans Futter kommt, können wir mit geeigneten Pflegemaßnahmen gegensteuern. Und wenn es hart auf hart kommt, werden wir die Tiere trennen.

In der Natur wie im Aquarium halten Aphyos eine gewisse Distanz. Schwarmverhalten ist ihnen fremd, auch wenn aus Freilandbeobachtungen von gemischten Gruppen berichtet wird. Lediglich die Jungfische treten bis zu einer gewissen Größe als lockere Gruppe auf. Doch selbst bei ihnen kann man frühzeitig Auseinandersetzungen beobachten. Diese dienen letztlich der Verbreitung der Art im Biotop.

Betrachten wir die Verhaltenselemente unserer Aphyos im Aquarium, so stellt sich natürlich die Frage, ob Aphyos lernen können. Das möchte ich in Grenzen bejahen. Dieses Lernverhalten scheint individuell mehr oder weniger ausgeprägt zu sein. Vielleicht hängt es auch von der Beckeneinrichtung ab. Jedenfalls lernen etliche Arten mich als Pfleger kennen, bleiben offen stehen und fliehen nicht. Einige erwarten mich am üblichen Futterplatz.

Wissenschaftliche Studien von begrenztem aquaristischen Wert

Wenn wir uns zum Verhalten wissenschaftliche Studien ansehen, sind dies stets einzelne, zeitlich beschränkte Versuche mit wenigen Tieren. Werden Männchen mit Männchen zusammengesetzt, zielt die Beobachtung auf das Kampfverhalten. Sind Männchen und Weibchen gemeinsam in einem Versuchsbecken, sollen die Balz und das Ablaichen in ihren Abläufen festgehalten werden.

Dies bedeutet, dass räumlich engste Situationen betrachtet werden, wie sie in den natürlichen Gewässern in Hülle und Fülle vorkommen. Nach dem Kampf oder Ablaichen zeigt sich im Freiland ein deutlich distanziertes Gruppenverhalten.

Die räumlich und zeitlich beschränkten Beobachtungen zu Studienzwecken sind nur begrenzt auf das tatsächliche Verhalten im Aquarium und – selbstredend – in der Natur zu übertragen.

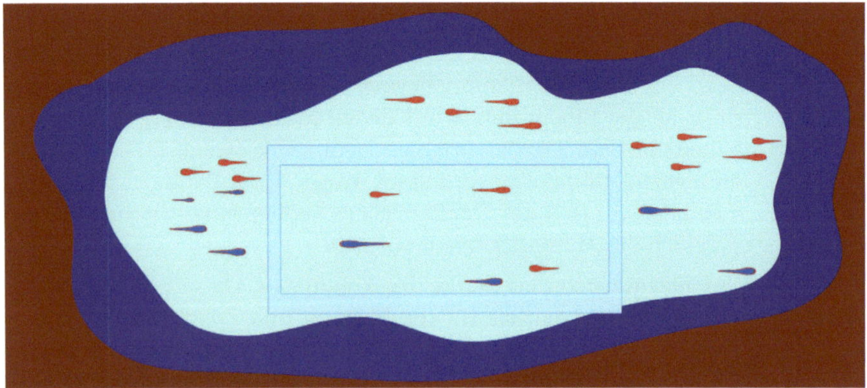

Abb. 4.1: Stellen wir uns im Modell den Ausschnitt vor, den ein Aquarium aus einem Biotop wiedergibt, werden uns die Grenzen bewusst.

Im Aquarium haben wir eine besondere Situation, die der räumlichen Enge. Jeder Aquarianer kennt sie. Sehr treffend veranschaulicht es Hubert Wischmann anhand einer schlichten Zeichnung (Abb. 4.2), die er bei einem seiner Vorträge zeigte. In einem natürlichen Gewässer verteilen sich die Fische einer Art nach ihren Bedürfnissen. Die Weibchen haben die Wahl: Entweder, sie balzen mit einem geeigneten Männchen und wählen es als Ablaichpartner aus. Wenn sie jedoch nicht laichreif sind oder ein Männchen verschmähen, haben sie genügend Platz zum Ausweichen. Im Lebensraum Aquarium bleibt ihnen dies verwehrt, denn die Glaswände setzen enge Grenzen. Dann ist das Männchen vielleicht gar nicht mehr so smart, es beißt und jagt, sodass das Weibchen dringend Versteckmöglichkeiten aufsuchen muss.

Eine ähnliche Situation entsteht für rivalisierende Männchen. Es fehlt zwar an eindeutigen Freilandbeobachtungen, aber wir dürfen für ein begrenztes Gebiet von einem Alphamännchen ausgehen. Wer in den Kämpfen unterliegt, muss sich zurückziehen. In der Natur bietet räumliche Distanz Schutz, im Aquarium enden die Bemühungen an den Glaswänden. Deshalb müssen wir Aquarianer unbedingt geeignete Rückzugsräume schaffen und die Zahl der Fische so bemessen, dass größere Beeinträchtigungen vermieden werden.

Abb. 4.2: *Fundulopanchax gardneri* öffnet die Flossen (Full Display – FD).

4.1 Kämpfernaturen

Setze ich diese Fische in ein Aquarium neu ein, dauert es nur kurze Zeit, bis sich die Männchen mit weit geöffneten Flossen gegenüberstehen. Dieses »Full Display – Breitseitimponieren«, wie es EWING (1975) in seiner Arbeit beschreibt, ist vielleicht das auffälligste Element beim Kampf zweier Fische. Weibchen zeigen dieses Verhalten ebenfalls. Weil sie meist nicht so groß und nie so farbig sind, fällt es jedoch weniger auf. Bei den Männchen ist zudem kurze Zeit später fast genauso häufig zu beobachten, wie einer der Kontrahenten mit zusammengelegten Flossen (wie beim »Fin Clamp – Flossenfalten«) mit hoher Flossenbewegungsfrequenz einen Wasserschwall in Richtung Kopf des Gegners schiebt (»Tail Flutter/Quiver – Flossenflattern, Beben«).

Wissenschaftler haben verschiedene Verhaltensmuster in ihren Arbeiten beschrieben und mit Begriffen versehen. Das bei EWING & EVANS (1973) »Quiver« genannte Verhalten bezeichnet KROLL (1981) als »Tail Flutter«, weil dieser Begriff bereits für Cichliden verwendet wird und sich deren Verhalten im Vergleich zu *Fundulopanchax gardneri* deutlich unterscheidet. Er zieht aus dem Element »Quiver« jedoch andere Schlüsse als EWING & EVANS (1973). Diese hatten hieraus bei *Aphyosemion (Chromaphyosemion) bivittatum* auf ein niedriges Erregungsniveau geschlossen, weil sie es häufig bei untergeordneten Tieren beobachteten, die danach wegschwammen (wegglitten). KROLL hingegen sieht keine Anzeichen einer Dominanz oder Unterordnung. Die beobachteten Tiere zeigten häufig nach dem Schwanzflattern eine 180°-Kehrtwende und näherten sich wieder an.

Abb. 4.3: *Fundulopanchax gardneri* beim Flattern (Tail Flutter/Quiver – QQ).

Dieses wiederholte Ansetzen zur neuen Attacke konnte ich immer wieder beobachten. Die Fische sind dabei sehr beweglich und scheinen ihre Erregung zu steigern. Ewing (1975) hat ebenso wie Amador (1991) die aneinander anschließenden Elemente auf ihre Häufigkeit untersucht und in Zahlen ausgedrückt.

Unter Angriff wird allgemein aggressives Verhalten verstanden. Davon haben bei unseren Aphyos beide Geschlechter ein erhebliches Potenzial. Das Kampfverhalten umfasst neben dem Angriff auch die Flucht. Doch es kommt in der Natur nicht immer zum Äußersten. Viele Tiere drohen und imponieren. Sie vermeiden auf diese Weise direkte Beschädigungen und kommen doch zum Ziel: der Verdrängung des Gegners. Die Gesamtheit dieser Verhaltensweisen fasst man unter dem Oberbegriff »agonistisches Verhalten« zusammen (Immelmann et al. 1996). Im Aquarium müssen wir durch geeignete Maßnahmen dafür sorgen, dass der Schutz des Unterlegenen ausreicht und er nicht in einem einzelnen Wollmopp immer wieder vom Sieger ausgemacht und erneut angegriffen werden kann.

Bei der Pflege von *Aphyosemion (Diapteron) fulgens* fiel mir ein Männchen auf, das anscheinend ständig kämpfen wollte. Es trug wie eine Furie die Flossen stets weit offen und ließ in keiner Weise eine gewisse Reihenfolge seiner Handlungen erkennen. Kein Wunder, dass es reichlich zerfleddert war. Teile der Flossen waren abgebissen worden. Bitter (2003) berichtete ebenfalls über diese Erscheinung.

Ich habe die Tiere schließlich getrennt. Trotz Einzelhaltung behielt dieses Männchen die Erregung. Es verendete vorzeitig.

Abb. 4.4: Ein *Aphyosemion (Diapteron)-fulgens*-Männchen wird als Dauerkämpfer in prachtvoller Färbung zur Furie.

Diese von mir erwähnten Wiederholungen sind allerdings nicht regelmäßig. Der Ablauf erfolgt unterschiedlich, das haben Ewing (1975) und Amador (1991) – wie bereits erwähnt – durch Zahlen belegt. Kroll (1981) konstruierte aus den erhobenen Daten zu *Fundulopanchax gardneri* Flussdiagramme, die das vielschichtige Verhalten zwischen Männchen und Weibchen darstellen. Dabei sind jeweils der Einstieg in die Interaktion und das Folgeverhalten abzulesen. Begegnungen zwischen beiden Geschlechtern münden zu Beginn nicht zwingend in Kampf bzw. Ablaichen (Balz usw.). Die in diesen Diagrammen veranschaulichten Ergebnisse belegen, dass die Reihenfolge des Sexualverhaltens weniger variiert als die Reihenfolge der Verhaltensmuster beim Kampf. In einer typischen Sequenz können die verschiedenen Positionen, die die Fische einnehmen, nach Meinung des Autors dazu herangezogen werden, das Spannungsniveau innerhalb des Verhaltenssystems zu beschreiben. Hinsichtlich der Reihenfolge der Sequenzen neigen die Tiere zunehmend zu einem komplizierteren Folgeverhalten mit steigendem Energieaufwand.

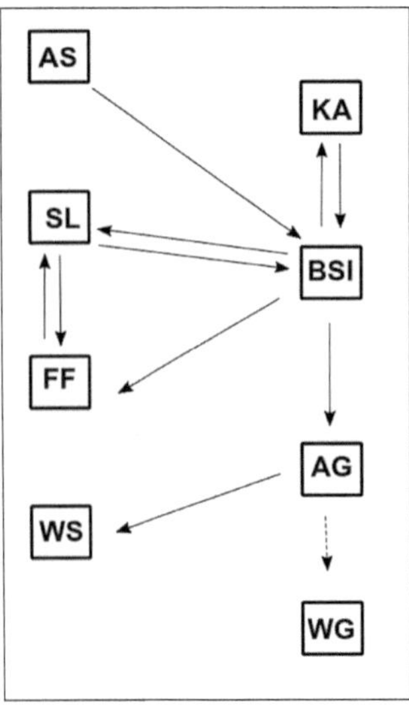

Abb. 4.5: Schema eines Flussdiagramms aus einer Beobachtung an *Aphyosemion (Kathethys) elberti* »Ndiang«. Der Biss hinter das Auge scheint die höchste Erregung zu dokumentieren (vgl. »Attac« bei Ewing 1975). Angriff, hier als Biss hinter das Auge definiert (AG), Anschwimmen (AS), Breitseitimponieren (BSI), Schwanzflosse auf und zu falten (FF), Kiemendeckel aufstellen (KA), Schwanzschlag (SL), Weggleiten (WG), Wegschwimmen (WS). Gestrichelter Pfeil: Verhalten wird nur vereinzelt gezeigt.

Verhalten als Schlüssel zur Artdefinition

Mayr (1975) hat unterschiedliches Verhalten als Schlüsselmerkmal bei der Artbestimmung bezeichnet. In diese Richtung zielte manche Dissertation. In seiner These an der Universität Montpellier geht Guguen-Douchement (1983) neben weiteren Untersuchungen auf das Verhalten verschiedener Aphyos ein. Das Kapitel »Le vocabulaire comportemental« (das Verhaltensvokabular) beschreibt es sehr umfänglich. Ich muss zugeben, dass eine Bezeichnung wie »La rencontre amoureuse« (Die verliebte Begegnung) für meine Ohren gegen den rein sachlichen englischen Begriff (sexual behaviour) wie Musik klingt.

In der Einleitung zu diesem Kapitel habe ich den Artikel von Stallknecht (1994) erwähnt. Es fehlte nicht an ethologischen Ansätzen in der Aquarienliteratur, um auf unbefriedigende taxonomische Einordnungen hinzuweisen (z. B. zu *Aphyosemion/Nothobranchius* und *Fundulosoma* Bech 1973).

4.2 Sexualverhalten

Das Ablaichverhalten ist nicht so auffällig wie das Kampfverhalten. Das »Reiten/Treiben II« des Männchens mit der Kehle auf der Hinterkopfregion des Weibchens ist allerdings leicht auszumachen. Dieses Element ist nicht nur bei den Aphyos festzustellen. Überhaupt scheinen sich viele Killifischarten in diesem Verhalten zu gleichen, denn erstaunlicherweise zeigten die Arten bei den Beobachtungen durch Bech (1973) nur in einer, höchsten in zwei Phasen Abweichungen. Er hatte sich der Mühe unterzogen, den Laichvorgang verschiedener Killifischarten in Ethogrammen über einen Zeitraum von drei Minuten aufzuzeichnen. Die Paarungen dauerten zunächst zwei bis drei Minuten, verkürzten sich dann aber auf etwa 80 Sekunden. Er fand bei allen Arten Grundformen, für die er fünf Phasen notiert hat, er nennt sie Imponieren I, Treiben I, Imponieren II, Treiben II und Laichakt.

Abb. 4.6: Bei der Balz versucht dieses Männchen von *Aphyosemion elberti* »Ibaikak« im Kehl-/Nackenkontakt (Treiben II nach Bech 1973) das Weibchen zur Ablaichstelle zu locken. Das können wir auch bei anderen Arten und Gattungen, z. B. *Nothobranchius,* beobachten.

Partnerwahl geht vom Weibchen aus

Wenn das Pärchen einen Laichplatz auswählt, geht die Aktivität vom Weibchen aus. Das habe ich schon oft beobachtet. Versuche von Kullmann & Klemme (2007) haben sogar ergeben, dass es bei der Partnerwahl die Weibchen sind, die ihre Männchen auch dann erkennen und auswählen, wenn sie nahe verwandten Geschlechtspartnern begegnen. Die Männchen nehmen es da nicht so genau.

Ablaichen in typischer Körperhaltung

Wenn Aphoys laichen, fällt die eingenommene Körperhaltung auf. Dieses »liegende S« wird als »Sigmoid Posture (SP) – Sigmaförmige Stellung« bezeichnet (Amador 1991). Sie ist im Übrigen auch bei kämpfenden Tieren zu beobachten.

Abb. 4.7: *Fundulopanchax gardneri nigerianus* laichen in einer sigmaförmigen Stellung am Mopp.

Abb. 4.8: Dieser *Aphyosemion calliurum* »Funge« imponiert längsseits liegend.

4.3 Futteraufnahme

Bei den Aphyos fällt das oberständige Maul auf. Viele Autoren verweisen auf eine oberflächenorientierte Nahrungsaufnahme. Häufig ist in diesem Zusammenhang von Insekten die Rede, die von der Wasseroberfläche erbeutet werden. Diese werden in der Natur selbstverständlich aufgenommen, aber nicht nur diese. Die Aquarienpraxis zeigt, dass Aphyos durchaus in der Lage sind, aus allen Wasserschichten Futtertiere aufzunehmen. Sie verfügen über ein gewisses schwimmerisches Geschick, die Futterbrocken zu erbeuten.

4.4 Revierverhalten

Bei der Nachzucht von *Fundulopanchax sjostedti* fiel mir das Verhalten eines dominierenden Männchens auf. Das 60-l-Becken stand in der obersten Reihe, sodass das über dem mit Quarzsand gefüllten Gefäß stehende Männchen wie auf einem Thron wirkte. Es verließ diese Position nur gelegentlich, um zu fressen oder Weibchen anzulocken. Inzwischen ist mir dieses Verhalten auch bei südamerikanischen Annuellen (SAA) aufgefallen. Sie stehen über dem Gefäß mit Torf und warten auf die Weibchen.

Daran musste ich denken, als ich die Ausführungen von Bech (1973) zum Revierverhalten von *Nothobranchius* und anderen Killifischarten las. Er hat völlig recht, wenn er schreibt, dass die Aquarianer viel zu selten über solche Verhaltensweisen berichten und, wenn man auf das Revierverhalten von Killifischen zu sprechen kommt, stets nur *Jordanella floridae* als Ausnahme erwähnt wird.

Abb. 4.9: Beim Blick auf Killifische wird das Revierverhalten von *Jordanella floridae* zu Unrecht als Ausnahme gesehen.

Mit dem aggressiven Verhalten von 18 Killifischarten setzte sich Ewing (1975) auseinander. Er kennzeichnete folgende Verhaltenskomponenten:

Fin Clamp (FC)/Flossenfalten – Alle Flossen sind zusammengelegt und werden nah am Körper gehalten, sodass der Fisch die geringstmögliche Oberfläche zeigt. Dieses Klemmen der Flossen beim Imponieren hat nichts mit einem Flossenklemmen bei Unwohlsein zu tun. Meist wird FC abwechselnd zu FD gezeigt.

Full Display (FD)/Breitseitimponieren – In diesem Stadium sind alle Flossen auf das Äußerste aufgespannt und die Kiemendeckel aufgestellt. Dieses Verhalten wechselt mit dem Imponieren des längsseits liegenden Fisches ab. FD wird als optische Stimulierung angesehen und alle untersuchten Killifischarten zeigen es. Bei den meisten Arten scheint das Flossenfalten für sich keine durchdringende Reizauslösung zu bedeuten. Aber der Übergang von FC zu FD signalisiert eine gewisse Zurücknahme der Aggression. Bei *Callopanchax occidentalis* war dies anscheinend besonders deutlich zu beobachten.

Sigmoid Posture (SP)/Sigmaförmige Stellung – Dies bedeutet, dass der Körper zu einer S-Kurve mit dem Schwanz zum Gegner geformt wird. Die Flossen sind oft unterschiedlich weit gespreizt. Es ist schwierig zu beurteilen, ob diese Stellung für die meisten Arten einen bedeutenden Reiz darstellt. Häufig wird sie vermutlich eingenommen, um das schnelle Wegschwimmen vorzubereiten.

Nuzzle (NN) – Ein Fisch berührt die Körperseite des Gegners mit dem Kopf und manchmal stößt er dagegen. Dieses Verhalten ist bei den meisten Arten selten und sein Reizwert, wenn überhaupt vorhanden, ist unsicher. Die Autoren haben den Eindruck gewonnen, dass es den Gegner von QQ oder TB abhält. Es könnte eine defensive oder beruhigende Funktion haben.

Quiver (QQ) – Quivering entspricht dem Zittern oder Beben. Bei den meisten Arten sind die Flossen wie beim FC zusammengelegt und der Fisch schiebt bei allen Arten gut dosiert mit hoher Flossenbewegungsfrequenz einen Wasserschwall in Richtung Kopf des Gegners. Diese Bewegung kann eine Reihe von verschiedenen Reizen auslösen. Der mechanische Reiz ist sicherlich vorhanden. Dieser ist aber nicht der Wirkungsreiz. Geruchsreize sind komplex und lösen Sexualverhalten, aber genauso wahrscheinlich Kampfhandlungen aus.

Tail Beat (TB)/Schwanzflossenschlagen – Bei aufgespannten Flossen schlägt der Fisch in einem bestimmten Rhythmus mit dem Schwanz, der direkt auf den Körper des Gegners gerichtet ist. Einige Arten wählen den Kopf als Ziel. Die Kraft der Bewegung ist häufig ausreichend, um den Gegner aus der Körperlage zu bringen. Es ist ein klar mechanischer Reiz.

Attac (AT)/Angriff – Ein Fisch versucht den anderen zu beißen. Diese Bisse sind auf die Körperseiten, die Brustflossen oder die Kiefer gerichtet. In einigen Fällen können Verletzungen auftreten. Wenn der unterlegene Fisch nicht in einen gesonderten Behälter gesetzt wird, können Schuppen verloren gehen und die Flossen werden zerrissen. Während bei den Kämpfen der Tod niemals als direktes Ergebnis beobachtet wurde, folgten doch Entzündungen der Wunden.

Jaw Lock (JL)/Maulzerren – Die direkt auf die Kiefer gerichteten Bisse können zu einem Verbeißen der Gegner führen, was einige Sekunden, aber auch einige Minuten dauern kann. Dies verlängert einen heftigen Kampf.

Das sexuelle und agonistische Verhalten von vier *Rivulus*- und vier *Aphyosemion*-Arten untersuchte Amador (1991). Er stellte die Ergebnisse in Grafiken dar. Sie zeigen Parallelen zu den bereits bekannten Beobachtungen. Sein Vokabular versorgt uns mit den spanischen Begriffen.

Beobachtungen im großen Aquarium

Die rahmenlose Bauweise der heutigen Aquarien hat Größen ermöglicht, die in früheren Zeiten allein am Gewicht gescheitert wären. Sie bescheren uns völlig neue Chancen für die Beobachtung unserer Pfleglinge. In meiner Jugendzeit wurde das wichtigste Aquarium im Wohnzimmer aufgestellt und hatte traditionell 100 Liter Inhalt. In den letzten Jahrzehnten sind die aufgestellten Aquarien immer größer geworden. Selbst Konrad Lorenz mit seinem 10 000-l-Aquarium wird nachgeeifert. Killifisch-Aquarien sind hingegen eher das genaue Gegenteil. Gerade die in diesem Buch betrachteten Aphyos werden meist in Becken mit geringeren Abmessungen gesetzt. Sie sind darin gut zu halten und zu züchten. Zu *Aphyosemion (Diapteron) abacinum* habe ich dargestellt, wie einfach ihre Zucht in einem großen Aquarium wurde.

Dabei kommen mir Freilandbeobachtungen von Klamroth (1997) in den Sinn. Von ihr waren drei grüne Schwertträger, *Xiphophorus helleri*, farblich gekennzeichnet worden. Das ranghöchste Männchen nahm im Flussabschnitt ein Wohngebiet auf einer Fläche von fast 8 × 4 m zu großen Teilen in Anspruch. Welch ein Aktionsradius! Die anderen Männchen vertrieb es aus bis zu zwei Metern Entfernung, obwohl sie nach wenigen Sekunden oder Minuten wieder an ihren Platz zurückkehrten. Diese rangtieferen Männchen versuchten ihrerseits zu kopulieren.

Nutzen wir die Chancen der großen Becken für die Beobachtungen. Die weiten Flächen laden geradezu ein, das Revierverhalten zu beschreiben. Vielleicht berichten Sie einmal aus dem Fischleben in Ihrem Aquarium, auch wenn es etwas kleiner ist. Die von Aquarianern, aber auch von Wissenschaftlern zusammengetragene Datenbasis ist noch so gering, dass es viele Elemente zu entdecken gibt.

Abb. 4.10: In Antiparallelstellung zeigt das vordere Männchen von *Aphyosemion (Diapteron) fulgens* »BS 02/03« das Full Display (FD) – Breitseitimponieren – und das hintere Fin Clamp (FC) – Flossenfalten.

Abb. 4.11: Auch das gibt es: Das Männchen von *Fundulopanchax gardneri* arbeitet sich auf, das *Fundulopanchax-fallax*-Männchen lässt es kalt.

Abb. 4.12: Die Tiere begegnen sich in T-Stellung. Auch dieses Verhalten finden wir bei anderen Fischfamilien.

Abb. 4.13: Das Verbiegen in der Körperlinie ist auffällig und spiegelt die erreichte Reizschwelle des Kampfes bei *Scriptaphyosemion geryi* »GAM 12/1«.

Abb. 4.14: Im Kampf ist alles erlaubt: »Ich zeige mal, wie groß ich bin. Meine Länge siehst du nicht ...«

Abb. 4.15: Dieses *Scriptaphyosemion*-Männchen spannt den Nacken. Man spürt förmlich den Willen zum Kampf.

Abb. 4.16: Der Kampf zieht die Tiere magisch an. Hier stehen die Fische wieder in Antiparallelstellung, allerdings mit vertauschten Positionen. Das hintere Tier zeigt mit seinem erhobenen Kopf und den bis zum Spannen geöffneten Flossen das höhere Erregungsniveau.

5 Wie können wir die Aphyos erfolgreich halten?

5.1 Was erwartet uns aquaristisch?

Wer Aphyos in seinem Aquarium halten und züchten möchte, widmet sich einem der schönsten Tätigkeitsfelder der Aquaristik. Diese Fische sehen allein schon durch die langgestreckte Körperform mit den unpaaren Flossen elegant aus. Die überwiegende Zahl der Arten ist im männlichen Geschlecht ausgesprochen hübsch gefärbt. Eine Besonderheit zeichnet sie aus, die den Haltern vieler anderer Aquarienfische verborgen bleibt: ihre interessante Fortpflanzungsbiologie. Es gibt Arten, deren Haltung leicht zu bewältigen ist, für andere ist diese Aufgabe schwieriger oder gar kompliziert.

Die erste Überlegung ist daher: In welchem Aquarium, in welchem Wasser, mit welcher Einrichtung und eventuell mit welcher technischen Unterstützung wollen wir unsere Fische pflegen?

Meist führt der Weg zunächst in ein Zoogeschäft, um die Ausstattung zu besorgen.

Woher bekomme ich Killifische?

Wer seinen Traumfisch schon vor dem geistigen Auge hat – im Zoohandel wird er selten fündig, da das Angebot an Killifischen eher gering ist. Wer nicht auf die gängigen Arten zurückgreifen möchte, dem ist der Kauf bei einem Züchter zu empfehlen. Viele erfahrene Züchter finden sich in den Reihen der Deutschen Killifisch Gemeinschaft (DKG). Informationen zu ihnen gibt es auch vor Ort bei den DKG-Regionalgruppen. Dieser Kontakt ist sehr zu empfehlen, denn die Mitglieder beantworten gern weitere Fragen.

Im Internet finden sich ebenfalls viele Angebote. Wer gegen einen Kauf aus dieser Quelle Bedenken hat, sollte sich vor Augen halten, dass es sich gerade über das Internet sehr schnell herumspricht, wenn hier schwarze Schafe Geschäfte machen wollen.

Ist der Kauf beschlossene Sache, stellt sich die Frage nach der geeigneten Art. Die Fülle der Arten scheint unüberschaubar. Meist werden klassische Anfängerarten empfohlen, wenn sich jemand für Aphyos interessiert und damit Farbe ins Aquarium bringen möchte. Nach meiner Erfahrung kümmern sich Anfänger eher zu viel als zu wenig um ihre Schützlinge. Daher kann man den Aphyos-Interessierten schon etwas zutrauen. Dieses Buch soll helfen, ihnen eine Übersicht zu verschaffen.

Kaufempfehlung

Wer neue Fische erwirbt, sollte auf gesunde Tiere achten. Eingefallene Bäuche, zerfranste Flossen oder ein unnatürliches Schwimmverhalten sind keine Kaufempfehlung.

Häufig habe ich Aquarianer erlebt, die nur ein Paar der erwählten Art nahmen, obwohl weitere Tiere angeboten wurden. Die Gründe lassen sich meist nur erahnen. Sparen ist an dieser Stelle fehl am Platz. Stirbt in der Eingewöhnungsphase einer der Partner, stehen die betreffenden Halter vor dem Problem der Ersatzbeschaffung. Nicht immer ist es so einfach möglich, das zugehörige Männchen oder Weibchen in ähnlicher Größe und ähnlichem Alter zu ergänzen. Deshalb empfehle ich, von vornherein mehr als ein Paar zu wählen. Sind überzählige Weibchen zu bekommen, rate ich zu deren Kauf.

5.2 Einzug ins neue Heim

Transport und Eingewöhnung

Üblicherweise werden Aquarienfische in Kunststoffbeuteln transportiert. Dabei ist ein Sichtschutz wichtig, damit die Tiere nicht in Panik verfallen. Es wäre kein guter Start.

Die Fische sollten nach Möglichkeit vor dem Verpacken einen Tag nicht gefüttert worden sein, damit der Kot das Wasser nicht belastet. Bei einigen Arten ist es zumindest bei längeren Fahrten sinnvoll, Männchen und Weibchen zu trennen. Ein Trick erfahrener Aquarianer besteht darin, eine Pflanze oder einen Wollfaden in den Beutel zu legen, in die sich die Fische verbeißen können. Dann unterbleibt das Beißen in Flossen oder andere Körperteile. Zudem muss darauf geachtet werden, dass die Wassertemperatur nicht zu sehr absinkt.

Vom Beutel ins Aquarium

Die Eingewöhnung von Aphyos ins eigene Aquarium ist problemlos. Dabei setze ich voraus, dass Wasser, Temperatur und Einrichtung den Bedürfnissen der Neuankömmlinge bereits angepasst wurden. Zur Eingewöhnung der Killifische wird oft empfohlen, den Transportbeutel auf das Wasser zu legen, um die Temperatur dem Hälterungsbecken anzunähern. Mir erscheint dies in den wenigsten Fällen notwendig. Die Temperaturunterschiede zwischen Transportbeutelwasser und Beckenwasser des neuen Domizils sind meist nicht allzu groß. Wird der Beutel geöffnet und nach und nach zur Anpassung Wasser in kleinen Portionen geschöpft, gleicht sich die Temperatur ohnehin an. Wichtiger scheint mir, die Fische möglichst zügig an das neue Wasser zu gewöhnen und sie aus dem Beutel zu entlassen.

Bei Arten, die ich von vornherein für empfindlich halte, setze ich die Neuankömmlinge in ein kleines Aquarium, das ich in ein größeres stelle. Dann lasse ich über einen Luftschlauch mein abgestandenes Wasser in dieses kleine Aquarium tropfen, das schließlich überläuft, das größere füllt, sodass am Ende der Prozedur die Fische in diesem größeren Aquarium schwimmen. Erst dann setze ich sie in ihr endgültiges Heim.

5.3 Aphyos-Aquarium

Über all unseren Bemühungen steht das Leitbild der »artgerechten Haltung«. Es gibt nicht nur eine einzige Möglichkeit, die Aphyos zu halten. Vielmehr spielen verschiedene Aspekte eine Rolle, die wir uns nach und nach anschauen wollen. Am größten ist wohl die Hürde, sich überhaupt Killis zuzulegen und dann erfolgreich einzugewöhnen. Was also kann der Killifan tun?

Hauptsache gut abgedeckt!

Eine Forderung steht über allem und klingt banal – dennoch stelle ich sie an den Anfang dieses Kapitels, um die Bedeutung hervorzuheben: Bei allen Anstrengungen muss auf eine lückenlos schließende Deckscheibe geachtet werden! Gegebenenfalls muss zum Beispiel mit Küchenfolie, sogenannter Frischhaltefolie, nachgeholfen werden. Unsere Killifische sind alle im wahrsten Sinne des Wortes springlebendig. Diese Sprungkünstler finden jede Lücke, durch die sie zielstrebig ihr Element verlassen. So recht ist nicht zu erklären, was sie antreibt. Oft werden es Tiere sein, die sich auf der Flucht vor aggressiven Tieren befinden. Sie wollen sich dem Zugriff des Angreifers entziehen.

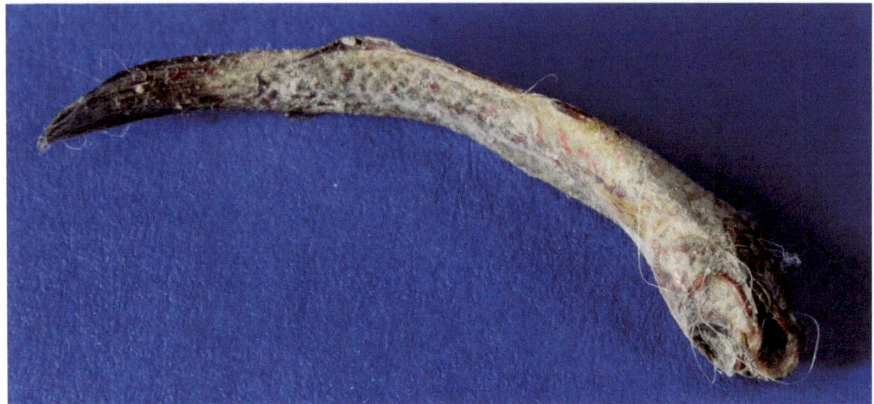

Abb. 5.1: Dieser *Aphyosemion (Aphyosemion) castaneum* hat die Lücke in der Abdeckung gefunden.

Nicht anspruchsvoll

Unsere Aphyos stellen keine besonderen Ansprüche an die Größe oder die Maße des Aquariums, da sind sie anpassungsfähig. In der Literatur wird gelegentlich auf flache Wasserstände verwiesen, in denen diese Fische gefunden wurden. Dies hat aber eher mit ihrer Anpassung an das Biotop und seine Räuber zu tun, als dass daraus ein allgemeiner Hinweis auf die Erfordernisse für ihre Haltung abzuleiten ist. Die Aphyos sind eher ruhige und nicht allzu schwimmfreudige Einzelgänger. Bei der Fütterung, beim Kampf und der Paarung können sie allerdings auch temperamentvoll werden. Die Haltung in Gruppen muss zahlenmäßig der Größe des Behälters angepasst werden. Die in solchen Fällen üblichen Empfehlungen von Einzeltier pro Liter Wasser sind schwierig, weil sich die innerartliche Aggression von Individuum zu Individuum unterschiedlich zeigt.

Hinsichtlich der Wassertemperatur geben die Daten aus den natürlichen Gewässern einen Anhaltspunkt. Sie kann bei unseren Aphyos je nach Herkunft der Tiere als Richtwert zwischen 19 und 25 °C liegen. Einige Arten benötigen kühleres Wasser, andere bevorzugen höhere Temperaturen. Bei ihrer Pflege und Zucht ist die Wasserqualität sehr wichtig. Hierauf werde ich noch näher eingehen.

Die Aquarien können im in der Aquaristik üblichen Rahmen beleuchtet werden. Oft ist dies allein schon mit Rücksicht auf die Bepflanzung notwendig. Die Wasserpflanzen sollen Schutz für unterlegene Tiere bieten. Nicht laichbereite Weibchen sind dort vor Nachstellungen sicher. Die Tiere sind aber auch mit unbeleuchteten Becken zufrieden, in denen Wollmops, Torf oder Ähnliches einen

Unterschlupf bieten. Javamoos und Schwarzwurzelfarn bekommen in solchen Becken oft noch ausreichend Licht aus dem Umfeld. Die Aphyos stehen gern im Bereich von Deckungen, in die sie bei Störungen ganz schnell verschwinden. Dennoch finden wir sie häufig im freien Wasser, um nach Futter zu jagen und um Konkurrenten in ihre Schranken zu verweisen.

Für den Bodengrund reicht ein feiner Kies oder eine Torfauflage.

Abb. 5.2: Im Killifischbecken geht es manchmal ruppig zu.

Art- oder Gesellschaftsbecken?

Wer in diesem Buch blättert, kann sich ein Bild von der Größe der einzelnen Arten, ihrer Aggressivität, ihren unterschiedlichen Ansprüchen bei der Wassertemperatur, der Wasserbewegung usw. machen. Wollen wir Aphyos mit anderen Fischgruppen, also in einem Gesellschaftsaquarium halten, müssen wir diese Umstände berücksichtigen.

Ich selbst ziehe das Artbecken vor, weil ich die Fische darin für Zuchtversuche belassen kann.

Um das Verhalten in der Gesellschaft anderer Fischgruppen zu untersuchen, beobachte ich ältere Aphyos-Einzeltiere, die ich in einem 300-l-Aquarium neben *Corydoras*, Salmlern und wenigen Bärblingen pflege. Das Zusammenleben klappt erstaunlich gut. Grundsätzlich sollte die Fischgruppe so zusammengestellt werden, dass sie mit den Wasserwerten harmoniert, unter denen das Aquarium gepflegt wird. Zur Ermittlung vertretbarer Wasserwerte wird artbezogen vorgegangen. Weil Fische sehr anpassungsfähig sind, ist es nahezu unmöglich, Grenzwerte festzulegen. Und noch etwas: Jeder Aquarianer sollte sich bewusst sein, dass bei diesen Bedingungen keine Jungfische hochkommen.

Die Fischgesellschaft aus den verschiedenen Arten sollte friedlich sein. Dies trifft auch für die beigegebenen Aphyos-Individuen zu, ihr Aggressionspotenzial ist also jeweils vor dem Einsetzen zu beurteilen. Die Futterkonkurrenz bringt in solchen Aquarien selbst so seltene Arten wie *Aphyosemion elberti* oder *jeanhuberi* dazu, Trockenfutter zu fressen. Bei passenden Rahmenbedingungen sehe ich bei einem Gesellschaftsbecken mit Aphyos keine Schwierigkeiten.

Abb. 5.3: Mit friedlichen Fischen sind unsere Aphyos problemlos zu vergesellschaften und gewöhnen sich dabei auch an Trockenfutter.

Rund um das Wasser

Die Ausgangsbasis für unsere Aquaristik ist meist das Leitungswasser. Die vom Wasserwerk gelieferten Werte beeinflussen unsere Entscheidung, wie weiter zu verfahren ist. Muss es vor der Verwendung behandelt werden oder kann ich dieses Wasser ohne Umwege einfüllen?

Wenn das Wasser direkt genutzt werden kann, erübrigen sich weitere Überlegungen.

Schauen wir auf die Fälle, in denen wir eingreifen müssen. Ist das Wasser zu hart, werden wir zum Ionenaustauscher, also zur Teil- oder Vollentsalzung, oder zum Osmosegerät greifen. Viele Aquarianer sind hin- und hergerissen, welche Technik sie wählen sollen. Einige scheuen den Umgang mit Säure und Lauge, obwohl das Verfahren preiswerter ist. Andere möchten nicht unnütz einen erheblichen Teil des Wassers ungenutzt in die Kanalisation laufen lassen.

Als weitere Möglichkeit bleiben Regen- und Quellwasser. Selbst wenn die Wasserquellen wie hier im Coburger Land in der Nähe zu finden sind, fallen etliche zu fahrende Kilometer und ein nicht unerheblicher Zeitaufwand ins Gewicht. Vom Schleppen der Kanister will ich gar nicht reden. Auf das Regenwasser gehe ich im Kapitel Zucht näher ein.

Für meine Aquarien habe ich mich zur Grundversorgung mit Leitungswasser entschieden. Bei einer dGH von 5,5 kann ich es für viele Arten verwenden. Allerdings kommt das Wasser mit einem pH-Wert von 8,5 aus meiner Leitung. So säuere ich es mit Phosphor- oder Salzsäure an und lasse es zunächst in zwei 80-l-Tonnen kurze Zeit stehen. Mit einer Motorpumpe verteile ich das Wasser dann auf die einzelnen Becken. Die Pumpe wird über eine Funksteckdose geschaltet.

Natürlich muss das Wasser den Anforderungen der jeweiligen Art zuträglich sein. Damit ich aber nicht ständig verschiedene Mischungen vorhalten muss, habe ich mir in den genannten Wassertonnen ein Standardwasser aufbereitet. Dabei hat mich HÜCKSTEDT (1968) mit seinem Plädoyer für das »Einheitswasser« beeinflusst. Ihm ging es zwar um das Calziumcarbonat-Kohlensäure-Gleichgewicht, aber auch bei ihm stand der Gedanke nach Vereinfachung dahinter. Mit meinem modifizierten Leitungswasser von 5,5 dGH sowie einem pH-Wert zwischen 6,0 und 6,5 komme ich in allen Becken zurecht. Nur bei der Zucht muss ich die Werte ggf. verändern.

Probleme können bei sehr weichem Wasser auftreten, in dem der pH-Wert deutlich unter die vom Fisch ertragene Grenze fallen kann. SCHWEKENDIEK (2003) klagte beim Saubermachen seiner Aquarien über rote Pusteln auf den Armen. Die Messung ergab einen Leitwert von 12 µS/cm bei nicht messbarer Härte sowie einen pH-Wert von 3,5. Den *Scriptaphyosemion* in diesem Becken machten diese Werte anscheinend nichts aus, SCHWEKENDIEK konnte keine Nachteile feststellen. Er hat sogar neue Fische nach dem Angleichen der Wassertemperatur ohne Weiteres in dieses Osmosewasser gesetzt. Die Fische zeigten nicht das geringste Unwohlsein, ganz gleich, woher sie stammten. Er empfiehlt solche Werte dennoch nicht zur Nachahmung. Aus meiner Praxis möchte ich anfügen, dass mir so ein plötzliches Absinken des pH-Wertes bisher nie untergekommen ist.

Abb. 5.4: *Scriptaphyosemion geryi* »CI 2012« kommt mit Osmosewasser gut zurecht.

Aquarieneinrichtung

a) Versteckspiel ermöglichen

Die natürliche Aggressivität unserer Aphyos dient unter anderem dem Arterhalt, auch wenn dies zunächst wenig verständlich erscheint. Zum einen fördert diese Aggressivität eine gewisse Auslese: Die stärksten Tiere setzen sich durch. Zum anderen verteilen sich damit die Jungtiere und später die geschlechtsreifen Fische über ein größeres Gebiet. Im Aquarium kann nicht jeder Fisch wie in der Natur ausweichen. Der Besatz muss also sorgfältig überlegt werden.

Sinnvoll ist es, zumindest zeitweise eine Möglichkeit zur Deckung vorzuhalten. Diesen Anspruch kann die auf Seite 53 f. bereits genannte Bepflanzung erfüllen. Damit werden in der Regel auch die ästhetischen Bedürfnisse, die an Aquarien gestellt werden, erfüllt. Nicht selten findet die Killiliebhaberei aber im stillen Kämmerlein oder im Keller statt, wo es schlicht um vereinfachte Arbeitsabläufe geht. Da stört das Hantieren mit Pflanzen, Kabeln und Lampen.

Weil häufig Torf benötigt wird, kann er mühelos als Versteck eingeplant werden. Wer mit Blick auf die anfallenden Torfansätze vermeiden will, dass sich die Fasern im ganzen Becken verteilen und dann mühsam abgesaugt werden müssen, nutzt kleine Behälter, um die Torfmenge zusammenzuhalten und zu beschränken. Dabei ist von kleinen Aquarien, Salatschalen bis hin zu Blumenübertöpfen alles geeignet. Torf will überlegt eingesetzt sein. Ich selbst verwende gängigen Gartentorf, der gern als Düngetorf bezeichnet wird, aber gar keinen Dünger enthält.

Bewährt hat sich in meiner Aquarienpraxis seit Jahren der Wollmopp (Ott 1989). Er ist leicht herzustellen. Ich empfehle hierfür die Verwendung synthetischer Wolle, weil diese das Wasser nicht färbt und die Eier daraus leichter abzulesen sind. Es ist ein merkwürdiger Anblick, wenn andernfalls von heute auf morgen das Wasser künstlich blau gefärbt ist. Den Fischen schaden diese Farben nach meiner Erfahrung allerdings nicht. Zur Anfertigung des Mopps wird der Wollfaden mehrfach um ein Buch gewunden, bis die gewünschte Dicke des Wollmopps erreicht ist. Dann werden die Fäden an einer Seite des Buches durchgeschnitten und die Teile in der Mitte mit einem weiteren Wollfaden zusammengebunden. Ein Stück Styropor oder einen Weinkorken in dieses Büschel eingebunden, schon wird das Ganze schwimmfähig.

Eine gute Deckung bieten Blätter von Buchen oder Eichen. Das abgefallene Herbstlaub wird an einer möglichst wenig durch Autoverkehr, Spritzmittel o. Ä. belasteten Stelle gesammelt. Nach dem Auskochen kann es ins Becken verbracht werden. Wenn ich mir nicht ganz sicher bin, ob die Blätter durch Umwelteinflüsse tatsächlich unbelastet sind, setze ich einige wenige Fische zu einer Laubprobe. Die Eichenblätter halten sich etwa ein Jahr im Wasser, verfallen aber mehr und mehr.

b) Technik

Meine Raumheizung hält die Temperatur in meinem Aquarienkeller auf 22 °C. Bei Fischen mit höheren Temperaturansprüchen setze ich Heizgeräte ein oder stelle sie in die obere Regalreihe, die geringfügig wärmer ist. Grundsätzlich gilt zur Wassertemperatur, dass die Arten der Küstengebiete wärmeres, die der höher gelegenen Gebiete kühleres Wasser benötigen. Mehr Details dazu finden Sie bei der Vorstellung der einzelnen Arten in Kapitel 9. Die in Kapitel 3 zu den Lebensbedingungen erwähnten verschiedenen Messwerte belegen die breite Streuung in der Natur. Dort gehen die Temperaturen auch mal über die 30-Grad-Marke. Im Aquarium empfiehlt es sich nicht, solch hohe Werte zu halten. Wer jedoch in seinem Wohnumfeld im Sommer mit höheren Temperaturen rechnen muss, sollte wissen, dass seine Aphyos diese hohen Temperaturen für eine gewisse Zeit verkraften können.

Hilfreich ist eine Wasserbewegung. Diese wird durch eine Durchlüftung oder eine Wasserfilterung erreicht. Zu bedenken ist eine sorgsame Dosierung, da die Aphyos keine wirklich guten Schwimmer sind. Im Gesellschaftsbecken konnte ich beobachten, dass sie sich in stärkerer Strömung durchaus behaupten, doch sich nicht dauerhaft an diesen Stellen aufhalten.

Reinigung/Reinhaltung

»Dreck bleibt Dreck, auch wenn man ihn nicht sieht.« Die Aussage stammt von dem bereits erwähnten Hückstedt (1971). Es war ein Schritt weg von den modellhaften Vorstellungen früherer Tage. Vom ehemals oft bemühten, hehren Ziel des »biologischen Gleichgewichts« im Aquarium haben wir uns nun schon lange verabschiedet. Nüchtern müssen wir der Verschlechterung des Wassers entgegenwirken. Mit Durchlüftung und Filterung habe ich bereits zwei Dinge angesprochen. Sauerstoff ist für unsere Fische und ihre Stoffwechselvorgänge unabdingbar. Im Kapitel 8 zum Thema Krankheiten wird von den Keimbelastungen noch die Rede sein. Das Wasser unserer Becken sollte also möglichst unbelastet bleiben. Der notwendigen Pflege tragen wir mit Eimer und Schlauch, also dem Wasserwechsel, am besten Rechnung.

5.4 Sind Killis kurzlebig?

Über viele Jahrzehnte galten unsere Killis als empfindlich. Dies schloss die Vorstellung der Aquarianer ein, dass sie nicht lange zu leben hätten. Tatsächlich halten die Aphyos in den Aquarien einige Jahre aus. Ich muss gestehen, dass ich mir um das Alter der gepflegten Tiere kaum Gedanken, besser keine Sorgen gemacht habe. Sie werden gut versorgt, pflanzen sich im Idealfall fort. Nur selten fällt mir auf, wie lange ich sie in Obhut habe. Dieses Buch war Anstoß, genauer zu schauen. Und so fiel mir ein Pärchen *Aphyosemion pascheni festivum* auf, das ich als geschlechtsreifes Paar erhielt und nun bereits fünf Jahre pflege.

Vergleicht man damit die bei den Aquarianern so beliebten Guppys, fällt deren kurzes Leben auf, ohne dass sich scheinbar jemand daran stört. Sie sind gebärfreudig und deshalb vermeintlich immer präsent. Mit etwas Mühe lassen sich viele Aphyos ebenfalls so zahlreich vermehren. Dabei erreichen Guppys gerade mal ein Alter von etwa zwei Jahren, empfindliche Hochzuchtlinien nicht einmal dies.

Kurzlebige Killis sind z. B. *Nothobranchius*-Arten. Wenn unsere Aphyos also zwischen zwei und fünf Jahre alt werden, ist dies respektabel. Nur wenn wir vergessen, das Aquarium ausreichend abzudecken, endet dieses Leben jäh. Aber das erwähnte ich bereits.

5.5 Ein Wort zum Tierschutz

Wir Aquarianer sind Tierschützer. Es wäre doch widersinnig, wenn wir uns dieses Hobby aussuchen und dann ins Gegenteil verfallen würden. Wie wäre das zu verstehen?

Unserem Hobby und damit auch uns persönlich gegenüber gibt es nicht nur positive Meinungen. Einige Kritiker gehen sogar so weit, es am liebsten ganz verbieten zu wollen. Die Debatte entflammte, als zwei Dissertationen, eine von Etscheidt (1990) und eine von Winter (1993), heftig diskutiert wurden. Die wohl kämpferischste Einlassung verfasste Staeck (1996), der verschiedene Mängel dieser, aber auch anderer Veröffentlichungen anprangerte, vor allem eine zu große Verallgemeinerung gegriffener Wasserparameter. Inzwischen ist das Thema mit all seinen Facetten in den aquaristischen Alltag eingezogen. Der Verband Deutscher Vereine für Aquarien- und Terrarienkunde e. V. gegr. 1911 (VDA) sucht Kontakt mit Politikern und will zu einer Versachlichung der Diskussion im Sinne der Tiere und der Tierhalter beitragen.

Wenn ich Fische kaufe und sie nach Hause transportiere, ist dies für die Pfleglinge ohne Zweifel eine kritische Phase. Es ist der reine Stress und wir sollten ihn so gering wie möglich halten. Wichtig ist ein Sichtschutz. Natürlich muss vermieden werden, dass die Temperatur in dem verhältnismäßig kleinen Beutel mit der entsprechend geringen Wassermenge zu stark sinkt oder steigt. Tierschutz heißt weiter, dass die Tiere in ihrem Zuhause unter den geeigneten Bedingungen gehalten werden. Inzwischen hat der Zoohandel reagiert und berät nun intensiver zur Aquaristik.

Artenschutz übrigens war im Zusammenhang mit Aphyos bisher kein Thema. Sie leben zu versteckt und reagieren zu schnell, als dass mit Kescherfang eine ihrer Arten ausgerottet werden könnte. Auf längere Sicht bedroht sind sie, z. B. *Scriptaphyosemion*, durch die Zerstörung ihrer Umwelt, wenn Wälder abgeholzt werden, wie es derzeit u. a. in Liberia geschieht.

5.6 Anfängerarten

Als klassischer Anfängerfisch gilt der Kap Lopez, *Aphyosemion australe*. Natürlich kann man mit dieser Art beginnen. Sie verlangt jedoch einiges an Aufmerksamkeit in Sachen Wasserpflege und kann einen Aquarianer, der züchten will, in den Wahnsinn treiben. Ich gehe bei der Vorstellung der Arten (siehe Kapitel 9) näher darauf ein.

Empfehlenswerter erscheint es mir, mit folgenden Arten zu beginnen:

- *Fundulopanchax gardneri* mit seinen Unterarten und seiner Verwandtschaft (siehe Kapitel 9)
- *Aphyosemion elberti* »Ntui« (oder ähnliche Fundorte)
- *Aphyosemion ogoense*
- *Aphyosemion bivittatum* »Funge«.

Abb. 5.5: *Aphyosemion* aff. *wildekampi »Nbateka«* ABDK 10/408 ist nicht schwer zu vermehren.

Abb. 6.1: Tümpeln ist mehr als nur Futter fangen.

6 Ernährung

6.1 Fütterung als Herausforderung an den Halter

Die Fütterung ihrer Fische ist für Aquarianer eine zentrale Aufgabe. Schauen wir dabei in die Vergangenheit, bemerken wir mühelos die Fortschritte der Futtermittelindustrie. Am Beginn des vorigen Jahrhunderts war es üblich, Killifische gerade in den Wintermonaten mit Hackfleisch zu versorgen. Die Verdaulichkeit für Aphyos dürfte gegen null gegangen sein.

Inzwischen müssen unsere Fische keine Futterlücken befürchten. Zumindest das tiefgefrorene Futter hilft über die an Lebendfutter arme Zeit. Etwas in Vergessenheit sind einzelne Futtermittel wie Regenwürmer geraten, mit denen beispielsweise die großen *Fundulopanchax*-Arten kräftige Bissen bekommen.

Nebenbei bemerkt: Fische können sehr lange hungern. Das zu wissen ist bedeutsam, weil sich von Zeit zu Zeit die Frage der Versorgung während einer Abwesenheit (Urlaub, Krankheit) stellt. Im Gegensatz zu den meisten Vögeln, die zum Halten ihrer Körpertemperatur von 40 °C auf ständige Nahrungsaufnahme angewiesen sind, resultiert die Körpertemperatur der Aphyos vor allem aus dem sie umgebenden Wasser. Die Schwimmblase mit ihrem Auftrieb und die Körperform ermöglichen es den Fischen, mit geringem Energieaufwand im Wasser zu schwimmen und die Höhe oder Tiefe zu wählen. Bremer (1997) macht darauf aufmerksam, dass der Fisch im Vergleich zum Kleinsäuger aufgrund seines wechselwarmen Körpers und seiner relativen Schwerelosigkeit zehnfach energieärmer lebt. Er kann also Zeiten des Futtermangels besser kompensieren.

Das Futter stellt dem Fisch die notwendigen Nährstoffe, Vitamine und Mineralstoffe sowie die benötigte Energie zur Verfügung. Damit kann er seine Körperzellen aufbauen und erhalten (Baustoffwechsel) sowie die Lebensprozesse aktivieren (Energiestoffwechsel). Die unseren Pfleglingen zugeführte Nahrung hat erheblichen Einfluss auf ihr Wachstum und ihre Gesundheit. Als Aquarianer erreichen wir das Ziel, gesunde und kräftige Tiere heranzuziehen, am ehesten, wenn wir ihnen verschiedene Futterarten anbieten. Nicht nur bei den Prachtkärpflingen hat das Futter durch Menge und Zusammensetzung wesentlichen Anteil am Erfolg oder Misserfolg der Pflege- und Zuchtbemühungen. In der Natur steht das Futter ja auch nicht gleichmäßig, sondern zu unterschiedlichen Zeiten in verschiedenen Mengen und Zusammensetzungen zur Verfügung.

Nun betreiben wir unser Hobby nicht mit wissenschaftlicher Genauigkeit oder unter wirtschaftlichen Zwängen wie in der Nutzfischzucht. Deshalb wiegen wir die Futterportionen nicht ab, sondern bemessen sie nach dem eigenen Erfahrungswert. Die nicht verzehrten Reste saugen wir ab. Oft wissen wir nicht oder nicht genau, woraus die gekaufte Fertignahrung besteht, die wir unseren Fischen anbieten.

Mit Leidenschaft habe ich neben der DATZ (Die Aquarien- und Terrarien-Zeitschrift) die damals »Ost-DATZ« genannte DDR-Zeitschrift AT (AquarienTerrarien) gelesen. Sie war sehr auf die Aquarianerpraxis und den wissenschaftlichen Laien ausgerichtet. Darin mahnte schon vor fast 40 Jahren Pederzani (1981), dass die Aquarianer selten wissen, aus welchen Bestandteilen das gerade gereichte Futter besteht. Daran hat sich bis heute nicht viel geändert. Die Reaktion der meisten Aquarianer ist praxisnah: Wenn wir abwechslungsreich füttern, können wir annehmen, unseren Schützlingen die benötigten Nährstoffe zuzuführen. Jedoch: Etwas Mühe müssen wir uns bei den Aphyos schon geben.

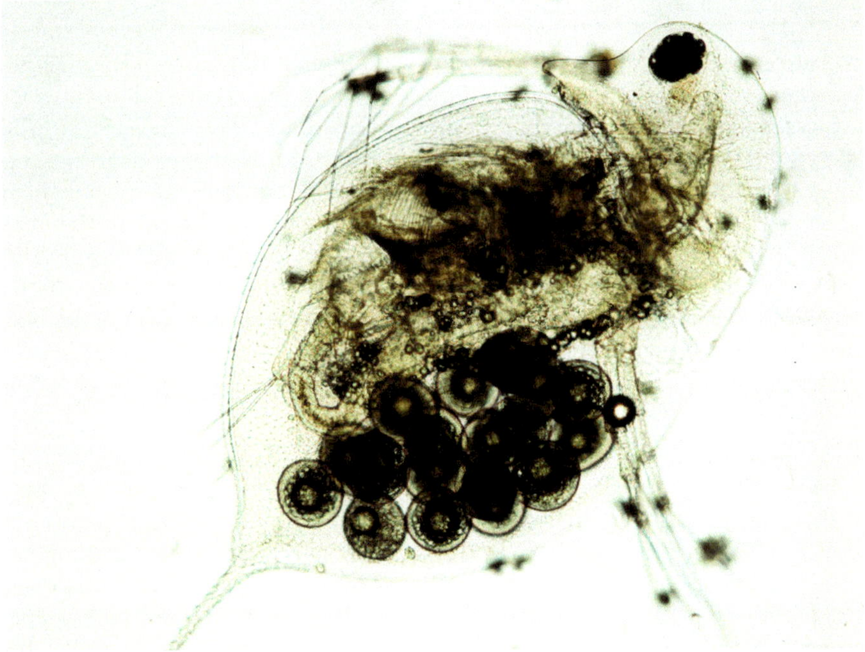

Abb. 6.2: Wasserflöhe werden nicht von allen Aphyos gleich gern genommen.

Viele Aspekte der Fütterung

Fütterung hat mit vielen Faktoren zu tun: mit der Verdauung der einzelnen Nahrungsbestandteile wie Eiweiß, Fett, Kohlenhydrate, mit der Verdaulichkeit des Futters an sich, mit der Bedeutung von Rohfasern, Vitaminen und Mineralstoffen. Wer sich hier näher informieren möchte, kann auf die einschlägigen Publikationen von Steffens (1985) oder Bremer (1997) zurückgreifen. Steffens, dessen Buch wohl nur noch antiquarisch zu erhalten ist, setzt sich sehr intensiv mit den Bedingungen für gewerbliche Fischproduktion auseinander. Viele Erkenntnisse sind jedoch auf unsere Aquarienfische übertragbar. Der »Bremer« wendet sich an uns Hobbyisten.

In der Literatur finden wir verstreut Untersuchungsergebnisse zu Darminhalten von Fischen. Einige der Arbeiten zu Aphyos sind im Kapitel 6.2 mit ihren wichtigsten Erkenntnissen vorgestellt. Wissenschaftler halten diese Resultate für lückenhaft. Natürlich wären detaillierte Beobachtungen über den Jahreslauf und zu weiteren Arten auch für uns Aquarianer lohnenswert, auch wenn wir ehrlicherweise einräumen müssen, dass es im Aquarium kaum möglich sein wird, die natürlichen Verhältnisse 1:1 zu kopieren. Hilfreich sind diese genauen Kenntnisse allerdings, wenn Probleme in der Pflege oder Zucht auftreten. Welche Feinheiten hier manchmal ausschlaggebend sind, zeigen die Ergebnisse von Meinelt et al. (1999, zitiert nach Ramelow 2009). Bei einem Verhältnis von Omega-3- zu Omega-6-Fettsäuren von etwa 1:2,7 ergaben sich beispielsweise bei *Danio rerio* höhere Befruchtungsraten. Wir dürfen vermuten, dass ähnliche Ergebnisse bei anderen Fischen, also auch bei unseren Aphyos, zu erwarten wären.

Nährstoffe gezielt einsetzen

Eiweiß, Fett und Kohlenhydrate können sich bei der Energiegewinnung in ihrem Brennwert vertreten. Dem Eiweiß kommt bei der Erhaltung der Lebensfunktionen besondere Bedeutung zu, es wird bei den Fischen im Vergleich zu anderen Wirbeltieren und gemessen an der Wachstumsrate in höheren Dosen benötigt. Diese Eiweißdosis hat jedoch Grenzen, es braucht ein optimales Verhältnis aller drei Nährstoffe. Bei heranwachsenden Jungfischen wird tendenziell mehr Eiweiß für den Baustoffwechsel benötigt, während die Energie für geschlechtsreife Tiere in der Hauptsache aus dem Fettanteil des Futters geliefert werden kann.

Durch die Wahl des Futtertieres kann ich die Aufnahme der Nährstoffe Eiweiß, Kohlenhydrate, Fett und der Wirkstoffgruppen Spurenelemente und Vitamine beeinflussen. Bei unseren Aquarienfischen dürfen wir uns jedoch nicht zu viel versprechen. Für sie sind diese Aspekte kaum wissenschaftlich erforscht und auch bei den Nutzfischen ist noch nicht jede Fragestellung gelöst. Eine analoge Übertragung der Ergebnisse gibt eine Richtschnur, die mit der Erfahrung vieler Aquarianergenerationen gestützt wird. Anhaltspunkte finden wir in den veröffentlichten Analysen, die sich hauptsächlich mit Eiweiß und Fett befassen. Kohlenhydrate werden nur ansatzweise berechnet (Dreyer 1995). Bremer (1997) empfiehlt, den nicht durch Eiweiß gedeckten Energiebedarf hälftig durch Kohlenhydrate und Fett abzudecken. Eiweiß verabreichen wir mit Mückenlarven, Fett mit Futter wie Enchyträen. Wichtig bleiben jedoch Futtertiere mit pflanzlichen Anteilen, die die als hochwertiger angesehenen ungesättigten Fettsäuren liefern, wie Wasserflöhe und Cyclops, die entweder frisch gefangen mit ihrem Darminhalt oder ggf. noch mit Algen geboostert verfüttert werden. Unseren Aphyos nutzen Fruchtfliegen durch ihren Eiweißanteil, das Chitin und den Darminhalt. *Diapteron*-Arten allerdings verschmähen dieses Futter.

Weil wir unsere Fische artgerecht ernähren wollen, sollten wir uns über die Verdauungsleistung im Klaren sein.

Was passiert beim Füttern?

Zunächst aber müssen wir dafür sorgen, dass unsere Fische das Futter aufnehmen. Ihr Sehvermögen ist nicht sonderlich entwickelt. Das ist nicht weiter verwunderlich. In trüben Gewässern oder in einem vom Sediment gefärbten Wasserloch nutzen die besten Augen wenig. Dafür ist der Geruchssinn besonders gut ausgebildet. Bei vielen Fischarten sorgen zwei vordere und zwei hintere Nasenlöcher dafür, dass das Wasser intensiv strömt und auf wichtige Informationen geprüft werden kann. Eine Verbindung zum Rachen besteht nicht.

Hat der Fisch das Futter ausgemacht, reagiert der gesamte Organismus. Auch wenn ich es meist vermeide, Vergleiche zum Menschen zu ziehen, fällt mir hier doch das »Wasser-im-Mund-Zusammenlaufen« ein. Das Futter veranlasst den Fisch, sich auf die Nahrungsaufnahme auszurichten und gleichzeitig Verdauungsenzyme auszuschütten (Bremer 1991). Im Vergleich zur menschlichen Ernährung gibt es bei unseren Tieren keine Vorverdauung in der Mundhöhle. Zudem wirken die verdauungswirksamen Sekrete erst bei der Darmpassage.

Unsere Aphyos sind nicht in der Lage, Stücke von Futter abzubeißen. Sie verschlingen Brocken. In diesem Zusammenhang ist interessant, dass in der aquaristischen Literatur manchmal ohne konkrete Angaben davon berichtet wird, dass Fische Nahrung auswürgen würden. Diese Verallgemeinerung führt in die Irre. Vom Auswürgen angedauter Nahrung berichtete Bremer (1985) am Beispiel von *Serrasalmo nattereri*. Dieses Verhalten wurde bei Wildfängen von Raubfischen in Stresssituationen bereits häufiger beobachtet. Man kann sich leicht vorstellen, dass das Entleeren des Magens dem Räuber auf der Flucht Vorteile verschafft. Auch wenn unsere Aphyos letztlich kleine Räuber darstellen, ist ein solches Verhalten bei ihnen eher nicht zu erwarten. Ich konnte es in über 35 Jahren Killipflege kein einziges Mal feststellen.

Ein Leben ohne Magen

Unsere Aphyos wurden in der Vergangenheit als magenlos angesehen (Bremer 1997). Dieser Aspekt war von Labhart & Ziswiler (1979) an 23 Fischarten untersucht worden, die nach damaligem Verständnis zu den Killifischen gerechnet wurden. Die Ergebnisse zeigten, dass ein Magen fehlt. Am Übergangsbereich vom Vorder- zum Hinterdarm wurde festgestellt, dass sich das Deckgewebe (Epithel) der Speiseröhre nicht direkt an das des Darms anschließt. Es findet sich eine Übergangszone mit charakteristischer Zellstruktur. Gerade bei *Aphyosemion*- und *Fundulopanchax*-Arten zeigt sich ein ziemlich langes Übergangsepithel. Die Untersuchungen von Labhart & Ziswiler können somit als deutliche Hinweise auf Magenrudimente verstanden werden. Nach Schubert (1979) wird als Magen ein Darmteil angesehen, der gegenüber dem übrigen Darm einen deutlich erniedrigten pH-Wert aufweist. Dies wird auf entsprechende Drüsenzellen zurückgeführt. Dass rein äußerlich die Gestalt des Darmtrakts und des Magens wechselt, zeigen viele zeichnerische Darstellungen, z. B. bei Bremer (1982, 1991, 1995) oder Steffens (1985). Der Aphyo-Darm sieht hingegen eher banal aus, weil es sich um einen kurzen, dünnwandigen Schlauch handelt. Lediglich am Beginn und am Ende ist er an den Maulbereich und den After größenmäßig angepasst. Bei einer Füllung dehnt er sich natürlich aus.

Abb. 6.3: Lebendfutter ist eine gute Futtergrundlage. Leider steht sie nicht jedem Aquarianer zur Verfügung.

Komplexität der Nahrungsbestandteile

Von allen Nährstoffen ist das Eiweiß (Protein) sowohl in qualitativer als auch in quantitativer Hinsicht für unsere Fische von überragender Bedeutung. Es wirkt als Bauelement des wachsenden tierischen Organismus und ist Voraussetzung für die Enzymbildung. Die im Eiweiß enthaltenen Aminosäuren sind unterschiedlich verdaulich. Wenn wir die Wachstumsrate als Maßstab heranziehen, haben unsere Fische, verglichen mit anderen Wirbeltieren, einen hohen Eiweißbedarf. Mangelt es der heranwachsenden Brut hieran, reagiert sie mit herabgesetztem Wachstum und höherer Krankheitsanfälligkeit. Die Mindestversorgung mit Eiweiß ist zudem von der zugeführten Energie (Kohlenhydrate, Fette) abhängig. Untersuchungen haben gezeigt, dass es bei den Individuen einer Art hinsichtlich der Eiweißverdaulichkeit genetische Unterschiede gibt.

Zu den wichtigen Nährstoffen zählen auch die Fette. Aus der menschlichen Ernährung kennen wir die Unterscheidung in gesättigte und ungesättigte Fettsäuren, die natürlich für andere Lebewesen ebenso von Bedeutung sind. In der Aquaristik werden wir bei einer abwechslungsreichen Fütterung selten auf Probleme stoßen, die auf eine unzureichende Fettsäurenversorgung zurückzuführen sein könnte. Aufgrund ihres Gehalts an den hoch ungesättigten Omega-3-Fettsäuren fördern die im Fischfutter enthaltenen Öle von Fischen und anderen Wassertieren das Wachstum unserer Aquarienfische. Gleichzeitig ist zu berücksichtigen, dass Süßwasserfische im Vergleich zu Fischen, die im Salzwasser leben, einen insoweit geringeren Bedarf haben.

Kohlenhydrate dienen in der Tierernährung hauptsächlich energetischen Zwecken. Sie sind jedoch an weiteren Stoffwechselvorgängen beteiligt.

Fische wachsen ihr Leben lang. Mit zunehmendem Alter verlangsamt sich dieses Wachstum. Weil Jungfische besonders schnell zulegen, benötigen sie artgerechte Proteinmengen. Der Eiweißbedarf liegt im Durchschnitt der untersuchten Fischarten etwa zwei- bis dreimal höher als bei Vögeln oder Säugern. Der tägliche Bedarf hängt, abgesehen vom Alter der Fische, auch von der Proteinwertigkeit und Partikelgröße des Futters ab. Der Nahrungsbedarf unserer wechselwarmen Tiere steigt, je höher die Wassertemperatur ist, bis zu einer etwas über dem Optimum liegenden Temperatur. Wird das Optimum weiter überschritten, sinkt der Nahrungsbedarf.

Fische wenden einen nicht unerheblichen Teil ihrer Energie für die Atmung auf. Daher gilt es zu bedenken, dass der Sauerstoffgehalt des Wassers das Stoffwechselgeschehen beeinflusst.

Abb. 6.4: Futterkulturen (hier Enchyträen) sind in der Praxis hilfreich.

Schlechte Verdauer

Für wechselwarme Tiere wie die Fische spielt die Wassertemperatur für die Verdauungsgeschwindigkeit eine wichtige Rolle. Aus Untersuchungen zu Nutzfischen wissen wir, dass auch die Häufigkeit der Nahrungsaufnahme, die Nahrungsmenge sowie die Art der Nahrung die Verdauung beeinflussen (Steffens 1985).

Für unsere Aphyos gibt es keine solchen Untersuchungen. Wir sind auf unsere Erfahrung angewiesen. Bei den berufstätigen Aquarianern ist der zeitliche Rahmen für die Futtergabe eingeschränkt. Wir müssen deshalb von anderen Arten schließen, dass neben der fehlenden Vorverdauung in der Mundhöhle hauptsächlich im Bereich des Mitteldarms verdaut wird. Unverdauliche Bestandteile führen dabei zu Verzögerungen und lassen die Enzyme länger arbeiten. Hier ist bei der Nahrung der Aphyos vor allem Chitin als Bestandteil von Insekten und Insektenlarven zu nennen. Bei anderen Artengruppen kommen auch Zellulose und Stärkekörner infrage.

Die im Darm liegenden Übergangszonen wirken sicherlich unterstützend und fördern die Aufspaltung der Nahrungsbestandteile. Im Mitteldarm treten die aufgeschlossenen Nährstoffe ins Blut über. Dennoch ist aufgrund der relativ geringen Darmlänge und der recht kurzen Verweilzeit damit zu rechnen, dass ein Teil der Nahrung den Darmtrakt unverdaut wieder verlässt. Dem können wir in gewissem Maße durch geeignete Fütterungstechnik wie geringe Partikelgröße und häufige, aber kleine Futtermengen gegensteuern. Aphyos sind überwiegend Kleintierfresser und deren Enzyme nutzen sie zur Verdauung (Bremer 1997; Reichenbach-Klinke 1970). Es ist deshalb sinnvoll, das Futter der Fischgröße anzupassen. Dadurch wird gewährleistet, dass eine größere Angriffsfläche für die Verdauung vorhanden ist. Allerdings ist es in der Praxis nicht immer so einfach, kleines Futter zu geben: Manche *Aphyosemion* lassen Wasserflöhe fast gänzlich unbeachtet. Sie werden erst nach und nach über einen Zeitraum von mehreren Tagen gefressen.

Abb. 6.5: Kinder machen beim Tümpeln begeistert mit.

6.2 Nahrung im natürlichen Lebensraum

Meist begnügen sich Autoren hinsichtlich der Ernährung unserer Prachtkärpflinge mit dem Hinweis auf das oberständige Maul und die daraus abzuleitende Jagd auf Insekten, die sie von der Oberfläche holen sollen. Leider gibt es zu diesem Thema nur wenige Berichte von Biologen, die die Tiere in ihrem natürlichen Umfeld beobachteten. Es lohnt sich deshalb, solche Forschungsarbeiten zu lesen. Manchmal ist es nämlich ganz anders als vermutet. Nachfolgend stelle ich einige dieser Arbeiten vor, weil aus ihnen Rückschlüsse auf die Nahrungszusammensetzung unserer Aphyos gezogen werden können.

Abb. 6.6: Wenn der Schwung zu groß wird, vermeidet ein sicherer Griff das kühle Bad.

Beobachtungen in Nigeria

Beobachtungen von Akpan et al. (2006) in Nigeria zeigen, dass der genannte Hinweis auf die Futtergewohnheiten unvollständig, im eigentlichen Sinn sogar unzureichend ist.

In der näheren Umgebung des Nigerdeltas befindet sich die University of Uyo. Hier wurde *Fundulopanchax gardneri* während des gesamten Jahres im Mfangmfang-Teich beobachtet. Der Teich dehnt sich auf einer Fläche von 2,9 ha aus bei einer mittleren Tiefe von 6,3 m während der Regenzeit und 3,9 m während der Trockenzeit.

Monatlich entnahmen die Wissenschaftler Proben und untersuchten die Tiere, z. B. die Füllung des Darms. Zudem wurden die relative Häufigkeit und die Vorherrschaft der einzelnen Futtermittel überschlagen. Futterreichtum wurde als Gesamtzahl der einzelnen Futtermittel in der Ernährung angesehen.

Bodenlebende Wirbellose waren in der Nahrungsaufnahme von größerer, wasserlebende Wirbellose von geringerer Bedeutung, gelegentliche Anteile bildeten Zooplankton und Sandkörner mit Algen. Unter den bodenlebenden Wirbellosen überwogen Hymenopteren (Hautflügler, z. B. verschiedene Wespenarten), gefolgt von Collembolen (Springschwänze), Coleopteren (Käfer) und Arachniden (Spinnentiere). Wasserlebende Wirbellose waren hauptsächlich Chironomiden (Zuckmücken, die Larven besser bekannt als Rote Mückenlarven), Dipteren (Zweiflügler, grob eingeteilt: Fliegen und Mücken) und Libellen. Die aufgenommenen Wasserpflanzen bestanden zu einem größeren Anteil aus feinen Partikeln organischen Ursprungs (fine particulate organic matter – FPOM), während grobe Anteile (coarse particulate organic matter – CPOM) weniger als 5 % der Nahrung ausmachten. CPOM bestanden meist aus Teilen verwitterten Laubs. Zooplankton stellten meist Copepoden (Ruderfußkrebse, u. a. Cyclops) und Cladoceren (*Daphnia* – Wasserflöhe). Von den Algen wurde lediglich *Coelosphaerium* (einzellige Alge) aufgenommen.

Bei Männchen und Weibchen gibt es in der Ernährung einige Ähnlichkeiten. Dennoch ist der Futterumsatz der Männchen größer als der der Weibchen. Dies kann darin begründet sein, dass die Männchen eine höhere Energie abrufen, um ihr aktiveres Leben zu unterstützen. Bodenlebende Wirbellose und Wasserpflanzen werden eher von den Erwachsenen angenommen, während die jüngeren Tiere häufiger wasserlebende Wirbellose fressen. Die Bedeutung der Sandkörner innerhalb des Futterspektrums ist nicht völlig klar.

Als Ergebnis der Untersuchungen von Akpan et al. lässt sich zusammenfassend ableiten, dass *Fundulopanchax gardneri* hauptsächlich von bodenbewohnenden Insekten leben (Anteil etwa 70 %). Die Bedeutung der bodenbewohnenden Nahrungsquellen wurde bereits in einer früheren Untersuchung festgestellt. Sie können die Größe der Fischpopulation begrenzen. Bei anderen Untersuchungen hatte sich anhand der Füllung der Mägen und am Fülle-Index bereits gezeigt, dass die Nahrungssuche in der Regenzeit einen Höhepunkt erlebt.

Die Nahrung der Geschlechter ähnelt sich, allerdings fehlt bei den Männchen die Aufnahme von Schwarzen Mückenlarven und Libellenlarven, während die Weibchen keine Feldheuschrecken, Schmetterlinge und Algen fressen. Männchen nehmen häufiger bodenlebende Wirbellose und Zooplankton zu sich, Weibchen fressen eher wasserlebende Wirbellose und Wasserpflanzenmaterial. Dass die bodenlebenden Wirbellosen während der Regenzeit eine größere Bedeutung als in der Trockenzeit haben, belegt eine jahreszeitliche Anpassung an die vorhandene Nahrung.

Abb 6.7: Mit Brennnesseljauche gelingt es im Sommer, Mückenlarven heranzuziehen.

Beobachtungen in Guinea

Romand (1985) berichtete von Nahrungsuntersuchungen bei *Aplocheilichthys normanni* in Guinea. Auch wenn diese verwandtschaftlich zu unseren Aphyos weiter entfernt stehen, geben die Ergebnisse einige grundlegende Hinweise.

Seit 1979 wurde beobachtet, dass die Malaria wieder auflebte. Die Welthandelsorganisation (WHO) reagierte und ließ einheimische insektenlarvenliebende Fische hinsichtlich ihrer Ernährung untersuchen, um Maßnahmen für die Eindämmung der die Malaria verbreitenden Moskitos ableiten zu können. Die Untersuchungen liefen in einer kontrollierbaren Umgebung ab und die qualitativen Beobachtungen erfolgten in kleinräumigen Feldstudien.

Kontrollfänge von zwei verschiedenen Fundorten in Guinea zeigten innerhalb der gleichen Art Ernährungsunterschiede. Bei der Population von Coya (in manchen Karten »Coyah«) dominierten Chydoridae (Familie der Wasserflöhe), Wasserflöhe (Cladoceren), Rote Mückenlarven (Zuckmücken – Chironomidae) und *Lecanora* (Gattung der Krustenflechten). Der Fang von der Ortschaft Suguéta belegte, dass die Fische Pflanzen, Wasserflöhe (Cladoceren) und Rote Mückenlarven (Zuckmücken – Chironomidae) bevorzugten. Der letztgenannte Fundort von den Fouta Djalon, einem Bergland, liegt höher, sodass angenommen wurde, dass kleinere aquatische Organismen hier weniger zu finden waren.

Es wurde beobachtet, dass bei Anwesenheit von *Aplocheilichthys normanni*, die oft zusammen mit weiteren Aplocheiliidae vorkamen, im Habitat keine Stechmücken-Larven (Culicidae) zu finden waren. Die Untersuchung ergab, dass die Fische im Zeitraum von 24 Stunden von der gesamten Nahrung durchschnittlich ein Drittel in der Zeit von 20 bis 6 Uhr sowie 25 % in der Zeit von 18 bis 20 Uhr fraßen. Damit wurde der überwiegende Nahrungsanteil nach Sonnenuntergang aufgenommen. Daraus können wir schließen, dass nach Möglichkeit auch nachts Futter vorhanden sein sollte.

Zusammen mit Pandare berichtete Romand wenige Jahre später (1989) über den Futterdurchsatz von *Scriptaphyosemion geryi* aus dem gleichen Untersuchungsgebiet. Es wurde sowohl im Labor als auch in der Natur untersucht.

Darmproben der Fische von Coya(h), Kindia und Garmoreya gaben Aufschluss über die erbeuteten Nahrungstiere und ihre prozentuale Zusammensetzung. Hierbei zeigten sich beträchtliche Unterschiede. Die Fische von Coya(h) hatten Ameisen und Chydoridae (Familie der Wasserflöhe) gefressen, die Fische von Kindia ernährten sich von Wasserflöhen und Zuckmückenlarven und die von Farmoreya von Ameisen. In den Mägen (Anm.: Darmabschnitten) wurde jedoch keine einzige Stechmückenlarve gefunden. Es gab allerdings einen indirekten Hinweis auf die Ernährung. Aus dem Fehlen von Stechmückenlarven konnte an anderen Gewässern auf den Besatz mit *Scriptaphyosemion geryi* geschlossen werden. Dies entsprach dem oben dargestellten Ergebnis bei *Aplocheilichthys normanni*.

Beobachtungen von Roloff in Sierra Leone

Im Dezember 1963 und im Mai 1965 besuchte Roloff Sierra Leone. Um die natürliche Nahrung der Fische feststellen zu können, konservierte er frisch gefangene Exemplare. Geisler untersuchte den Mageninhalt. Bei *Callopanchax occidentalis* fand er Fliegen, Mücken, Wasserkäfer und sogar Wassermilben. Bei *Scriptaphyosemion roloffi* und einer nahe verwandten Art, die er beide im November 1963 unmittelbar nach dem Ende der Regenzeit als Halbwüchsige fing, wurden zu etwa 90 % erst wenige Tage alte Stechmückenlarven gefunden.

Roloff beobachtete im November 1964 während der kurzen Dämmerungsphase in einem Bach bei Lago (Kenema-Distrikt) halbwüchsige *Archiaphyosemion guineense* bei der Jagd auf Insekten. Tagsüber hatten sich die Fische im Schatten unter Wurzeln versteckt.

Im April 1965 war Roloff zu einer Zeit in Sierra Leone unterwegs, in der die meisten Bäche ausgetrocknet waren. In einem kleinen Bachlauf, der im Gegensatz zu den benachbarten Bächen noch Wasser führte, fing er *Scriptaphyosemion roloffi*, deren Mageninhalt aus einer kleinen Wasserfloh-Art, Copepoden sowie Larven verschiedener Mückenarten und Mücken bestand.

Untersuchungen von Brosset in Gabun zur Nahrungsverteilung

Brosset (1982) war im Ivindo-Becken unterwegs und stellte sich die Frage, wie unter den Fischarten im Biotop die Futterquellen aufgeteilt seien. Er begann mit der Hypothese, dass von jeder Art unterschiedliche Quellen genutzt würden. Diese Hypothese gab er aufgrund der tatsächlichen Ergebnisse auf.

Die Analyse zeigte, dass selbst die Arten der Gattungen *Aphyosemion*, *Raddaella* (heute Untergattung zu *Aphyosemion*), *Hylopanchax* und *Epiplatys* eine nahezu identische Ernährungsweise zeigen, die sich aus lebenden Wirbellosen zusammensetzt, die im Laub vorkommen. In ihrer Diät machen an erster Stelle die Ameisen, danach die Spinnen den größten Futteranteil aus. Auffällig war bei diesen Fischen, dass sie stark duftende Ameisenarten bevorzugt aufnahmen. Diese Ameisen sind Baumbewohner, die ihre Nester aus auf dem Baum gesammeltem Material bauen oder die in der Vegetation selbst wohnen.

Die *Diapteron* (in diesem Buch als Untergattung zu *Aphyosemion* behandelt) bildeten eine von den anderen Arten in der Ernährung völlig getrennte Gruppe. Brosset erwähnte, dass sie sich nicht von der Wasseroberfläche ernähren und ausschließlich aquatische Nährtiere aufnahmen. Ihre Nahrung bestand aus kleinen Crustaceen (Garnelen und Copepoden), aquatischen Insektenlarven (Chironomiden – Rote Mückenlarven), Käfern sowie Wenigborstern (Verwandte der Regenwürmer wie Enchyträen und *Tubifex*).

Die Lebensweise der Cyprinodonten (heute Aplocheiliidae sowie Unterfamilie Aplocheilichthyinae zu Poeciliidae) war in der Zeit und im Raum bemerkenswert konstant. Die Analyse der Mageninhalte zeigte dies klar. Brosset bemerkte bei *Diapteron* aktivere Futteraufnahmen in der Zeit des Sonnenaufgangs und -untergangs. Hierzu vermutet er eine Anpassung an das Verhalten der Nährtiere (aquatische Larven und kleine Crustaceen). Brosset spricht davon, dass die Mägen (wie bereits erörtert, handelt es sich um den Darm) am Morgen und am Abend mehr oder weniger gefüllt sind. Am Nachmittag sind sie jedoch leer.

Abwechslung ist wichtig

Die Beobachtungen in der Natur zeigen also, dass es mit einer Futterart nicht getan ist. Die Ergebnisse geben genügend Anregungen für eigene Bemühungen um eine sinnvolle Ernährung. Mancher Autor fasst dies in einem Satz zusammen: Der Fisch lebt nicht vom Floh allein!

6.3 Was füttern wir?

Wollen wir unsere Fische im Aquarium ernähren, dann spielt oft die Bequemlichkeit eine Rolle. Viele Jahre wurde Interessenten vermittelt, dass Killifische nur Lebendfutter fressen. Die Praxis zeigt etwas anderes.

Trockenfutter – oder lieber nicht?

Viele Killifische können mit Trockenfutter ernährt werden. Die Tiere müssen sich jedoch daran gewöhnen. Hier spielt der Futterneid eine große Rolle. Am besten versucht man, seine eigenen Nachzuchten an die Flocken heranzuführen. Nahrungskonkurrenten wie Salmler oder Lebendgebärende sind bei der Gewöhnung von Vorteil. Für Killifische hält Bremer (1997) das Trockenfutter generell für ungeeignet. Kein Pfleger weiß, was das Futter wirklich enthält, weil es für Trockenfutter keine detaillierte Deklaration gibt. Eine dauerhafte Fütterung mit Trockenfutter möchte ich nicht empfehlen.

Wert der Mückenlarven

Ich selbst verwende regelmäßig Rote Mückenlarven, weil ich sie für ein artgerechtes und qualitativ gutes Futter halte. Dreyer (1999) warnt zu Roten Mückenlarven und *Tubifex* vor einer möglichen Schadstoffbelastung und empfiehlt nur eine wöchentliche Ration. Dreyer (1998) verweist mit einem merkwürdigen Unterton auf einen Frostfutter-Hersteller, der mit selbst gezüchteten Roten Mückenlarven wirbt. Dabei ist die Praxis der Massenvermehrung in Aquarianerkreisen abseits von Schadstoffbelastungen bereits seit einiger Zeit bekannt (Lieder & Helms 1982). Bei der Chironomidenlarvenzucht auf Teichflächen nach dem Verfahren Hongkong wurden in 51 Tagen drei Ernten von durchschnittlich 206 kg eingefahren. Das Verfahren nach Yashouv erbrachte wöchentlich 250 bis 375 g pro Quadratmeter, im Extremfall 422 g und somit bis zu 180 000 Larven auf den Quadratmeter.

Schwarze Mückenlarven versorgen den Fisch im Vergleich dazu mit etwas mehr Eiweiß und Fett. Ihre Fütterung fördert den Laichansatz.

Frostfutter

Einen erheblichen Fortschritt bei der Pflege von Aquarienfischen brachte die Einführung von tiefgefrorenen Futtertieren. Die Angebotspalette ist breit und reicht von Wasserflöhen, *Cyclops* und Mückenlarven bis zu *Artemia*.

In der Frostfutterqualität finden wir allerdings oft deutliche Unterschiede. Die Futtertiere sollten aufgetaut gut geformt sein und nicht zu einem Matsch geraten. Eine Dunkelfärbung der Tiere deutet darauf hin, dass sie vor dem Einfrieren bereits verendet waren. Sich absonderndes Wasser ist zu verwerfen und eine Überlegung zum Preis-/Leistungsverhältnis des Futters wert. Für die Qualität des Frostfutters sind zügige Arbeitsabläufe, eine wirksame Schockfrostung und eine ununterbrochene Kühlkette wichtig. Laufen die Prozesse zu langsam, wirken die Enzyme und verdauen die Futtertiere von innen. Werden diese dann im Aquarium aufgetaut, lösen sich diese Moleküle im Aquarienwasser (Bremer 1996).

Für tiefgefrorene Lebensmittel hat der Gesetzgeber 1991 eine »Verordnung über tiefgefrorene Lebensmittel« (TLMV) erlassen, die nach einer Neufassung 2007 im Jahr 2011 letztmalig ergänzt wurde. Diese fordert, die Temperatur bis zur Abgabe an den Verbraucher an allen Punkten des Erzeugnisses ständig bei minus 18 °C oder tiefer zu halten. Wir tun unseren Fischen etwas Gutes, wenn auch wir das Frostfutter entsprechend kühlen. Es stellt bei richtiger Verarbeitung einen guten Ersatz für das Lebendfutter dar. Winter (1999) beschreibt für die Fütterung bei Wildfängen von Téfé-Diskusfischen, dass grundsätzlich die Gefahr besteht, dass nicht vollständig aufgetautes Futter Schäden verursacht. Bei den geringen Partikelgrößen, die unsere Aphyos aufnehmen, ist dies wohl eher nicht zu erwarten. Bremer (1997) spricht sich hingegen dafür aus, das Frostfutter nicht aufzulösen, um die Belastung für das Wasser zu reduzieren. Die Fische würden das Futter beim Auftauen fressen, ohne selbst geschädigt zu werden. Ich taue das Futter nicht auf, sondern schwenke das gefrorene Stück im Wasser, damit sich die Teilchen lösen. Verbleibende Reste sollten nach kurzer Zeit abgesaugt werden.

Salinenkrebschen

Baus (1991) berichtete, dass Bremer in einem Vortrag darauf hingewiesen habe, dass frisch geschlüpfte *Artemia* ein fast wertloses Futter seien. Man sollte zwei bis drei Tage feinstzerkleinerte Grünalgen zufüttern. Erst dann seien sie eine wertvolle Nahrung. So deutlich formuliert das Bremer in seinem Artikel nicht (1989). Er stellt die Anfütterung der *Artemia* mit Algensuspension als Möglichkeit dar, den Fischen vorverdaute Algen zuzuführen. Die Überraschung von Baus kann wohl jeder Aquarianer nachvollziehen, gilt doch das Salinenkrebschen mit seinem Eiweißanteil als wichtiges und jederzeit verfügbares Jungfischfutter.

Abb. 6.8: Dieser *Epiplatys roloffi* scheidet die im Futter enthaltenen Kollagenfasern wieder aus.

Der aus der Zyste geschlüpfte Nauplius, Instar I genannt, hat natürlich einen gewissen Nährwert. Allerdings nimmt er in den ersten Stunden keine Nahrung auf, sondern lebt vom Dotter. Erst nach etwa acht Stunden wird das zweite Stadium, Instar II, erreicht und kleinste Nahrung aufgenommen. Ein Boostern mit Algen wäre eine wichtige Aufwertung, weil damit in einer Art lebendem Container ungesättigte Fettsäuren zugeführt würden.

Problem Rinderherz

Rinderherz verwende ich nach ersten Versuchen nicht mehr. Einige meiner Killifreunde füttern es den größeren *Fundulopanchax*. Auch für die von Bremer (1989) vorgeschlagene Mischung konnte ich mich nach meinen ersten Erlebnissen nicht mehr erwärmen. Diese Mischung wird mit lebenden Futtertieren und Vitaminöl aufgewertet. Bremer (1991) empfiehlt für Killifische nur einen Kollagengehalt von weniger als 0,1 %. Dabei handelt es sich um den faserigen Hauptbestandteil des menschlichen und tierischen Stütz- und Bindegewebes. Mich entsetzte der Anblick der Killifische mit anhängendem Kollagenfaserstrang.

Tümpelfutter

Gern gehe ich »tümpeln« und fange lebendes Futter in geeigneten Gewässern. Das ist dann ein Mix aus vielen verschiedenen Futtertieren. Den größten Anteil stellen meist die Wasserflöhe oder Cyclops, aber es sind auch Mückenlarven dabei. Schnell erfährt man, dass nicht jede Aphyo-Art jedes Futtertier frisst. Da schwimmen dann tagelang einzelne Wasserflöhe oder Cyclops im Becken. Aber der Rest wurde gefressen und ist sehr wertvoll, weil die Darminhalte aufgenommen wurden. Zum Tümpeln möchte ich mich aus zwei Gründen kurz halten. Zum einen ist es nur noch wenigen Aquarianern möglich, geeignete Gewässer aufzusuchen. Und zum anderen ist dieses Tümpeln ein eigenes Thema mit seinem komplizierten rechtlichen Rahmen, den oft zu unrecht an die Wand gemalten Gefahren dieses Futters und seinem Naturerlebnis, das für die Mehrheit von uns wohl zur Rarität geworden ist.

6.4 Ernährung erfordert Wasserwechsel

Stirbt ein Futtertier, beginnen die im Organismus vorhandenen Enzyme zu wirken, sodass diese organischen Reste zerfallen (Autolyse), sich im Wasser lösen und dieses belasten. Bakterien sind an dieser Autolyse nicht beteiligt. Ich hatte dieses Phänomen bereits beim Frostfutter angedeutet. Dieses Auflösen führt innerhalb von 24 Stunden dazu, dass 70 % der abgestorbenen *Tubifex*, 50 % der Wasserflöhe, 30 % der *Cyclops* und 30 % eines Guppys im Wasser zu finden sind. Die bakterielle Zersetzung tritt erst verlangsamt ein (Bremer 1997). Wir müssen uns deshalb nicht nur bei den Aphyos das Absaugen der Futterreste sowie den Wasserwechsel zur selbstverständlichen Pflicht machen.

Wachstum durch Mineralstoffe

Immer wieder erleben wir bei der Jungfischaufzucht, dass es scheinbar nicht vorwärtsgeht. Das kann zum einen daran liegen, dass wir die Tiere täglich sehen und deshalb die Veränderungen nicht so bewusst wahrnehmen. Gerade bei unseren Aphyos ist möglicherweise weiches Wasser die Ursache, denn niedrige Kalziumwerte bremsen den Zuwachs. Es ist ein alter Züchtertrick, die Jungen dann in härteres Wasser umzusetzen.

Aus der Praxis: Mangel an Linolensäure bei *Aphyosemion heinemanni*

Bei der Pflege meiner ersten *Aphyosemion heinemanni* starben einige Fische, nachdem sie panisch durch das Aquarium geschossen waren. Ausgelöst wurden diese Flucht und die dann wohl auftretende Verkrampfung durch mich. Trat ich zwischen Aquarium und Fenster, schwammen die Tiere hektisch umher, drehten sich um die eigene Achse und lagen zum Teil in bogenförmiger Spannung längere Zeit auf dem Rücken. Ich siedelte die Art später in ein anderes Aquarium um. Einige Zeit danach fand ich bei Steffens (1985) den Hinweis, dass dieses Schocksyndrom durch einen Mangel an Linolensäure ausgelöst wird.

Allergiereaktionen: Wenn es juckt

Leider habe ich gelegentlich mit Allergiereaktionen zu kämpfen. Das betrifft bei mir den Umgang mit lebenden Roten Mückenlarven. Es juckt so stark an den Händen oder an den Augen, dass man aus der Haut fahren möchte. Kratzen nützt da gar nichts. Ich weiß, dass es vielen anderen Aquarianern ebenso ergeht (Lück 1991).

Nun füttere ich regelmäßig diese Mückenlarven. Natürlich habe ich überlegt, wie ich mit diesem Allergieauslöser umgehen kann. Zunächst habe ich einen Kunststofflöffel benutzt, um das Futter auf die Becken zu verteilen. Inzwischen benutze ich eine größere Pinzette, weil ich die Futtermenge damit besser dosieren und gleichzeitig im Aquarium verteilen kann. Hin und wieder nutze ich Einmalhandschuhe aus dem Küchenschrank meiner Frau. Ob diese Art der Fütterung jedem Allergiker hilft, seine Beschwerden einzudämmen, weiß ich nicht. Mir hilft es, den Kontakt mit den Mückenlarven und damit Beschwerden zu vermeiden.

7 Zucht

7.1 Fortpflanzung der Aphyos

Knochenfische (Teleostei) erstaunen durch die Vielfalt ihrer Fortpflanzungsstrategien (Paris 1999). Welcher Aquarianer kennt nicht das »Lebendgebären« der Guppys oder die Brutpflege bei den Buntbarschen?

Aphyos gehören nicht zu den wenigen Killis, die mit ihrer Fähigkeit zur Jungfernzeugung (Parthenogenese) besondere Aufmerksamkeit auf sich ziehen. Die in diesem Buch behandelten Gruppen der Killifische pflanzen sich sexuell fort. Sie legen Eier, die außerhalb des Körpers befruchtet werden. Diese Eier härten sehr schnell aus und widerstehen somit in gewissen Grenzen äußeren Einflüssen. Diese Widerstandsfähigkeit wird häufig auf die Probe gestellt, denn es kann in der Natur beispielsweise schon mal vorkommen, dass ein Elefant durch das Laichgebiet zieht.

Unsere Aphyos betreuen ihre Brut nie in der Weise, wie wir dies z. B. von den Cichliden kennen. Eine Einehe (Monogamie) ist ihnen fremd. Die Arten fügen sich in das Paarungssystem der Promiskuität, bei der beide Geschlechter ihre Sexualpartner wiederholt frei wählen. Dies erleichtert uns Aquarianern den Zuchtansatz, weil wir nicht auf passende Paare – wie beispielsweise bei den Salmlern – achten müssen.

Ihr Lebensraum sind Gewässer, die sich in ihren Dimensionen den Regen- und Trockenzeiten anpassen, in Teilen trocknen sie regelmäßig sogar völlig aus. Die Aphyos haben ihre Eientwicklung an die örtlichen Verhältnisse angepasst, sodass ein Teil der Arten ihren Lebenszyklus in einem Jahr oder in noch kürzerer Zeit abschließen und deshalb **Annuelle** genannt werden. Entwickeln sich die Eier der Fische gleichmäßig, also ohne Diapause, und leben sie über diesen oder weitere Jahreszyklen hinaus, werden sie als **Nichtannuelle** bezeichnet. Als **Semiannuelle** gelten hingegen in einer ungenauen Definition Arten, die sich kontinuierlich entwickeln, deutlich länger als ein Jahr leben, aber schlupfreif von Fall zu Fall in der Lage sind, eine Diapause einzulegen. Es handelt sich dabei stets um die noch zu besprechende Diapause III.

Für die Pflege und Zucht unserer Aphyos ist eine gewisse Kenntnis ihrer Biotope vorteilhaft. In der nach Ländern geordneten Übersicht in Kapitel 3 habe ich einige Angaben aufgenommen, die mir für die erfolgreiche Pflege und Zucht hilfreich erscheinen. So gibt z. B. die Meereshöhe – die auch teilweise in der Artenübersicht erwähnt ist – Anhaltspunkte für die geforderte Wassertemperatur. Unter dem Strich können wir feststellen, dass die häufig anzutreffenden Verallgemeinerungen allenfalls eine erste Orientierung geben können. Wir kommen den natürlichen Verhältnissen näher, wenn wir für wechselnde Werte sorgen. Treten Schwierigkeiten in der Pflege oder Zucht auf, muss überlegt reagiert werden. Dabei fällt mir nach vielen Jahren Killipflege vor allem auf, dass die Fische sehr häufig im fließenden und in einigen Fällen im stärker fließenden Wasser gefunden wurden.

Die hier behandelten Fische zählen zu den Portionslaichern. Die Anzahl der Eier und der Laichschübe pro Jahr ist unbestimmt. Sie richtet sich nach äußeren Faktoren wie dem Nahrungsangebot und Umweltparametern wie der Temperatur (George 1995).

Die verhältnismäßig großen Eier werden einzeln abgesetzt. Selten finden sich z. B. wie bei *Aphyosemion (Diapteron) fulgens* zwei Eier an einem Laichplatz, sind also erkennbar zusammen abgegeben worden, weil sie eng beieinander liegen. Bei guter Versorgung können die Killifische jeden Tag ablaichen. Die Aphyos sind damit in der Lage, günstige Bedingungen durch häufiges Ablaichen für die Verbreitung der Art auszunutzen.

Die Embryonen durchlaufen ihr Larvalstadium weitgehend im Ei. Sie schlüpfen fast fertig entwickelt und können sofort schwimmen und fressen (Bone & Marschall 1985).

Zum gewohnten Verhalten der Aphyos gehört eine gewisse innerartliche Kampfeslust. Sie erklärt sich unter anderem als Funktion, die einzelnen Fische räumlich auf das Biotop zu verteilen. Wenn wir dieses Verhalten im Aquarium steuern wollen, müssen wir die vielen Faktoren beachten, die hier wirken. Bei höheren Temperaturen steigt das Temperament, bei niedrigeren kühlt es ab. Dies sollte uns nicht dazu verleiten, eine »falsche« Pflegetemperatur zu wählen. Es lohnt sich, die natürlichen Parameter zu kennen und artgerecht zu nutzen.

In der Regel erhalten wir von unseren Aphyos ohne größere Probleme befruchteten Laich. Die Zucht dreht sich deshalb schwerpunktmäßig um die gesunde Entwicklung der Eier, den erfolgreichen Schlupf und schließlich die Aufzucht des Nachwuchses. Ich stelle die Zucht hier sehr ausführlich dar, weil es mein besonderes Anliegen ist, möglichst viele Aquarianer für die Verbreitung von Aphyos zu gewinnen. Die eigenen Erfahrungen kann dennoch kein Buch ersetzen.

Im Aquarium zeigt sich, dass die Aphyos erstaunlich anpassungsfähig sind. Sie stecken den Wechsel der Parameter wie eine andere Wasserhärte oder Temperatur in Grenzen weg und pflanzen sich auch unter den veränderten Bedingungen fort, wenn wir nur einigermaßen auf diese breite biologische Plastizität achten. Kroll (1999) verwendete hierfür den Begriff der »ökologischen Potenz«.

Platz ist in der kleinsten Hütte

»Ein Aquarium kommt selten allein!« Dieser Spruch gilt besonders für uns Killianer. Wer also mit einem Wohnzimmeraquarium seine Killi-Liebhaberei startet, sollte sich überlegen, wo er Jungfische für einige Zeit unterbringen könnte.

Niemand wird unbegrenzt über Flächen für eine Aquarienanlage und über Zeit für das Hobby verfügen. Bei größerem Engagement werden sich Planung und Anschaffung der Regale und Becken zunächst nach den gewünschten Arten richten. Wenn schließlich der Zuchterfolg eintritt und Aufzuchtbehälter nötig sind, kann es räumlich eng werden. Dann wird improvisiert. Aus Erfahrung kann ich bestätigen, dass Provisorien lange halten. Besser also gleich ein Abteil für die Jungfische einplanen. Oder vorübergehend ein kleines Aquarium in das große hängen?

7.2 Voraussetzungen für den Ansatz

Gute Vorbereitung

Annuelle, semiannuelle und nichtannuelle Arten müssen bei der Zucht hinsichtlich einiger Aspekte unterschiedlich behandelt werden. Innerhalb dieser Gruppen gibt es robuste, aber auch schwierig zu züchtende Arten. Nicht selten empfindet man diese Einteilung als völlig subjektiv. Was bei dem einen klappt, misslingt dem anderen.

Die Ansätze müssen gut geplant werden. Wenn der Bestand ausreichend groß ist, wählen wir geeignete Elterntiere aus. Viele Züchter greifen gern auf jüngere Fische zurück. Bei der Auswahl achten wir auf Gesundheit, Größe und Färbung. Wichtig ist auch, Veränderungen der Wirbelsäule zu erkennen. Diese könnten sich vererben, daher werden Tiere mit Auffälligkeiten nicht berücksichtigt.

Die Elterntiere können wir bewusst auf den Ansatz vorbereiten. Hierzu werden sie getrennt, einige Tage sehr gut mit Futter versorgt und das Wasser wird nach Bedarf gewechselt (siehe Kapitel 5). Bei der Fütterung zeigt die Erfahrung, dass Mückenlarven eine gute Wahl sind. Nicht selten habe ich im Vergleich zur Versorgung mit Tiefkühlfutter doppelt so hohe Eizahlen erhalten, wenn ich lebende Rote oder Schwarze Mückenlarven fütterte. Werden die künftigen Eltern im Ansatz zusammengebracht, schreiten sie unverzüglich zur Tat – sie paaren sich.

Nach Perioden mit einer weniger üppigen Versorgung (z. B. während des Urlaubs) hatte ich den Eindruck, dass die Aphyos keinen oder weniger Laichansatz gebildet haben. Ich kann nicht beurteilen, ob dies als eigenständiges Erscheinungsbild oder mit der wissenschaftlich untersuchten Atresie zu erklären ist. Unter diesem Begriff versteht man die Degeneration von Eizellen, die dem

Stoffwechsel des Fisches wieder zugeführt werden. Es handelt sich dabei um einen normalen, wie George (1999) erklärte, nicht pathologischen und regelmäßig auftretenden physiologischen Prozess eines weiblichen Fisches. Untersuchungen zu Aphyos gibt es hierzu nicht.

Die Zuchtarbeit wird einfacher bei der Wahl eines Torfansatzes. Sollen jedoch die Eier abgelesen werden, verwende ich unterschiedlich lange Wollmopps. Die Fische bevorzugen verschiedene Ablaichplätze. Manchmal findet man die Eier sogar oben auf dem Wollmopp oder im Gegensatz dazu in den am Boden liegenden Moppfasern. Hierfür eine Erklärung zu finden ist nicht einfach. Es scheint mir, dass einige Torf- oder Mulmpartikel am Boden zum Ablaichen animieren, während in anderen Fällen die Fische wohl ihrem eigenen Laich nachstellen und daher der Platz oben auf dem Wollmopp der einzig sichere ist, weil die Eier vermutlich übersehen werden.

Abb. 7.1: *Aphyosemion ahli* am Wollmopp.

Das Besondere an unseren Annuellen sind bis zu drei Diapausen, die die Embryonen beim Heranreifen zum Jungfisch durchlaufen. Während dieser Zeit verlangsamt sich ihr Stoffwechsel erheblich. Wissenschaftler definieren Annuelle recht unterschiedlich. Hierauf werde ich noch zu sprechen kommen. Die Nichtannuellen entwickeln sich im Ei kontinuierlich ohne derartige Entwicklungsunterbrechungen.

Eine Unterscheidung nach Boden-, Haft- oder Pflanzenlaicher halte ich nicht für sinnvoll. Schließlich können wir Haftlaicher beobachten, die sowohl am Boden als auch an den Pflanzen laichen, Ähnliches gilt für Pflanzenlaicher. Die Übergänge sind fließend.

Welche Techniken ich bei der Zucht anwende (Trockenlegen des Laichs, Entwicklung in Wasser), bestimmt die jeweilige Eientwicklung. Knöppel (2006) hat am Beispiel von *Fundulopanchax amieti* den Widerspruch Bodenlaicher/Pflanzenlaicher treffend erörtert.

Schauen wir uns die Zucht Schritt für Schritt an. Zum Begriff »Zucht« ist mir natürlich bewusst, dass dieser nur auf ein zielgerichtetes Agieren mit definiertem Zuchtziel zutrifft. Eigentlich müssten wir von Vermehrung sprechen. Ich verwende hier den Begriff »Zucht«, weil er sich im Alltag eingebürgert hat.

Im Grundsatz bieten sich zwei Verfahren an:

- Kurzansatz
- Daueransatz

»Stundenhotel«

Im Kurzansatz werden gut konditionierte Zuchttiere für ein paar Stunden zusammengesetzt. Das Laichsubstrat wird artgerecht gewählt. Ich bepflanze die dafür vorgesehenen Aquarien nicht. Es wäre ein zusätzlicher Aufwand, der mir nicht erforderlich erscheint. Bei aggressiven Tieren kann mit etwas aufgelockerter Torffaser eine ähnliche Rückzugsmöglichkeit wie mit Pflanzen erzielt werden. Aber natürlich bleibt es jedem überlassen, optisch ansprechend zu dekorieren.

Nach einigen Stunden werden die Zuchttiere wieder getrennt. Deshalb können hierfür relativ kleine Aquarien verwendet werden (10 Liter und weniger). Einem Ansatz können im gleichen Becken weitere mit anderen Tieren folgen, wobei die Gefahr besteht, dass Laich des zuvor angesetzten Paares gefressen wird. Ich beschränke mich daher stets auf den Ansatz eines einzigen Paares/Trios bzw. einer einzigen Zuchtgruppe. Zum Abschluss des Ansatzes werden die Elterntiere aus dem Becken entfernt, dieses als »Hochzeitszimmer« wieder aufgelöst und der Laich artgerecht versorgt.

»Liebeslaube«

Im Daueransatz werden die Elterntiere in größere Becken gesetzt und entsprechend gepflegt. Weil Aphyos häufig im Artbecken gehalten werden, kann eine solche Pflege der üblichen Hälterung entsprechen. Wir müssen keinen gesonderten Aufwand treiben. In solchen Becken kommen bei etlichen Arten und guter Fütterung Jungfische von selbst auf. Die Tiere, die sich hier gegen die Eltern oder die Verwandtschaft durchsetzen, sind die kräftigsten. Deshalb ist bei geringem Nachzuchtbedarf dieser Weg zu empfehlen. Ich erinnere mich noch gut an einen Besuch bei Wilfried Pütz in Würselen vor vielen Jahren, bei dem ich ein kleines, nur 10 Liter fassendes Becken zum ersten Mal in dieser Form in Betrieb sah. Das Erstaunlichste war bei ihm die Produktivität eines derartigen Ansatzes mit *Pseudepiplatys annulatus*. Er konnte täglich Jungfische entnehmen.

Abb. 7.2: *Pseudepiplatys annulatus* gehört zu den begehrten, klein bleibenden Hechtlingen.

Bei solchen Zuchtversuchen sollten sich nur wenige Arten im Aquarium befinden. Am sinnvollsten ist das Artbecken, in dem nur eine Fischart schwimmt. Die Aussichten steigen, wenn die Bedingungen – das Wasser und die Temperatur – optimal sind. Für das Gelingen sind die Futtergaben und der Wasserwechsel wichtig. Killifische verfügen über einen hohen Grundumsatz, sodass wir für das Ablaichen zusätzliche Energie füttern müssen. Damit steigt die Belastung des Wassers und es muss häufiger ausgetauscht werden.

Tauchen die ersten Jungen auf, können sie herausgeschöpft oder mit einem Schlauch abgezogen werden. Das ist im Einzelfall gar nicht so einfach, wie es sich hier niederschreiben lässt, denn bereits die kleinsten Fischlein sind Meister im Ausweichen.

Höhere Nachzuchtzahlen gewünscht?

Üblicherweise werden für Zuchtansätze Pärchen oder Trios (ein Männchen mit zwei Weibchen, in Veröffentlichungen oft 1/2 abgekürzt) verwendet. Natürlich sind andere Zusammenstellungen möglich. Werden höhere Eizahlen angestrebt, wird man es nicht bei einem Pärchen bewenden lassen. Weitere Weibchen setze ich hinzu, wenn ich das aggressive Treiben des Männchens verteilt wissen will.

Die innerartliche Aggressivität der Aphyos bedingt ohnehin einen vorbeugenden Schutz. Selbst bei den kleineren Arten kann bei einer Haltung auf engem Raum und unzureichendem Laichansatz das Weibchen zu Tode getrieben werden. Im Aquarium ist deshalb für die Weibchen, aber auch für unterlegene Männchen, ausreichende Deckung einzubringen. Dies können Holzstücke, Pflanzen oder Torffasern sein. Schutz wird aber auch durch Torfauflage oder Torf in Schalen geboten. Gut geeignet ist Eichenlaub. Ich koche es zuvor kurz aus.

Der Gruppenansatz ist lediglich eine Modifikation des Kurz- oder Daueransatzes. Entsprechend größer müssen die Aquarien ausfallen. Ich habe z. B. im Gruppenansatz *Aphyosemion (Diapteron) abacinum* mit einem Männchen und sieben Weibchen in einem 300-l-Aquarium gezogen, das zu zwei Dritteln mit Wasser gefüllt war. Damit wird der Aggressivität vorgebeugt, außerdem kann das gesamte Verhaltensrepertoire der Art beobachtet werden. Und niemals vorher hatte ich so mühelos Nachzuchten!

Abb. 7.3: *Aphyosemion (Diapteron) abacinum.*

Geeignetes Wasser

Leider werden in Veröffentlichungen Wasserparameter gelegentlich nur grob und sehr pauschal eingegrenzt. Es lohnt sich, auf die Heimatbedingungen zu schauen. Diese Kenntnis hilft nicht nur bei Schwierigkeiten in der Haltung und Zucht, die richtigen Entscheidungen zu treffen.

In meinem Haus fließt das Wasser mit einer **dGH** von 5,5 aus der Leitung. Damit kann ich leben, viele meiner Fische auch. Allerdings ist es sinnvoll, diese Werte von Zeit zu Zeit zu überprüfen, weil die Wasserwerke in unterschiedlichem Maße Einfluss auf das gelieferte Wasser nehmen. So wird der Wert offiziell mit 6,2 angegeben. Höhere Härtegrade habe ich für Killifische nicht ausprobiert. Aber bis zu einer dGH von 10 werden wohl viele Aphyos problemlos gepflegt werden können. Ob sie sich unter diesen Umständen fortpflanzen, müssen Sie ggf. ausprobieren. So verfahre ich jedenfalls, wenn ich aus der Literatur oder beim Fachsimpeln keine Hinweise erhalte, weicheres Wasser zu verwenden. Das Gleiche gilt für die weiteren Wasserparameter.

Mein Leitungswasser weist einen **pH-Wert** von 8,5 auf. Ich muss deshalb stets ansäuern. Ich bereite das Wasser in zwei 80-l-Fässern auf und füge Phosphorsäure hinzu, bis es leicht sauer ist. Im Hälterungs- und Zuchtbecken nimmt dieses Wasser dann seinen eigenen Weg. In einem sauren Milieu wird es noch saurer. Wachsen die Pflanzen im Becken gut und verbrauchen Phosphor, wird das Wasser leicht mal alkalischer. Zu bedenken ist, dass es sich beim pH-Wert um eine Zehner-Potenz handelt. Wasser von pH 6 ist zehnmal saurer als pH 7, und Wasser von pH 10 ist im Vergleich zu pH 8 hundertmal alkalischer. Der Neutralpunkt liegt bei pH 7.

Scheitert ein Zuchtversuch und ich vermute die Ursache bei der Wasserhärte, so greife ich zu **Regen-** oder **Quellwasser**. Viele Aquarianer vermeiden Regenwasser, weil sie ihre Fische durch chemische Stoffe gefährdet sehen. Diese Belastung wird auf die allgegenwärtige Luftverschmutzung zurückgeführt. Es gibt Wasseruntersuchungen, die das bestätigen. Ich lebe in einem ländlichen Gebiet. Deshalb sammle ich Regenwasser auf meine Art und verwende es mit Erfolg. Dazu warte ich ab, bis es kräftig geregnet hat, und öffne dann meine Regentonnen. In die eine kommt das Regenwasser für den Garten und nach weiterem Regen in die andere Tonne das Regenwasser für meine Fische. Dieses Wasser lasse ich einige Zeit abstehen und verwende es dann möglichst ohne die Verschmutzungen, die sich absetzen. In den letzten zwanzig Jahren hat es bei den Fischen keinen einzigen Ausfall gegeben, der durch Regenwasser verursacht worden war.

Noch weicheres Wasser erhalte ich an den in unserer Gegend vorhandenen Quellen. Allerdings schwanken die Wasserwerte im Laufe des Jahres.

Aquarianer, die vom Regen- und Quellwasser unabhängig sein wollen, greifen zur **Vollentsalzung** oder zum **Osmosewasser**. Dies sind etablierte Techniken. Für Osmosewasser wurde häufig darauf hingewiesen, dass zumindest ein Verschnitt mit dem Ausgangswasser notwendig sei, damit die Fische dieses Wasser vertragen können. Ich erwähnte bereits, dass Aquarianer inzwischen Osmosewasser ohne einen solchen Zusatz verwenden und z. B. bei *Scriptaphyosemion* gute Erfahrungen gesammelt haben (siehe Kap. 5.3).

In der Aquaristik schwor man vor dem Zweiten Weltkrieg auf **Altwasser**. Es wurde gehütet und verehrt wie kostbarer Wein. Wie man sich doch irren kann! Gerade bei unseren Killifischen ist eine kontrollierte Versorgung mit Frischwasser lebenswichtig. Lange geht es ohne Wasserwechsel gut. Deshalb konnte auch der Eindruck entstehen, dass Altwasser wichtig sei. Wird zu lange mit dem Wasserwechsel gezögert und dann versucht, das Versäumte nachzuholen, werden die Fische zuverlässig von *Oodinium*-Parasiten befallen.

Huminstoffe

Zur Wirkung von Huminstoffen berichtete Wedekind (2002) über positive Erfahrungen mit natürlichen Substraten bei der Pflege einiger Salmler, *Apistogramma cacatuoides* und *Ancistrus dolichopterus*. Zu diesen Substraten zählte er: Bucheckernhülsen, Buchenlaub, Eichelhülsen, Eichenholzextrakt, Eichenlaub, Erlenzapfen, Kiefernzapfen und Schwarztorfgranulat.

In seinen Versuchen stellte er fest, dass bei den Erlenzapfen, dem Eichenlaub und dem Torfgranulat die elektrische Leitfähigkeit um bis zu 150 µS/cm (von 790 µS/cm) sank. Seiner Formulierung kann jedoch entnommen werden, dass der Wert später wieder anstieg. Diese Entwicklung wurde auch bei der Karbonathärte wahrgenommen, die sich zunächst deutlich reduzierte, sich jedoch zum Ende des Untersuchungszeitraums bei den Erlenzapfen wieder erhöhte.

In jüngerer Zeit griff ich bei Nasslagerung auf Erlenzäpfchen zurück. Die Abbildung der Eier in der Salatschale (Abb. 7.14) verrät deren Einsatz durch die Wasserfärbung. Die Erlenzäpfchen sind hier im dörflichen Bereich leicht zu beschaffen. Sie dürften nicht mit Schadstoffen belastet sein. Ich gab sie nach dem Ablesen der Eier in die Schale. Nach einigen Tagen zeigte sich eine Eioberfläche, die wie gepudert aussah. Was genau geschehen ist, kann ich nur ahnen. Aber offensichtlich beeinträchtigte dieser Belag die Lebensfähigkeit der Eier. Nicht selten hatte ich Totalausfälle. Wahrscheinlich verstopft dieser Belag die kleinen Versorgungswege, die ins Ei-Innere führen. Der unterversorgte Keim stirbt. Seitdem lasse ich die Zäpfchen allenfalls zwei Tage in der Schale. Die Veränderungen des Wassers habe ich gemessen: Die Eltern schwammen bei pH 6,34 und 234 µS/cm im Ansatz. Die Eier wurden abgelesen. Die Schale mit den zugesetzten Erlenzäpfchen zeigte nach zwei Tagen folgende Werte: pH 5,95, 281 µS/cm. Wedekind schließt seine Darstellung mit der Empfehlung ab, die Naturstoffe nur kontrolliert und ggf. nur für eine Anwendungsdauer von weniger als zwei Wochen einzusetzen.

Leitungswasser mit Polyphosphaten

Wenn sich von den Eiern kaum noch eines entwickelt, müssen wir neben anderen Ursachen auch an das Leitungswasser denken. Den von Konetzky & Wagner (2012) erwähnten Polyphosphateinsatz kannten wir bisher nicht. Die langjährigen Züchter berichteten zunächst von vor allem im Winter auftretenden Blau-, schließlich Kiesel- und Pinselalgen. Als die Eier ihrer Fische nur noch verpilzten, richtete sich der Verdacht auf das Leitungswasser.

Bei ihrer Ursachenforschung stießen sie auf einen Angestellten eines Wasserversorgers, der von Polyphosphaten sprach, die dem Leitungswasser zugesetzt würden. Diese Polyphosphate wirken u. a. als pH-Puffer. Im Aquarium stören sie – neben anderem – das Mineralstoffgleichgewicht. Die Auswirkungen auf Fische und ihren Laich sind nicht sicher einzuschätzen. Eine Filterung über Aktivkohle verschafft Linderung. Wagner legte Versuchsreihen mit Quellwasser an, das er für die Zucht mit Leitungswasser vermischte. Die Ergebnisse zeigten deutlich den negativen Einfluss des Leitungswassers. Neben Quellwasser kann Regenwasser Abhilfe schaffen. Über die Osmoseanlage geschicktes Wasser zeigte eine erhöhte Leitfähigkeit, sodass wohl Phosphatreste die Membran passiert haben. Die Autoren empfehlen spezielle Anionen-Kationen-Austauscher oder Mischbettfilter.

Nass- oder Trockenansatz?

Für die weitere Behandlung des Laichs müssen wir zwischen zwei grundsätzlichen Techniken unterscheiden:

- Nassmethode
- Trockenmethode

Bei der **Nassmethode** werden die Eier in Wasser gelagert. Dies hat den Vorteil, dass wir die Entwicklung kontinuierlich verfolgen können. Erfahrungsgemäß sind die Killi-Eier sehr widerstandsfähig. Leider liegen Eier in den Wasserschalen meist in Gruppen beieinander. Bewegt man die Schalen, schaukelt der Inhalt und die Eier rutschen noch mehr zusammen. Bei der Kontrolle sollten deshalb verpilzte Eier entfernt werden, um die Gefahr zu reduzieren, dass der Pilz auf andere übergreift. Auf geeignete Maßnahmen gegen Laichverpilzung komme ich noch zu sprechen.

Es ist schon spannend, dem Heranwachsen der Embryos zuzusehen. Wird die Aquarienanlage größer und haben wir uns die Entwicklung des Laichs bereits zigmal angesehen, richtet sich das Interesse mehr auf den erfolgreichen Schlupf. Und gerade dieser will ab und zu bei der Nassmethode nicht so recht gelingen. Um solchen Schlupfproblemen zu begegnen, wird allerhand versucht. Viele

Killianer folgen der Sauerstoffpartialdruck-Hypothese von Nicolaus Peters (1963, 1964), wonach das Vorhandensein oder Nichtvorhandensein von Sauerstoff sowohl die Entwicklung der Killi-Eier als auch deren Schlupf steuert. So wird mit immer dem gleichen Ziel z. B. Kohlenstoffdioxid eingeblasen (Atemluft), Trockenfutter aufgestreut oder der Laich für kurze Zeit der Kälte der Tiefkühltruhe ausgesetzt. Erfolgreich war es auch, kleine Behälter mit den Eiern am Körper zu tragen. Die Erfahrung lehrt, dass jeder Versuch einen gewissen Anteil an weiteren Jungfischen bringt. Dennoch bleiben häufig einige Eier übrig, die allen Anstrengungen widerstehen und schließlich absterben.

Ein Nachteil der Nassentwicklung liegt im zeitlich voneinander abweichenden Schlupf der Jungfische. Ganz schnell haben wir somit unterschiedlich große Jungfische in einem Becken, bei denen die Nachwüchser den Vorwüchsern als Zusatznahrung dienen. Dies ist vermeidbar, wenn die Tiere in Torf ablaichen. Nach dem Aufguss eines Trockenansatzes sind alle Jungfische gleich alt und die abweichenden Größen halten sich im Rahmen.

Abb. 7.4: Der Torf wird ausgedrückt.

Und wie entsteht Leben durch **Trockenheit**?

Bei den annuellen Aphyos legen wir das Substrat mit dem Laich ohnehin trocken. Es war ein sehr langer Weg, bis bei Aquarianern und Wissenschaftlern die Erkenntnis gereift war, dass der Laich dieser Fische sich bis auf einzelne Ausnahmen nur entwickelt, wenn er ohne Wasser lagert. Dieses »Trockenlegen«

entsprach so gar nicht dem herkömmlichen Bild einer Fischlaichentwicklung. Dabei wurde viele Jahre später im Experiment festgestellt, dass ein als knochentrocken empfundener Torf immer noch eine Restfeuchte von 12,5 % aufweist (SLUSARCZUK 1989). Durch das Trocknen des Torfs gelangt Sauerstoff an die Eier, die diesen Impuls zur Entwicklung benötigen. Der Torf wird hierzu durch ein feines Netz gegossen und dann ausgedrückt. Je nach Art wird er, wie bereits erwähnt, für einige Tage im Raum gelagert, bis er die angestrebte Restfeuchte erreicht. Dazu empfiehlt es sich auszuprobieren, welcher Feuchtigkeitsgehalt unter den eigenen Bedingungen zum Erfolg führt.

Dann wird er bis zum Aufguss in beschriftete (!) Plastikbeutel verpackt. Viele Züchter öffnen diese Beutel von Zeit zu Zeit und lockern den Torf, um erneut Luft heranzulassen. Ich spare mir diesen Aufwand. Nach meinem Verständnis sucht sich der Sauerstoff seinen Weg, was letztendlich der erfolgreiche Schlupf vieler Arten zu bestätigen scheint. Etwas schwieriger ist es, bei dieser Methode die Schlupfreife der Eier zu beurteilen. Hier bietet es sich an, beim Herannahen des Schlupftermins einzelne Eier aus dem Torf herauszupulen und unter dem Mikroskop oder dem Vergrößerungsglas zu beurteilen. Meist verlasse ich mich auf die inzwischen in meinem Fischkeller ermittelten Erfahrungswerte und gieße dann ohne derartige Kontrolle auf. Auch dieser Weg führt zum Erfolg.

Abb. 7.5: Beim Südamerikaner *Renova oscari* verzögert die Diapause die Eientwicklung, sodass die Jungen zu unterschiedlichen Zeiten schlüpfen.

Dass es damit bei Arten aus dem nördlicheren Südamerika, wie z. B. *Renova oscari*, Probleme gibt, weil ihre Diapausen offensichtlich deutlicher streuen, will ich nicht verschweigen. Die Eier dieser Arten kontrolliere ich vor dem Aufguss auf ihre Schlupfreife.

Die geschlüpften Jungfische gieße ich über die Kante des Aquariums in ein anderes Becken um. Erscheint mir die Art zu zart für eine solche Behandlung, stelle ich das kleine Aufgussbecken in ein größeres Aquarium und fülle das Wasser auf. So finden die Jungen den Weg in das Aquarium.

Alles könnte so einfach sein, wenn wir die Arten so klar der Nass- oder der Trockenmethode zuordnen könnten. Doch es gibt eine Gruppe sogenannter Semiannueller, die man sowohl mit der einen als auch mit der anderen Methode aus dem Ei bekommt. Und es gibt Nichtannuelle, die unter entsprechenden Bedingungen in eine Diapause fallen und verzögert schlüpfen.

Daneben gibt es Arten z. B. bei den *Rivulus* oder *Scriptaphyosemion*, deren Eier häufig im Wasser verpilzen. Hier helfen nur die Vermehrung mit der Trockenmethode oder das Aufkommenlassen der Jungen im Elternbecken. Bei *Scriptaphyosemion cauveti* »Siramoussaya GRCH 93/238« hat es genügt, die Eier nicht in, sondern auf den Torf zu legen. Die Luftfeuchtigkeit in der verschlossenen Dose und der Kontakt zum nassen Torf reichten auch bei anderen Aphyos für eine erfolgreiche Entwicklung aus.

Abb. 7.6: Oft erhält man von *Scriptaphyosemion cauveti* »Siramoussaya GRCH 93/238« bereits Jungfische, wenn man die Elterntiere in ein anderes Aquarium umsetzt und die Jungen aufwachsen lässt.

Laichsubstrat

Welches Laichsubstrat ist wofür am besten geeignet? In den Ansätzen erhalten Nichtannuelle bei mir Wollmopps, während ich für die Annuellen Schalen mit Torf verwende. Die Schalenränder können etwas höher sein, damit der Torf beim Ablaichen nicht im ganzen Becken verstreut wird. Wer möchte, kann einen oder mehrere Wollmopps auflegen. Für eine gezieltere Vermehrung wird das Laichsubstrat von Zeit zu Zeit entnommen und die Eier ggf. abgesammelt bzw. der Torf trocken gelegt. Natürlich ist Torf auch für die Zucht von Nichtannuellen geeignet. Man spart im Vergleich zum Ablesen der Eier enorm Zeit. Ein weiteres Laichsubstrat ist Sand.

Die Eigenschaften der Substrate und ihre Anwendungsmöglichkeiten werden nachfolgend erläutert.

a) Torf

Mehrere tausend Jahre dauert es, bis sich ein Torfmoor bildet. Große Mengen an Torf wurden früher getrocknet und als Heizmaterial verbrannt oder sorgten als Unterlage im Kleinkindbett für die Feuchtigkeits- und Geruchsbindung. Die Verwendung im Garten ist inzwischen in die Kritik geraten. Die in der Aquaristik genutzten Mengen wirken im Vergleich dazu eher unproblematisch.

Für die Aquarien eignen sich der in Ballen vertriebene sogenannte Gartentorf und der nach seiner Form benannte Fasertorf. Letzterer besteht aus zusammenhängenden Stücken, die wie grobe Pflanzenteile wirken. Der Fasertorf ist seltener zu bekommen und im Zooeinzelhandel deutlich teurer als der Torf in Ballen.

Ich wähle Ballentorf ohne Dünger. Kurioserweise nennt der Handel gerade diese Form Düngetorf. Vielleicht verspricht er sich davon eine Steigerung seines Umsatzes. Weil ich auch südamerikanische Bodenlaicher züchte, weiche ich eine entsprechende Menge in einem größeren Eimer ein. So kann ich jederzeit Torf entnehmen, der sofort absinkt. Früher kochte ich dafür den Torf häufig vor der Verwendung ab. Das mache ich seit Jahren nicht mehr. Keimfrei bekommt man ihn auf diese Weise ohnehin nicht. Anfangs habe ich Fasertorf verwendet, weil die Suche nach den Eiern hierin etwas leichter fällt und dadurch nicht soviel Zeit erfordert.

Abb. 7.7: Ballentorf und Fasertorf (von links).

Wer ähnlich wie beim Bausand den Torf aussieben und so bequem an die Eier kommen möchte, kann den Torf fein mahlen. Bei der Anwendung wird er wie bereits dargestellt behandelt. Mit Kokosfasern funktioniert dies ebenfalls.

Bei der Entnahme wird der Torf durch ein feinmaschiges Netz (normales Fischfangnetz) gegossen und kurz ausgedrückt. Je nach Art wird der Torf mit unterschiedlichem Restfeuchtegehalt bis zum Schlupf in einem Plastikbeutel aufbewahrt. Diesen Feuchtigkeitsgehalt kann man steuern, indem man den Torf auf eine Zeitung oder eine andere feuchtigkeittransportierende Unterlage legt und einen Tag oder länger antrocknen lässt. Interessant für den Züchter ist, dass sich die Schlupfzeiten bei Nass- und Trockenentwicklung erheblich unterscheiden können (z. B. *Fundulopanchax amieti* nass 20 bis 25 Tage, trocken 10 bis 12 Wochen).

Den Torf können Sie nach ausreichender Entwicklung der Eier aufgießen. Das Entwicklungsstadium wird durch Untersuchung einzelner Eier festgestellt. Zeigt sich klar eine goldene Iris, ist der Embryo schlupfbereit. In dieser letzten Diapause kann der Embryo nicht ewig verbleiben, wie ich es bereits am Beispiel der südamerikanischen Bodenlaicher erläutert habe. Die Embryonen sterben ab, wenn der Eidotter aufgebraucht ist (Peters 1963, Ott 1993). Beim Trockenlegen und dem anschließenden Aufguss schlüpfen große Teile des Geleges gemeinsam. Dies ist vorteilhaft, weil wir uns weitere Behälter mit wenigen Jungfischen und den zusätzlichen Pflegeaufwand ersparen..

b) Sand und Mikroglasperlen

Für die Zucht unserer Killifische wurde **Sand** bereits vor mehr als hundert Jahren eingesetzt. Hierüber berichtete z. B. Rauhut (1924). Er stellte dies als einen Kniff der Funduluszüchter dar, dass sie bei *Fundulus gularis* (jetzt *Fundulopanchax sjostedti*) und *Fundulus sjoestedti* (jetzt *Callopanchax occidentalis*) in die Mitte des Behälters eine flache Schale mit mittelkörnigem Sand platzierten. Diese Schalen wurden dann aus dem Becken genommen und die Eier manuell gesucht.

Abb. 7.8: Der Sand muss für den Zuchtansatz aus abgerundeten Körnern bestehen.

Sand als Laichsubstrat für Killifische nutzte ich mit Beginn einer intensiveren Pflege dieser Fischgruppe Anfang der 1980er-Jahre. Aufgrund der positiven Erfahrungen habe ich die Eier bei Ansätzen von *Fundulopanchax sjostedti* (zur Namensfrage siehe Kapitel 9) ausgesiebt.

Für den Ansatz wird ein Sieb gewählt, das etwas engmaschiger ist als der Eidurchmesser. Ich verwende ein Küchensieb, durch das ehemals Nudeln abgegossen wurden. Nach dem ersten Einsatz im Fischkeller wollte meine Frau dieses Sieb allerdings nicht wieder in der Küche verwenden.

Der Sand wird zunächst trocken (!) gesiebt. Die im Gewebe verbleibenden gröberen Körner werden für den Zuchtversuch verworfen. So ist gewährleistet, dass später der feuchte Sand die Maschen passiert. Mit etwas Wasser kann man da nachhelfen. Die Eier bleiben wie kleine Edelsteine im Sieb hängen und können mit den Fingern abgelesen oder bei umgedrehtem Sieb herausgespült werden. Die ausgesiebten Eier werden anschließend in feuchten Torf eingerührt. Der Torfansatz wird dann wie üblich beschriftet und für einige Zeit trockengelegt.

Weil ich manchmal noch heute so verfahre und hierüber veröffentlicht habe, wurde ich von einem Killifreund darauf angesprochen. Er hatte erfolglos versucht, bei der Zucht Sand zu sieben. Die Eier seien schlicht kaputtgegangen, meinte er. Das erinnerte mich an die heftige Kritik von Erich Meder, einem in den 1950er-Jahren sehr populären Aquarianer: »Es wird behauptet, man solle die Bodenlaicher in feinem Sand ablaichen lassen. Aber das ist ein Märchen, an das diejenigen, die es verbreiten, selbst nicht glauben. Nun, ich habe versuchsweise zunächst einmal die *Fundulus sjoestedti* (heute *Callopanchax occidentalis* –

Anm. D. Ott) in feinstem Sand ablaichen lassen mit dem Resultat, dass alle Eier während des Laichaktes zerplatzten.« (Meder 1953)

Foersch (1956) berichtete von unterschiedlichen Ergebnissen. »Seesand oder feinstgesiebter Flusssand brachten noch gute Resultate.«

Eine Erklärung lieferte eine andere Darstellung aus dieser Zeit. Fast zum gleichen Zeitpunkt berichtete Lederer (1949) über seine Versuche mit unterschiedlichen Bodengründen in den Jahren 1921 bis 1930 im Frankfurter Aquarium, für die er 74 Becken mit abweichenden Bedingungen nutzen konnte. Er benötigte für den geplanten Neubau des Aquariums verlässliche und brauchbare Unterlagen, die anderweitig nicht zu beschaffen waren. Er gibt sehr treffend zu bedenken: »Alles tierische und pflanzliche Leben einschließlich Bodengrund und Wasser ist in ein kompliziertes System von Wirkungen und Gegenwirkungen eingespannt.«

Sehr anschaulich erläutert Lederer in seiner Publikation, welcher Sand für Aquarien verwendbar ist. Chemisch bestehen die Flusssande aus Quarz mit Beimengungen von unverwitterten oder angewitterten Teilchen von Feldspat, Kalk, Hornblende, Glimmer usw. Je mehr der Quarz vorherrscht, desto nährstoffärmer ist der Sand. Wir erfahren auch, dass der reine Quarzflusssand meist schon an der Scharfkantigkeit zu erkennen ist und dass in Versuchen festgestellt wurde, dass die meisten Gesteinsarten bereits nach einem Weg von 20 km in fließendem Wasser abgerundet werden.

Von unseren Killifischen ist in diesem Büchlein keine Rede. Aber mir wurde klar, dass ich bisher immer das Glück hatte, abgerundeten Sand zu kaufen. Zuerst war dies Vogelsand, weil ich davon irgendwo gelesen hatte. Beim letzten Mal war es Bausand aus dem Heimwerkermarkt. Dieser Vorrat reicht für einige Jahre.

In letzter Zeit habe ich mich in Artikel von Podrabsky (1999) vertieft. Er hat viel zu *Austrofundulus*, einem südamerikanischen Bodenlaicher, veröffentlicht. Dabei stieß ich auf **Mikroglasperlen**. In ihrer Verwendung sehe ich zwei Vorteile: Die Glasperlen sind rund! Und sie lassen sich problemlos in der Mikrowelle erhitzen, sodass Keime abgetötet werden. Diese Vorsorge kommt letztlich unseren Fischen zugute. Die Mikroglasperlen werden wie der Sand eingesetzt. Die Perlen gibt es in unterschiedlichen Größen. Ich nutze sie mit 200 bis 300 µm. Berühre ich mit dem Sieb das Wasser, fließen die Perlen wie von Geisterhand durch die Maschen.

Abb. 7.9: Mikroglasperlen.

c) Wollmopps

Sehr verbreitet sind inzwischen Wollmopps aus Kunststofffasern. Sie ahmen Pflanzen nach. Es ist sinnvoll, sie für die Zucht von Nichtannuellen einzusetzen. Aber auch Bodenlaicher legen in ihnen die Eier ab. Zudem bieten sie im Becken unterlegenen Tieren Schutz. Diese Wollmopps ersetzen die früher üblichen Pflanzenbüschel. Bereits MEDER (1951) verwendete Perlon- oder Nylongarn und gab Bastelanleitungen für solche Mopps (MEDER 1953).

Abb. 7.10: Wollmopps in allen Farben.

Wie im Kapitel 5 erwähnt wurde, ist es sinnvoll, synthetische Wolle zu verwenden. Sie färbt nicht und die Eier können aus ihnen leichter abgelesen werden (siehe weiter unten). Ich nehme gern dunkle Farben, denn darauf sind die Eier meist leicht zu erkennen. Die Herstellung der Wollmopps ist billig und einfach. Sie können auch bei der Zucht anderer Fischgruppen, z. B. *Corydoras*- oder Salmlerarten, eingesetzt werden.

Abb. 7.11: *Oryzias woworae* laichen ebenfalls am Wollmopp ab.

Ich habe sie für die Zucht von *Oryzias woworae* verwendet. Allerdings sind deren Eier gegen Druck empfindlicher, sodass man zarter zufassen muss. Vaissiere (2009) berichtete über den erfolgreichen Einsatz der Fransenwolle bei der Zucht von *Nannostomus*. Bei Killifischen erwies sich die Fransenwolle als problematisch. Bei der Entnahme der Wollmopps tauche ich diese mehrfach wieder ins Wasser, um die Fische aus den Fasern zu scheuchen. Wiederholt blieben die Killis beim Herausnehmen des Mopps in seiner Faserwolle hängen. Beim anschließenden Ausdrücken besteht leicht die Gefahr, dass sie diesen Akt nicht überleben. Deshalb verwende ich glatte Wolle, bei der dies – mit etwas Vorsicht – nicht vorkommt.

Abb. 7.12: Fransenwolle (rechts neben »normaler« Wolle) erfordert besondere Aufmerksamkeit.

Ablesen der Killifischeier

Die Eier unserer Killifische werden aus verschiedenen Gründen von einem ins Becken eingebrachten Substrat abgelesen. Abgesammelte Eier kann ich kontrollieren, bis sie schlüpfen (oder auch nicht). Wer dabei Buch führt, hat zur betreffenden Art die Übersicht, wie viele Eier unter seinen Zuchtbedingungen in welchem Zeitraum abgelaicht, wie viele Eier verdorben und aus wie vielen schließlich Jungfische geschlüpft sind.

Aquarianer, die mit der Zucht von Killifischen nicht vertraut sind, erschrecken immer wieder, wenn ich vom Ablesen der Eier berichte. Erste Frage: Platzen die nicht, wenn ich sie anfasse? An diesem Punkt kann ich Entwarnung geben. Die Zellwand der Killifischeier härtet schnell aus und hält dann dem Druck der Fingerspitzen stand.

Wer Killifischeier ablesen möchte, muss sich zunächst überlegen, welches Substrat er im Becken verwendet. Eier aus Torfmull oder aus Torffaser abzulesen, ist eine sehr, sehr zeitraubende Sache.

Die Bodengrundfrage wurde unter Aquarianern bereits zur Wende vom 19. zum 20. Jahrhundert diskutiert. Das Hauptaugenmerk lag dabei zunächst auf dem Pflanzenwuchs. Dabei wurde auch Sand verwendet. Als die Killifische diesen als Laichsubstrat annahmen, wurde er regelmäßig für die Zucht genutzt. Hatten die Fische gelaicht, wurde der Sand umgerührt, die Eier wirbelten heraus und wurden eingesammelt. Dies erschien irgendwann zu zeitaufwendig. Schließlich wurde der Sand durch ein Küchensieb geschickt. Nun war es relativ leicht, von Zeit zu Zeit die Eier zu gewinnen. In den inzwischen entstandenen Züchtereien wurden die Killifischeier in flachen Schalen in Wasser aufbewahrt. Der Erfolg war jedoch gering.

Diese Ergebnisse trugen zum Mythos der schwierigen Züchtbarkeit von Killifischen bei. Es dauerte lange, bis zu den annuellen Arten aus den Einzelbeobachtungen und aus den veröffentlichten Versuchen z. B. von Foersch (1956) eine Ahnung von den für die Eientwicklung notwendigen Diapausen entstand.

Für den Ansatz der Killifische kommen auch Pflanzen wie Javamoos in Betracht. Natürlich läge es nahe, die Pflanzen einfach in ein anderes Aquarium umzusiedeln. Dies wird auch tatsächlich praktiziert. Doch wer die Kontrolle haben möchte, entschließt sich zum Fingerspiel. Mit etwas Übung spürt man die Eier im Javamoos, ohne sie konkret zu sehen. So kam ich bei einigen Versuchen zu einer einigermaßen zügigen Ausbeute.

Abb. 7.13: *Aphyosemion (Diapteron) fulgens* »BS 02/03« laichen ebenfalls am Wollmopp. Werden die Eier in größeren zeitlichen Abständen abgesammelt, zeigen sie verschiedene Entwicklungsstadien.

Aus dem Wollmopp lassen sich die Eier meiner Meinung nach am einfachsten ablesen (Ott 1989). Auf dunklen Fasern sind die Eier meist sehr leicht zu erkennen. Die Handhabung ist im vorigen Abschnitt beschrieben.

Gelegentlich wird dabei dennoch ein Ei zerdrückt. Dieses war dann wohl noch nicht ausgehärtet. Es hätte das Ablesen nicht überstanden. Manchmal handelt es sich auch um nicht befruchtete Eier, die sich ohnehin aufgelöst hätten. Das eigentliche Absammeln ist reine Fleißarbeit. Zuvor ist darauf zu achten, dass das Wasser weiterhin leicht vom Mopp tropft. Wer zum Absammeln am Tisch sitzt, stellt sinnvollerweise eine flache Schüssel unter, im Fischraum verhindert ein Eimer, über dem abgelesen wird, eine Wasserlache.

Oft ist nach dem Ausdrücken des Wollmopps ein Teil der Eier zu sehen. Diese sammle ich sofort ab. Früher habe ich systematisch Stück für Stück des Mopps durchgeforstet und darauf vertraut, später wieder auf diese Eier zu stoßen. Mich hat aber das Gefühl nicht verlassen, dass einige Eier verschwunden wären. Manchmal finde ich auch, ohne zu wissen woher, plötzlich Eier an einem meiner Finger oder gar an der Hand. So sammle ich jetzt stets ab, was ich sehe. Erst dann geht es Stück für Stück weiter. Strähne um Strähne des Wollmopps wird zur Seite geschlagen und nach Eiern abgesucht. Dabei muss der Mopp in einem gewissen Winkel zum Licht gehalten werden. Beim Ziehen an einzelnen Teilen der Strähne lockert die Faser etwas auf und gibt die Sicht auf versteckte Eier frei. Die Größenunterschiede der Eier der verschiedenen Arten können das Entdecken erschweren. Eier von *Aphyosemion australe* wirken verhältnismäßig klein, während die von *Aphyosemion elberti* eine respektable Größe haben.

Wohin nun mit den abgesammelten Eiern? Ich verwende für die Aufbewahrung die im Handel üblichen Kunststoffsalatschalen. Je nach Tierart lagere ich die Eier im Wasser, im oder auf dem Torf.

Abb. 7.14: Salatschale mit Eiern.

Werden die Eier im Wasser gelagert, fülle ich Wasser aus dem Hälterungsbecken in die Salatschale, bevor ich das Substrat entnehme, weil ich sonst Mulm aufwirbele und diesen dann in die Schalen bringe. Das Wasser soll ein oder zwei Zentimeter hoch im Aufbewahrungsbehälter stehen. Stelle ich fest, dass viele Eier im Wasser verpilzen, greife ich auf weicheres Wasser zurück. Verwende ich Torf, greife ich tief in meinen eingeweichten Torfvorrat und drücke eine Handvoll Torf aus. Diese Menge verteile ich in der Salatschale, sodass der Boden bedeckt ist.

Habe ich ein Ei abgelesen, haftet dieses an einem der Finger. Mit dieser Stelle berühre ich die Wasseroberfläche, sodass das Ei untergeht. Dabei passe ich auf, dass keine längeren, kaum sichtbaren Fäden am Ei haften. Diese bleiben dann an der Hand hängen, sodass ich beim anschließenden Weitersuchen das gleiche Ei im Wollmopp wiederfinden würde.

Das Übertragen der Eier aus dem Wollmopp in den Torf verläuft ähnlich. Allerdings lässt sich nicht jedes Ei so leicht im Torf abstreifen. Gelegentlich passiert es sogar, dass beim Auftupfen des abgesammelten Eies ein daneben liegendes ebenfalls am Finger haftet. So beginnen die Abstreifversuche von Neuem. Relativ sicher gelingt das Abstreifen, wenn ich das Ei zwischen zwei Fingern hin und her rolle und damit die klebrige Substanz abbinde.

Sowohl im Wasser als auch im Torf versuche ich, die Eier etwas zu verteilen. Dies soll verhindern, dass ein verpilztes Ei andere »ansteckt«. Wenn ich Zeit habe oder mir die Vermehrung einer Art besonders wichtig ist, trenne ich bereits vorsorglich verdorbene von lebenden Eiern. Dazu verwende ich eine Pipette, von der die Spitze abgebrochen ist. Das Ende der Pipette wird zugehalten. Befindet sich die Spitze über dem verdorbenen Ei, wird der Finger von der Pipette gelöst, sodass die Flüssigkeit nachfließt. Das Wasser reißt das verdorbene Ei mit. Nicht immer klappt das so einfach. Dann muss mehrmals eingesaugt und wieder ausgespült werden, bis das verdorbene Ei vereinzelt ist. Im Torf habe ich abgestorbene Eier nie abgelesen. Sie liegen so weit auseinander, dass der Pilz nach meiner Erfahrung nicht auf die gesunden Eier übergreift.

Abb. 7.15: Eier auf Torf verteilt.

In den letzten Jahren lege ich häufig ohne viele Experimente den Laich auf Torffaser. Interessant finde ich die Anregung von BECH (1980, 1989), die Eier auf Moos zu betten. Er hielt es für sinnvoll, dass die Eier vom Wasser umspült sind. BECH berichtete in diesem Zusammenhang vom Verpilzen von Eiern, die auf dem blanken Zuchtschalenboden gelagert wurden. Ich sehe dies nicht als Folge der Platzierung. Vielmehr glaube ich, dass die Eier gerade deshalb am Boden festklebten, weil sie verpilzten. Beim Verpilzen handelt es sich lediglich um eine Folgeerscheinung. Erst stirbt das Ei, dann verpilzt es. Die von DAS (1989) vorgestellte Inkubation auf Agarplatten hat sich nicht etablieren können.

Beim Kap Lopez wurde versucht, Eier wie in der gewerblichen Fischproduktion durch Abstreifen zu erhalten (ODERMATT 1982). Dieses Verfahren erwies sich als nicht geeignet, weil pro Streifung lediglich vier bis sieben Eier zu erhalten waren, von denen nur ein Teil befruchtungsreif war.

7.3 Eientwicklung

Durch die Befruchtung (Kernvereinigung) wird die Eizelle angeregt, sich bis zur Bildung des Embryos zu teilen. Dabei bildet die Keimscheibe bei den Killifischen in typischer Weise eine Kappe (diskoidale Furchung). Von der Keimscheibe aus umwachsen die sich bildenden Zellen den Dotter. Zellmasse sitzt auf dem nicht gefurchten Dotter zunächst punkt-, später bandförmig. Die Verbindung zwischen sich entwickelndem Embryo und dem Dotter, also dem späteren Dottersack, ist offen, darauf gehe ich weiter unten noch näher ein. Schließlich werden die Ursegmente und die Augenbecher angelegt, bevor der Embryo auf dem Dotter wahrzunehmen ist und durch die Pigmentierung und die sichtbaren Augen das sogenannte Augenpunktstadium erreicht wird. Nach der Organbildung schließt die Entwicklung ab (BREMER 1984; REICHENBACH-KLINKE 1970). Bei unseren Killifischen ruht der schlupfbereite Jungfisch im Ei.

Im Zentrum aller Bemühungen: das Ei

Die Embryonalentwicklung von Fischen wurde mehrfach untersucht. Hierbei zeigten sich Unterschiede zwischen den Arten. Seit vielen Jahren sind solche Veröffentlichungen bebildert. Diese statische Darstellung gibt wenig von der im Ei ablaufenden Dynamik wieder, die die Vorgänge im Inneren auslösen, denn wie rasant sich die Zellen teilen oder wie sie sich auf dem Dotter bewegen, ist damit nicht darstellbar. Es lohnt sich, die Eientwicklung in natura zu verfolgen oder in einem Film anzusehen. Vor vielen Jahren hat WÜLKER (1953) zu einem Film betont, wie beeindruckend es ist, die Entwicklungen im Ei zu beobachten. Bei unseren Aphyos ist der Unterschied in der Embryonalentwicklung zwischen annuellen und nichtannuellen Arten besonders augenfällig.

Genauso wichtig: das Spermium (Spermatozoon)

Wir Aquarianer beobachten die Eier mit viel Aufmerksamkeit. Zu ihnen gibt es einige Untersuchungen. Weniger beschäftigen wir uns mit den Spermien. Zur Forelle wurde festgestellt, dass das Spermium sich bei dem sechs bis acht Millimeter großen Ei nur auf einer kurzen Strecke von 500 µm bewegt. Daraus ist zu schließen, dass bei den kleineren Aphyos-Eiern die Paare sich gut koordinieren und die männlichen und weiblichen Keimzellen so nahe wie möglich platzieren müssen. Zudem ist die Lebensdauer der Spermien bei vielen Süßwasserfischen auf lediglich eine bis zehn Minuten begrenzt. Wenn wir dann noch wissen, dass bei Süßwasserfischen die Beweglichkeit der Spermien z. B. durch Kalium-Ionenkonzentrationen oder eine hohe osmotische Konzentration gehemmt werden kann, wird klar, dass Umweltparameter die Vitalität der Spermien und damit die Besamung beeinträchtigen können (Patzner & Lahnsteiner 1995). Scheel (1974) hatte zu seinen zehn Stämmen von *Aphyosemion cameronense* von unbefriedigenden Befruchtungsraten berichtet. Als ihm Nachzuchten gelungen waren, untersuchte er zwei Männchen verschiedener Fundorte und stellte fest, dass die Spermienentwicklung anormal war. Die Ursache ist bis heute unbekannt geblieben (Ott 1991a). Für Aphyos gibt es zu diesen Fragen keine wissenschaftlichen Untersuchungen. Dennoch können wir schließen, dass Probleme in der Zucht auch in schadhaften Spermien ihre Ursache haben können.

Blick auf das Ei

In der Literatur gibt es eine Vielzahl von Arbeiten, in denen der Aufbau der Fischeier sowie ihre Entwicklung beschrieben werden. Überdurchschnittlich häufig wurden die Eier von südamerikanischen Annuellen untersucht. Die unterschiedliche Eientwicklung ist eines der Kriterien für die Einordnung als Annuelle, Semiannuelle oder Nichtannuelle (siehe Kapitel 7.5 zu »Diapause«).

Wer sich näher mit der Eientwicklung und den entsprechenden Arbeiten befasst, dem begegnen sehr viele unbekannte Begriffe. Auf diese Terminologie will ich weitgehend verzichten. Der eine oder andere Begriff lässt sich allerdings nicht vermeiden. Prinzipiell sind die Knochenfischeier ähnlich aufgebaut.

Das Ei umgibt eine Hülle, die nicht streng zur Außenwelt abgeschlossen ist. Vielmehr ist sie von einer Vielzahl kleiner Kanälchen, den Radiärkanälchen, durchzogen, von denen kleine Fortsätze abzweigen. Es wird angenommen, dass ein Stoffeintrag erfolgt (Riehl 1995). Aufnahmen von Rainer Sonnenberg (pers. Mitt.) unter dem Rasterelektronenmikroskop lassen bei Aphyos auf einen schichtweisen Aufbau ohne Radiärkanälchen schließen. Ziehen wir Erkenntnisse von Rodao et al. (2016) an *Austrolebias charrua* (einem südamerikanischen Annuellen) heran, bei dem entsprechende Fotos (in der Arbeit Abb. 3.5) bei ähnlichen Strukturen der Eihülle diese kreuzende Elemente (als Mikrovilli bezeichnet) zeigen, so dürfen wir auf weitere detaillierte wissenschaftliche Erkenntnisse gespannt sein.

Eine wichtige Aufgabe der Eihülle ist der Schutz des heranwachsenden Embryos. Wir wissen, dass diese Eier schnell aushärten, sodass wir sie ohne Bedenken mit den Fingern anfassen und mit ihnen hantieren können. Die Eihülle ist unterschiedlich aufgebaut und je nach Gattung oder Art in verschieden geformte Felder aufgeteilt. Damit soll die Eihülle der mechanischen Beanspruchung Widerstand entgegensetzen. PETERS (1963) gibt nach groben Messungen folgende Belastungsgrenzen für Aphyos an:

Aphyosemion australe:	Druck von weniger als 100 g
Fundulopanchax gardneri nigerianus:	Druck von weniger als 200 g
Fundulopanchax arnoldi:	Druck von ungefähr 200 g

Wenn wir die Eier unserer Aphyos ablesen, begegnen wir einer weiteren Funktion der Eihülle. Sie ist nämlich klebrig. An der Eihülle hängen kleine Fäden. Diese sogenannten »Filamente« deuten darauf hin, dass das Ei mit ihrer Hilfe an seinem Platz gehalten werden soll.

Im Bereich der Filamente findet sich in der Eihülle eine verdichtete Zone, durch die eine Öffnung ins Ei-Innere führt, die Mikropyle. Sie soll den Spermien den Eintritt ins Ei ermöglichen. Dabei sind bei vielen bisher untersuchten Knochenfischarten die Durchmesser von Spermienkopf und Mikropyle aufeinander abgestimmt.

Blick in das Ei

Die Eier sind zunächst unregelmäßig geformt. Erst wenn sie nach der Befruchtung Wasser aufnehmen, werden sie prall und rund.

Im unbefruchteten Ei sind Zytoplasma und Dotter vermischt. Dabei gelten die Eier unserer Aphyos im Vergleich zu anderen Fischen als dotterreich. Der Dotter besteht aus Fettdotter, Kohlenhydratdotter sowie Eiweißdotter. Meist sind sie nicht rein, sondern als Mischform vorhanden (RIEHL 1995). Energiereserven finden sich in charakteristischen Ölkugeln.

Einfluss der Hälterungstemperatur

Fische sind wechselwarme Tiere. Deshalb ist jedem Aquarianer die Bedeutung der Hälterungstemperatur für das Wohlbefinden seiner Pfleglinge geläufig. Es gibt jedoch Einflüsse, mit denen wir nicht so ohne Weiteres rechnen. So hat RÖMER (1999) zum Fortpflanzungspotenzial einiger *Apistogramma*-Arten in Aquarium und Freiland berichtet, dass die Zahl der Eier ebenso wie die Zahl der Gelege bei niedrigen (20–22 °C) und bei hohen Temperaturen (29–30 °C) gegenüber mittleren Temperaturen (25–28 °C) signifikant reduziert ist. Zudem sind die Eier bei niedriger Temperatur (weniger als 25 °C) etwa 1/5 größer als bei hoher (28 °C). Hier besteht offensichtlich ein Temperaturoptimum zwischen 24 und 27 °C. Die Breite dieses Temperaturfensters mit 4 °C hatten zuvor bereits Magnuson et al. (1979 in Römer 1999) für 24 andere Arten festgestellt. Beim Fortpflanzungsmodus unserer Aphyos bekommen derartige Überlegungen besondere Bedeutung. Leider gibt es auch hier keine entsprechenden Aphyos-Untersuchungen. Es ist jedenfalls anzunehmen, dass das Temperaturoptimum der Arten unterschiedlich ist. Die gesammelten Erfahrungen habe ich bei den einzelnen Arten vermerkt. Natürlich sind die Ergebnisse immer im Zusammenhang mit anderen Faktoren wie Futter und Wasserwechsel zu sehen.

Nicht jedes Ei entwickelt sich

Bei der Zucht unserer Aphyos werden wir wiederholt auf Entwicklungsstörungen der Eier stoßen. Manchmal gibt es ganz einfache Erklärungen. Ein nicht oder noch nicht befruchtungsfähiges Männchen kann sich noch so anstrengen, seine mit dem Weibchen abgesetzten Eier werden stets verderben. Im Einzelfall müssen wir dann zur Lupe oder zum Mikroskop greifen und die Vorgänge näher untersuchen. Bela (1982) hat sich gewissenhaft mit Störungen während der Eientwicklung und des Schlupfs auseinandergesetzt. Er zeigte viele Stadien auf, die das Risiko bergen, dass die Entwicklung stockt oder die Embryonen absterben. Bei weiteren Untersuchungen zur Eientwicklung wurden Missbildungen festgestellt, die die Eier zugrunde gehen ließen.

Ich sammle Eier ab, wenn es mit der extensiven Aufzucht nicht klappen will oder ich auf einen Torfansatz verzichte. Bei verschiedenen Arten sterben Eier unterschiedlich häufig ab. Dies empfinde ich zunächst einmal als unnatürlich, denn »die Natur« verschwendet damit Ressourcen. In Untersuchungen an südamerikanischen Annuellen wurde jedoch eine große Zahl an abgestorbenen Eiern festgestellt, sodass dieses Phänomen wohl zu den normalen Vorgängen bei der Eientwicklung zu zählen ist. Ich könnte mir als Ursache Lücken in der Ernährung oder problematische Wasserverhältnisse vorstellen.

7.4 Genauer erforscht: *Aphyosemion australe*

Einen tiefen Einblick in die Eientwicklung unserer Aphyos gibt Odermatt (1982) am Beispiel von *Aphyosemion australe*; seine Dissertation fand meines Wissens im deutschsprachigen Raum keinen Eingang in die aquaristische Fachliteratur.

Die Eier dieser Art gehören mit etwa 1,05 mm zu den kleineren innerhalb der Aphyos. Die äußere Oberfläche weist flache, leistenförmige Erhebungen auf, die in einem unregelmäßigen fünf- oder sechseckigen Muster angeordnet sind. Klebrige Haftfilamente finden wir vor allem im Bereich der Mikropyle. Das Gelege eines Weibchens wird durch die Anzahl und Größe der Ölkugeln und der kleineren Dottertröpfchen charakterisiert, d. h., bei mehreren Weibchen finden sich jeweils unterschiedlich viele und verschieden große Ölkugeln bzw. Dottertröpfchen (Odermatt 1982). Nach der Befruchtung schwillt das Ei durch Wasseraufnahme auf einen Durchmesser von 1,3 mm an. Die Eihülle (Chorion) ist mit 10 µm vergleichsweise dünnwandig (Peters 1963).

Odermatt (1982) hat die Art genau untersucht. Bei 25 °C schlüpften die Jungfische am 11. Tag ihrer Entwicklung aus dem Ei. Er stellte fest, dass die Beleuchtungsdauer die Inkubation beeinflusst. Dabei sollte sich der Lichteinfluss während der Inkubation als regulierender Faktor für Diapause III erweisen. Im Trockenansatz schlüpften die Jungen nach dem Übergießen bei Tageslicht. Im Wasseransatz liefen Versuche bei 3000 Lux im Rhythmus 14/10 Stunden Tag/Nacht. Rund 80 % der Embryonen schlüpften wie vorhersehbar am 11. Tag ihrer Entwicklung. Es gab wenige Früh- und Spätschlüpfer. Der Schlupf konnte durch Erhöhung des CO_2-Partialdrucks auf technischem Weg oder mit einem alten Züchterkniff durch Einblasen von Atemluft ausgelöst werden.

Wasseransatz im Dunkeln

Lichtmangel verzögerte den Schlupf. Unter solchen Bedingungen schlüpften 85 % der Embryonen erst nach 45 bis 55 Tagen. Alle in der Diapause III ruhenden Embryonen, die dem dunklen Brutschrank entnommen wurden, zeigten keine Lebensäußerungen (Blutkreislauf, Atem, somatische Muskulatur). Dieser Zustand war reversibel, wenn die Tiere mechanisch oder optisch gereizt wurden.

Odermatt stellte bei frisch geschlüpften Tieren Hungerformen fest, wenn diese nach mehr als sieben Wochen aus dem Ei kamen. Sie zeigten eine gewaltig ausgedehnte Harnblase und einen geringen Dottersackrest. Diese Hungerformen streckten sich bemerkenswert langsam, sodass ein auffälliger Kopf-Rumpf-Knick stundenlang erhalten blieb.

Trockenansatz-Versuche bei Licht

3000 Lux 14/10 h Tag/Nacht

Auf dem feuchten Substrat verlängerten die schlupfreifen Embryonen ihr Leben im Ei. Ein Trockenschlupf wurde unterdrückt und bis zum Alter von höchstens 58 Tagen aufgeschoben. Die gemessenen Pulsfrequenzen schwankten zwischen

10 und 130 pro Minute. Zwei Drittel der Tiere starben im Ei. Der Rest schlüpfte auf dem feuchten Milieu. Sie zeigten eine erstaunliche Widerstandsfähigkeit.

Trockenansatz im Dunkeln

Ohne Licht und mit wenig Wasser hielten die Embryonen immerhin 56–73 Tage in der Diapause III aus. Allerdings starben 12 % zu einem früheren und 13 % zu einem späteren Zeitpunkt. Wenn die Eier dieser Ansätze bei Tageslicht mit Wasser aufgegossen wurden, schlüpften sie innerhalb von zwei Stunden als »Diapauseform«, hatten also den Dottersack weiter als bei der ununterbrochenen Entwicklung abgebaut.

Einzelheiten zur Embryonalentwicklung

Odermatt (1982) beschrieb 37 Stadien der Embryonalentwicklung.

Als Stadium 1 legte er das unbefruchtete, mit Haftfilamenten versehene Ei fest. Längere Filamente finden sich vorwiegend an einem Eipol. Es ordnen sich außerdem noch kürzere Fäden rund ums Ei an.

Odermatt fand heraus, dass im Gegensatz zu *Austrofundulus* oder *Fundulus* bei den untersuchten *Aphyosemion australe* die Tendenz zum zweischichtigen Acht-Zellen-Stadium besteht. Damit läge im Sinne von Peters (1963) bereits ein »blasenförmiger Keim« vor, womit Peters sein Stadium Ia bezeichnete, das dem Stadium 7 der Arbeit von Odermatt entspricht. In diesem Stadium 7 finden sich 32 Zellen, die aus der Dotterkugel herausragen. Odermatt stellt zur Diskussion, dass die untere Fläche keine »Blase« sei. Sie ist nur leicht in den Dotter hinein geformt, füllt dieses Blasengebilde jedoch lückenlos aus. Die Zellen furchen sich Stadium für Stadium weiter und verringern mit ihrer zahlenmäßigen Zunahme Größe und Masse. Erst in den folgenden, zeitlich versetzten Zellteilungen ist eine zunehmende Abflachung festzustellen, die in Stadium 11 zu der für Knochenfische typischen Keimscheibe führt, deshalb diskoidale Furchung genannt.

Erwähnen möchte ich, dass die frühen Furchungszellen nur nach außen eine Zellmembran tragen. An ihrer Basis sind sie offen mit dem Dotter verbunden. Schließlich erkennt man am Rand der wachsenden Keimscheibe auf dem Dotter einige Zellen der Plasmaschicht (Periblast), die die Furchungszellen mit Dotter versorgen (Stadium 11).

In den Stadien 12 bis 17 umwachsen Blastoderm und der darunter liegende Periblast den Dotter vollständig. Allerdings wird keine vorübergehende Hüllschicht aus mehrkernigen, flachen Zellen (englischer Begriff: »enveloping cell layer«, z. B. bei Wourms 1972a, übersetzt etwa: einhüllende Zellebene) gebildet, wie sie für annuelle Killifische charakteristisch ist und Autoren zur Definition für die »Annuellen« dient. Diese Hüllschicht umschließt bei den südamerikanischen Annuellen den Embryo vollständig. Der Autor betont die für Knochenfische auch bei *Aphyosemion australe* einzigartige zeitliche und räumliche Trennung der Embryogenese von der (epibolischen) Dotterumwachsung. Es entsteht bis zum Abschluss der Epibolie in Stadium 17 weder ein Randwulst noch ein Embryonalschild als erste Differenzierungen eines Fischembryos.

Dieser entwickelt sich nun in einer weiteren Phase. Die gesamte Entwicklung nimmt bei 25 °C 264 Stunden oder 11 Tage in Anspruch. Die Jungfische sind beim Schlupf 4,2 bis 4,5 mm lang. Odermatt führt an, dass sich diese »Schlüpflinge« noch von ihren Dotterreserven ernähren. Erst im Stadium 37 würden sie – nun 13 Tage alt – zu einer räuberischen Ernährungsweise übergehen.

Abb. 7.16: In diesen Eiern von *Aphyosemion australe* sind bereits Strukturen zu erkennen.

Meine Praxiserfahrungen zu *Aphyosemion australe* auf Torf

In der gewerblichen Fischzucht hat es sich eingebürgert, die Schlupfzeit aus dem Produkt von Temperatur (°C) und Zeit in Tagen als Tagesgrade zu messen (Reichenbach-Klinke 1970). Bremer (1982) erinnert zu biologischen Prozessen an die Van't Hoff'sche Regel, bei Embryonal- oder Larvalentwicklung an die

Blunck'sche Regel. Analog umgerechnet auf die bei mir herrschenden 22 °C hätten die Jungen im Wasseransatz nach 12,5 Tagen erscheinen müssen.

Einen Torfansatz vom 25.02.2011 habe ich erst am 11.04., also nach 45 Tagen, aufgegossen. In den ersten Tagen war überhaupt kein Jungfisch zu sehen, bis schließlich am 18.04. der erste auftauchte. Zögerlich zeigten sich mit Abstand noch zwei weitere Jungtiere. Nach ungefähr einer Woche explodierte die Jungfischzahl förmlich. (Zeitlich lag ich mit diesem Schlupf noch einige Tage vor der Zeit, zu der Odermatt im Experiment Hungerformen erhielt.) Es wurden etwa 40 Jungfische, die problemlos aufzuziehen waren. Aktuell schlüpfen die Jungfische meiner auf Torf gelegten Eier nach 5,5 bis 7,5 Wochen (38 bis 52 Tage). Ich glaube deshalb, dass wir bei den Killis nicht so einfach in Tagesgraden rechnen können.

Die Jungfische leben in den ersten Tagen sehr versteckt. Man muss sozusagen den Torf füttern. Ich gebe stets zuerst Pantoffeltierchen. Nach ca. vier Wochen erheben sich die Jungen über den Torf/Bodengrund. Dann sind sie deutlich zu sehen und auch nicht mehr scheu.

Relativ früh sind die ersten Männchen an einem Hauch von Färbung an den Flossenrändern zu erkennen. Die Schlupfzeiten beim Torfansatz pendelten sich bei mir zwischen fünfeinhalb und siebeneinhalb Wochen ein.

Abb. 7.17: Erst nach ungefähr vier Wochen schwimmen die jungen *Aphyosemion australe* aus dem Torf heraus und sind dann gut zu beobachten.

7.5 Diapause und Schlupf

Mehrfache Ruhe vor dem Schlupf

Unsere Killifische sind aufgrund ihrer Fortpflanzungsbiologie besonders interessante Studienobjekte. Zum einen entwickelt sich die Eizelle nach der Befruchtung kontinuierlich und es schlüpfen schwimmfähige Jungfische, die sofort nach Nahrung suchen. Natürlich wissen wir, dass bei anderen Fischarten zunächst schwimmunfähige Larven aus dem Ei kommen, die wir ggf. zusammen mit den brutpflegenden Eltern über die Runden bringen müssen.

Zum anderen treten bei den Aphyos in der Entwicklung der Eizelle Ruhepausen ein, bei denen die Lebensvorgänge verlangsamt werden. Es handelt sich dabei um die bereits mehrfach erwähnten Diapausen.

Grundsätzlich haben annuelle Killifische eine Reihe von Anpassungen erworben, die ihnen ein Bewohnen saisonaler Gewässer erlauben. Hierzu zählen Modifikationen der generellen Eianhangsmuster und eine oder mehrere Diapausen. Thomerson & Taphorn (1992) verwenden für die Tiere die Begriffe »confirmed annual« (wörtlich übersetzt: bestätigte Annuelle) und »confirmed non-annual«. Als »bestätigte Annuelle« werden von ihnen Arten angesehen, deren Eientwicklung annuelle Muster und Diapausenperioden zeigen, die die Zeit von der Befruchtung bis zum Schlupf über einige Monate umfasst. Als »bestätigte Nichtannuelle« werden Arten angesehen, die einen normalen Verlauf der Eientwicklung ohne Diapause zeigen, selbst wenn sie auf feuchtem Torf und nicht im Wasser zur Entwicklung gebracht werden (Thomerson & Taphorn 1992).

Die Diapause stellt eine länger dauernde Entwicklungsruhe mit einer begleitenden Verminderung des Stoffwechsels dar. Im täglichen Leben ist uns gar nicht bewusst, dass uns Diapausen auch bei anderen Lebewesen begegnen. Wir finden sie z. B. bei Insekten, die wie auf Bestellung bei den ersten Sonnenstrahlen auffliegen. Und wir finden die Diapause bei den von uns so häufig in der Aquaristik verfütterten Salinenkrebschen. Deren Eier stellen in Wirklichkeit Zysten dar, die sich in einem Ruhestadium befinden. Die Fähigkeit zur Entwicklungsruhe ermöglicht unseren Killifischen, auch Gewässer zu bewohnen, die nur periodisch vorhanden sind. Trocknen diese Gewässer aus, gehen zwar die Fische zugrunde. Ihre Eier aber überdauern die Trockenzeit. Untersuchungen zeigten, dass diese Diapause gesetzmäßig an drei Stadien der Entwicklung eintreten kann. Man spricht deshalb von der Diapause I, II und III.

Untersuchungen haben gezeigt, dass Temperaturänderungen (Markofsky & Matias 1977; Levels & Denucé 1988), der Sauerstoff-Partialdruck (Peters 1963), die relative Feuchtigkeit des Substrats, in dem Eier die Diapause durchlaufen, sowie die Einwirkung von gasförmigem Ammoniak (Matias 1983) und Lichtperioden (Levels & Denucé 1988) die Dauer der Diapausen beeinflussen, indem sie direkt auf die Eier wirken. Die Populationsdichte von geschlechtsreifen Fischen stellt einen weiteren äußeren Einfluss (Inglima et al. 1981; Denucé 1989) dar.

Jede dieser drei Diapause-Stadien trennt eine der Hauptentwicklungslinien (Hrbek & Larson 1999). Diapause I trennt die Epibolie von der Gastrulation (Wourms Stadium 20). Diapause II trennt die Embryogenese von der Organogenese (Wourms Stadium 32). Diapause III tritt schließlich beim vollständig entwickelten, schlupfbereiten Embryo auf (Wourms Stadium 43).

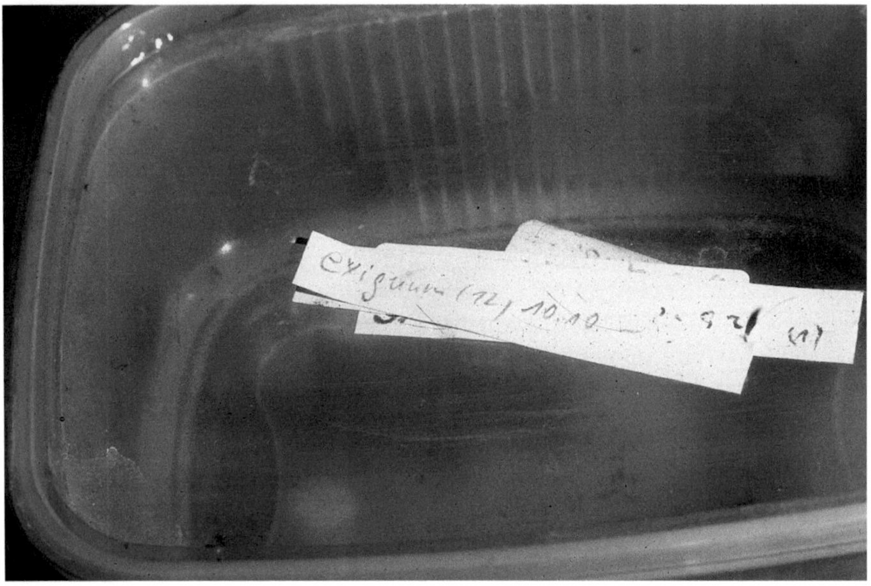

Abb. 7.18: Beschriftung ist bei allen Ansätzen wichtig, um den Überblick zu behalten.

Diapause I

Dies ist das früheste Stadium, in dem die Embryonen ihre Entwicklung ruhen lassen können. Sie kann dann eintreten, wenn der Dotter von Zellen völlig umwachsen ist (»dispersed cell phase«, Wourms 1972). Im Experiment kann die Diapause I ausgelöst oder auf Monate ausgedehnt werden, indem Sauerstoff entzogen oder Kohlenstoffdioxid zugeführt wird. Sobald dem Wasser wieder ausreichend Sauerstoff zur Verfügung steht, wird die Diapause abgebrochen. Peters (1964) beobachtete entsprechend, dass die erste Embryonalruhe wenige Tage nach der Eiablage mit vollendeter Gastrulation (d. h., wenn die Dotterkugel vollständig von Zellen eingeschlossen ist) beginnt. Sie endet erst, wenn der Gewässergrund ausgetrocknet ist und dort Luftsauerstoff eindringt.

Diapause II

Dieses Entwicklungsstadium beginnt kurz vor Einsetzen der Blutzirkulation (Stadium 24 bei Odermatt, 33 bei Wourms). Embryonen fallen unter sehr verschiedenen äußeren Bedingungen spontan in diese Ruhepause. Peters (1963) fand diese Diapause nur bei afrikanischen Arten, bei denen sie sowohl im Wasser- als auch im Trockenansatz verbindlich (obligat) erschien und 5 bis 51 Tage dauerte. Wourms (1964) berichtete hingegen von Annuellen, die es in diesem Stadium über zwei Jahre aushielten, bevor sie sich weiter entwickelten. Diese Diapause konnte Wourms (1972) nach umfassenden Untersuchungen auch an südamerikanischen Arten beobachten. Die von ihm veröffentlichte Tabelle zur innerartlichen Entwicklung zeigt die selbst bei verschiedenen Fundortformen auftretenden Unterschiede, die uns in der Aquarienpraxis vor so große Herausforderungen stellen. Mit diesem Untersuchungsergebnis ist die oft geäußerte Annahme überholt, dass nur die afrikanischen Annuellen alle drei Diapausen zeigen würden.

Verweildauer in Tagen	Anteil an der Gesamtzahl (635 Eier)
150–160	3,8 %
140–149	3,3 %
130–139	2,5 %
120–129	10,7 %
110–119	21,1 %
100–109	21,4 %
90–99	15 %
80–89	12 %
70–79	7,4 %
58–69	2,8 %

Tabelle 7.1: Verteilung der Verweildauer auf das Entwicklungsstadium 33 bei *Austrofundulus myersi* (nach Wourms 1972a, Werte nach Wourms 1972c).

Die Tabelle 7.1 gibt einen Eindruck zur Verweildauer im Stadium 33 wieder, wie es von Wourms (1972a) definiert wurde. Es ist das Stadium, in dem die Diapause II erstmals zu beobachten ist. Die breite Streuung der Verweildauer ist angesichts der insgesamt drei Diapausen unterschiedlicher Zeitdauer ein nachhaltiger Hinweis auf die breite zeitliche Streuung des Schlupfes.

Auch die Diapause II wird durch den Sauerstoffgehalt reguliert. Setzt man die Eier kurze Zeit (!) Extremtemperaturen aus, so bleibt bei minus 8 °C und plus 3,4 °C die Diapause II aus, während sie bei 40 °C ausgedehnt wird (Matias & Markofsky 1978, zitiert nach Odermatt 1982). Peters (1964) erläutert hingegen, dass die zweite Diapause von den Außenbedingungen unabhängig sei. Sie setze ein, sobald ein Keimstreifen (Embryonalschild) mit Kopf und Ursegmenten angelegt ist, und dauere im Durchschnitt etwa 4 Wochen.

Abb. 7.19: *Austrofundulus* sp. »Monteria« wurde im Vorkommensgebiet von *A. myersi* gefunden, ist jedoch noch nicht endgültig bestimmt.

Diapause III

In eine dritte Diapause verfällt der Embryo, wenn er zum Freileben fähig, also schlupfreif ist (Peters 1964). In diesem Stadium zeigen die Embryonen eine langsamere Herzfrequenz und eine verringerte Stoffwechselrate. Der Schlupf gelingt nur unter der Bedingung, dass der Embryo Mangel an Sauerstoff leidet, d. h., dass das Sauerstoffangebot des Außenmediums unter einen bestimmten Wert absinkt. Diese Grenze wird unterschritten, wenn durch Regenfälle im Gewässergrund sauerstoffzehrende Zersetzungsprozesse in Gang gesetzt werden. Andernfalls stirbt der Embryo schließlich nach monatelangem Ausharren an Nahrungsmangel in der Eihülle.

Je nach Art treten die Diapausen unverbindlich (fakultativ) oder verbindlich (obligat) auf und werden von endogenen (inneren) und verschiedenen bereits genannten exogenen (äußeren) Faktoren reguliert. (Odermatt hat diese Begriffe zur Diskussion gestellt, die aus der Insektenkunde stammen, aber dort nicht einheitlich definiert sind. Zudem werden in der aquaristischen Fachliteratur verschiedene Termini – z. B. dormancy, Parapause, Oligopause oder bei Peters 1963: spontan, endogen, obligat – verwendet.)

Zu diesen Faktoren gehören auch die Beschaffenheit der Eihülle und vor allem die Embryonalentwicklung. Nach Peters nehmen die Eier von *Aphyosemion australe* und *Aphyosemion calliurum* (von Stenholt-Clausen als *Aphyosemion nigerianum* bezeichnet, heute *Fundulopanchax gardneri nigerianus*) aufgrund der Ausgestaltung der Eihülle sowie ihrer Embryonalentwicklung eine Mittelstellung ein. Ihre Laichkörner sind widerstandsfähiger als die von *Epiplatys chaperi* (nach heutiger Kenntnis wohl *dageti*), doch nicht so robust wie die von *Nothobranchius guentheri.* Zur Stabilität der Eihülle der Bodenlaicher tragen die gleichmäßig über deren Oberfläche verteilten kurzen Filamente (damalige Gattungen *Cynolebias, Pterolebias* und *Nothobranchius)* bei, die äußeren Druck abfangen. Sie verankern gleichzeitig das Ei im Substrat. Bei *Aphyosemion australe* zeigen sich allseitige warzenartige Aufsätze, die bei *Fundulopanchax arnoldi* als kräftiges Sechseckmuster gestaltet sind.

Wie die Eier der Bodenlaicher können viele Nichtannuellen-Embryonen im Ei zumindest einige Wochen außerhalb des Wassers überdauern. Voraussetzung für ein Überdauern im Trockenen ist ein fühlbarer Rest an Feuchtigkeit in der Umgebung der Eier. Für die Nichtannuellen bedeutet diese Fähigkeit, dass die Eier in der kurzfristig trocken fallenden Randzone eines Gewässers in feucht bleibenden Pflanzenresten überleben können. Die Anpassung eines Nichtannuellen erstreckt sich dabei nicht nur auf eine verhältnismäßig feste Ausgestaltung der Eihülle, sodass die Gefahr einer mechanischen Beschädigung und eines zu großen Wasserverlustes herabgesetzt ist, sondern greift auch schon in die Embryonalentwicklung ein. Peters beschreibt am Beispiel von *Epiplatys dageti,* dass auch dieser bei einer Trockenperiode in eine Diapause analog zu den Vorgängen bei einem typischen Bodenlaicher fallen kann. Erst wenn die Eier bei den nächsten Regenfällen erneut vom Wasser bedeckt werden, tritt der Schlupf ein. *Epiplatys dageti* hat jedoch bereits nach 14 Tagen seinen Dottervorrat aufgebraucht, obwohl in der Diapause die Lebensintensität reduziert wurde, und geht dann in der Eihülle zugrunde. Bei einer Eientwicklung über sieben Tage kann der Embryo eine maximale Lebensdauer von drei Wochen ausnutzen. Der schlupfreif diapausierende Embryo von *Aphyosemion australe* hat dagegen bereits ein Ausdauervermögen von vier Wochen und das Ei eine Gesamtlebensdauer von über fünf Wochen. Und bei *Fundulopanchax gardneri nigerianus* betrugen die Zeiten neun Wochen bzw. zehneinhalb Wochen, sodass diese Art Trockenperioden von etwa zwei Monaten überbrücken kann. Häufig wird in diesem Zusammenhang dann von semiannuell gesprochen. Poliak (1991) berichtete von Diapausen bei der Untergattung *Chromaphyosemion,* die er beobachten konnte.

Experimentell ist es gelungen, den Keim von *Fundulopanchax gardneri nigerianus* schon in einem frühen Embryonalstadium (nach vollendeter Gastrulation) durch Sauerstoffmangel in eine Diapause zu zwingen. Er nahm keinen Schaden, wenn das Ei nur wenige Tage den äußerst ungünstigen Sauerstoffbedingungen ausgesetzt wurde. Immerhin überlebten 50 % der dem Versuch unterworfenen Eier einen fast völligen Ausschluss von Sauerstoff für sieben Tage, während die Embryonen extremer Bodenlaicher ausnahmslos unter denselben Bedingungen Monate aushalten können.

Aus der Praxis: zu Schlupfrate und Entwicklungszeit bei *Callopanchax*

Die lange Entwicklungszeit bei *Callopanchax occidentalis* ist für viele Liebhaber ein Hindernis, sie zu züchten. Leiendecker (1978) hat sich mit den erforderlichen Voraussetzungen für eine erfolgreiche Vermehrung intensiv auseinandergesetzt. Nach verschiedenen Versuchen unter Beteiligung seiner Frau fand er heraus, dass ein sehr nasser, sauberer Torf die Sterberate der Eier herabsetzte. Die periodische Erhöhung der Temperatur auf etwas über 30 °C steigerte nicht nur die Schlupfrate, sondern verkürzte zudem die Entwicklungszeit. Bei Ansätzen mit tabakfeuchtem Torf und einer Lagerung bei 22–24 °C schlüpften die Jungfische nicht nur deutlich später, sondern die Verluste beliefen sich auf 40 bis 70 % der trocken gelegten Eier. Dass Leiendecker diese Versuche schließlich im Interesse eines harmonischen Ehelebens eingestellt hat, kann ich gut nachvollziehen. Dankbar sind wir ihm für seine Ausdauer und – natürlich – seiner Frau für die Mithilfe und insbesondere die Geduld.

Laichschutz

Bei ihren Zuchten haben sich Aquarianer immer wieder bemüht, ein Absterben der Eier zu verhindern. Dabei trifft man auf die unterschiedlichsten Vorgehensweisen.

Stallknecht (1964) setzte **Trypaflavin** erst nach zwei bis drei Tagen dem Laich zu, um die Bakterienvermehrung einzudämmen. Nach seinen Erfahrungen unterbrach bzw. verhinderte ein früherer Zusatz die Zellteilung der ersten Entwicklungsphasen. Er geht davon aus, dass das Mittel als (Mitose-)Gift die Zellteilung der Mikroorganismen hemme. Vereinfacht ausgedrückt, schiebt sich Trypaflavin in die DNA-Struktur. Dadurch werden natürlich auch Bakterien und Viren in ihrer Vermehrung beeinträchtigt. Diese Chemikalie ist jedoch mit Vorsicht zu gebrauchen, zumal Forschungen krebserregende Eigenschaften vermuten.

Bei meinen Zuchtversuchen zeigten sich nach **Cilex**-Zugabe Schlupfprobleme. Hierzu vermute ich, dass in der Schale der Eier zusätzliche Strukturen geschaffen werden, die beim Schlupf nicht überwunden werden können. Ob man hier von »Gerben« sprechen kann, sei dahingestellt. Ich verzichte auf eine Zugabe.

In der Mitte des vorigen Jahrhunderts (DATZ Vereinsnachrichten 1951: 66) wurde **Zink** als Laichschutz eingesetzt. Dies ist heute nicht mehr üblich. Eigentlich wäre das Zink deshalb kein Thema mehr. Bei Steffens (1985) finden wir jedoch die Bemerkung, dass Zink eine wichtige Rolle in verschiedenen Enzymsystemen zugesprochen wird. Es ist deshalb auch bei Fischen als wesentliches Spurenelement anzusehen. Auf einen Mangel können schlechtes Wachstum, erhöhte Verluste, Augenlinsentrübungen sowie Substanzverluste der Haut und der Flossen hindeuten. Nachdem in Internetforen über die Verwendung gerätselt wurde, erscheint mir die Fragestellung aktuell. Ich würde eher die Finger davon lassen.

An eine alte Methode zum Laichschutz erinnerte Bech (1974). Eine **Durchlüftung** der Laichschalen verbessert die Sauerstoffversorgung der Eier. Bech wies ausdrücklich darauf hin, dass er die Idee zur Sauerstoffanreicherung nicht erfunden hat. Vielmehr hätten Aquarianer bereits um 1920 Glasröhrchen mit Killifischlaich bis zum Schlupf mit sich herumgetragen. Der Sauerstoffgehalt des Wassers wird in der Aquaristik selten gemessen. Meist wird solch ein Test als zu teuer angesehen. Es gehört zum Grundwissen der Aquarianer, dass mit der Durchlüftung zusätzlich Sauerstoff eingetragen wird, sodass eine Überprüfung für überflüssig gehalten werden mag.

Grundsätzlich trägt ein »passendes Wasser« zu einer problemlosen Eientwicklung bei. Je nach Art kann diese ggf. durch einen **Huminstoffzusatz** unterstützt werden.

Schlupf

Irgendwann kommt für den Fisch die Zeit, sich von der Eihülle zu befreien. Dass Knochenfische ihre auflösen, wurde vergleichsweise früh am Lachs entdeckt (Moriwaki 1910, zitiert nach Hagenmaier 1995). Der Embryo schüttet ein Enzym aus, mit dem die aus Eiweiß bestehende innere Hülle aufgelöst wird. Die Überreste dieser Eihülle streifen die Embryonen ab. Hagenmaier (1985, 1995) referiert zwar schlupfauslösende Faktoren wie die Temperatur oder das Licht sowie sinkenden Sauerstoffgehalt mit der Folgerung »schlüpfen oder ersticken«. Dennoch ist weitgehend unbekannt, wie diese Faktoren die Schlupfdrüsenzellen zu einer Sekretion veranlassen.

Wenn unsere Aphyos schlüpfen, sind sie im Vergleich zu anderen Knochenfischen körperlich bereits weit fortentwickelt. Odermatt (1982) weist am Beispiel von *Aphyosemion australe* darauf hin, dass der Schlüpfling sich nach der Nomenklatur von Balon (1960) in der »eleutherembryonalen« Phase seiner Entwicklung befindet, weil er sich in diesem Stadium noch ausschließlich vom Dotter ernährt. Diese Phase beschreibt den Zeitabschnitt vom Schlüpfen bis zur selbstständigen Nahrungsaufnahme. Eine genauere Zeit ist hierfür nicht genannt. Frisch geschlüpfte Aphyos können deshalb als Larven bezeichnet werden.

7.6 Jungenaufzucht

Bei der Aufzucht der Jungfische zeigt sich als züchterischer Vorteil der Aphyos, dass diese nach dem Schlupf frei schwimmen. Mit der ersten Futteraufnahme haben sie das Larvenstadium überwunden. Im Vergleich zu Jungfischen anderer Fischgruppen, wie z. B. Salmler, sind sie nach dem Schlupf schon ziemlich groß und verfügen über einen verhältnismäßig großen Maulquerschnitt. Damit jagen sie aktiv ihre ersten, gar nicht so winzigen Futtertiere.

Es versteht sich, dass die Futterversorgung rechtzeitig zu planen ist. Die Futterkulturen benötigen immer einen zeitlichen Vorlauf, bevor die benötigte Menge, z. B. an Pantoffeltierchen, entnommen werden kann. Und selbst bei *Artemia* muss zeitlich genau agiert werden, wenn für sehr kleine Jungfische sehr kleine Nauplien zur Verfügung stehen sollen.

Abb. 7.20: Aufzucht der Jungfische – hier *Aphyosemion plagitaenium* »Epoma RPC 91/1«.

Jungfischfütterung

Sind die Jungen geschlüpft, zehren sie von ihrem Dottersack. Die Größe des ersten Futters richtet sich nach dem Fassungsvermögen der Maulspalte. Eine alte Aquarianerweisheit empfiehlt, das Futter in der Größe des Jungfischauges zu wählen. In dieser Zeit gebe ich je nach Fischart Pantoffeltierchen, Essigälchen oder Salinenkrebschen. Wenn wir in die gewerbliche Fischzucht schauen, wird uns deutlich, dass für die heranwachsenden Jungfische der Eiweißanteil im Futter besonders wichtig ist. Eiweiß kann von den Fischen nicht gespeichert werden und muss deshalb kontinuierlich zugeführt werden. In der Regel werden wir mit *Artemia*-Nauplien ein Futter reichen, das bewältigt werden kann.

Doch es gibt auch Arten, die kleineres Futter benötigen. Ich bin in der glücklichen Lage, während langer Perioden des Jahres auf Staubfutter zurückgreifen zu können. Hierzu siebe ich das Tümpelfutter entsprechend aus und füttere dann nur aus dem untersten Sieb. Ausgesiebtes Tümpelfutter deckt auch den Bedarf an pflanzlichen Anteilen. Wer keine Gelegenheit zum Tümpeln findet oder sich die Mühe sparen möchte, kann z. B. auf Mikrowürmchen oder Essigälchen zurückgreifen. Mikrowürmchen sinken zu Boden, während Essigälchen sich längere Zeit im Wasser schwebend halten. Sie werden von den von mir gezogenen Killis (Aphyos, südamerikanische Bodenlaicher) gern genommen. Schon bald können Grindalwürmchen zugefüttert werden und die Fische sind aus dem Gröbsten raus.

Manchmal schlüpfen nach dem Aufguss relativ viele Jungfische in kleinen Schalen. Solch eine Schale stelle ich in eine größere oder in ein Aquarium. Der Wasserstand muss zunächst nicht allzu hoch sein. Dennoch nutze ich meist die ganze

Abb. 7.21: Junge *Fundulopanchax (Paraphyosemion) amieti* schnappen nach Grindalwürmchen.

Höhe des Aquariums, weil ich gern täglich kleine Mengen Wasser zugebe. Ich habe das Gefühl, dass sich die Jungfische unter solchen Bedingungen gut entwickeln. Die Schalen und Aufzuchtaquarien werden in der Regel zunächst weder durchlüftet noch gefiltert. Ich ziehe die Fische bei Raumtemperatur auf. Diese bewegt sich in meinem Fischkeller meist um 22 °C. Eine etwas höhere Wassertemperatur ist insbesondere bei den Aphyos der Küstenregionen sinnvoll.

Abwechslung muss sein, oder?

Wird von einer Futtersorte auf die andere umgestellt, überfressen sich Jungfische leider häufig und verenden. Deshalb gebe ich neue Futtersorten zunächst in kleineren Mengen und verteile sie gut im Becken. Dadurch fressen die stärksten Tiere den anderen nicht gleich die ganze Portion vor der Nase weg.

Kleine Kämpfer

Selbst bei den kleinen Jungfischen muss der Platzbedarf beachtet und eingeräumt werden. Ich staune immer wieder, wie intensiv sich diese Winzlinge um das tägliche Futter streiten. Diese frühen Kämpfe bleiben nicht ohne Folgen, wenn wir nicht eingreifen. Schnell bleiben Jungtiere im Wachstum zurück. Oft stirbt das eine oder andere fast unbemerkt. Dazu tragen auch die Schnecken bei, die ich in geringer Zahl in die kleinen Aufzuchtbehälter setze und die natürlich die Reste fressen. Mit größeren Schalen oder Aquarien, in denen wir das Futter etwas verteilen, erzielen wir eher befriedigende Zuchtergebnisse. Es ist manchmal erstaunlich, wie schnell die Aphyos mit Tümpelfutter heranwachsen.

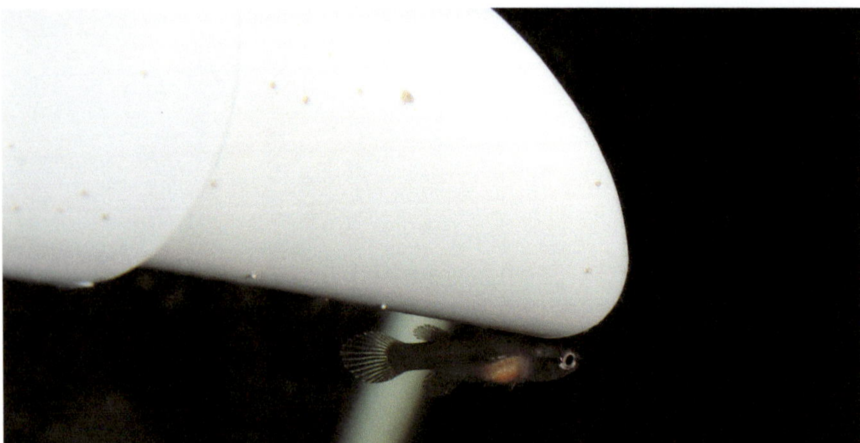

Abb. 7.22: Junge *Aphyosemion callipteron* »GEMG11/20« stehen gern unter der Deckung.

Ganz wichtig: Wasser und Raum

Wasserwechsel unterstützen die Aufzucht sehr. Sie wirken anscheinend direkt auf den Stoffwechsel und tragen dazu bei, Krankheiten zu vermeiden. Genügend groß dimensionierte Aufzuchtaquarien kompensieren die Aggressivität der Arten, die sich schon bei kleinsten Jungen zeigt. Der Kampf ums Überleben, der Kampf um das beste Futter beginnen früh. Stehen die Tiere eng, empfiehlt es sich, die Weibchen für einige Zeit von den Männchen zu trennen, damit sie eine gute Größe erreichen, bevor sie dann endgültig zur Zucht angesetzt werden. Nach ein, zwei Wochen ziehe ich eine größere Menge Wasser ab und das portionsweise Auffüllen des Wassers beginnt von Neuem. Nach und nach gebe ich härteres Wasser hinzu.

7.7 Geschlechterverteilung und etwas Genetik

Abb. 7.23: *Channa* sind große Fischräuber und profitieren von einer einseitigen Geschlechterverteilung.

Manchmal frustrierend

Die Geschlechterverteilung bei der Nachzucht von Killifischen ist in vielen Fällen legendär einseitig verschoben. Es versteht sich von selbst, dass eine Reihe von Zuchten mit diesem einseitigen Ergebnis den Liebhaber dazu verführt, andere Arten zu wählen.

Bisher scheinen sich die Wissenschaftler einig zu sein, dass bei unseren Aphyos das Geschlecht aus dem Zusammenwirken vieler Gene gebildet wird, die auf verschiedenen Chromosomen sitzen. Sie nennen dies polygene oder polyfaktorielle Geschlechtsbestimmung. Dies bedeutet, dass bei unseren Killfischen keine geschlechtsbestimmenden Gene beteiligt sind. In Untersuchungen von Völker et al. (2008) zeigten sich hingegen bei *Chromaphyosemion lonnbergii, C. melanogaster, C. malumbresi* und *C.* sp. Rio Muni GEMHS00/41 Strukturen, die von ihnen als XX/XY-Sexualchromosomen-System gedeutet werden.

Wie ist die Geschlechterverteilung in der Natur?

Über die gefangenen Arten und ihre Geschlechterverteilung berichtete Brosset (1982) und veröffentlichte eine Übersicht:

Art	Männchen	Weibchen
Epiplatys aff. *sangmelinensis*	231 MM	216 WW
Diapteron (morphes cyanostictum et georgiae)	185 MM	450 WW
Raddaella batesii	382 MM	335 WW
Aphyosemion cameronense	1154 MM	678 WW
Aphyosemion herzogi	130 MM	120 WW
Aphyosemion punctatum	429 MM	231 WW
Hylopanchax sylvestris	23 MM	21 WW

Tabelle 7.2: Geschlechterverteilung in der Natur (Artnamen und Daten aus Brosset [1982]).

Schoening (1985) berichtete in seiner Übersetzung über einen Fang zwei Kilometer von Funge (Kamerun) entfernt, an dem neben ihm noch Gresens, Kauffmann, Kirchwehn und Di Battista mitwirkten. Alle Tiere, die sie von *Fundulopanchax sjostedti* lebend heimbrachten, erwiesen sich als Männchen. Dass die Männchen in einer Population überwiegen, lässt sich möglicherweise mit der exponierten Lebensweise erklären. Sie sind ständig unterwegs auf der Suche nach Weibchen, balzen sie an und sind dann zusammen mit ihrer Färbung eine auffällige Beute für Räuber.

Aber wie erkläre ich mir dann andernfalls die Überzahl an Weibchen? Gibt es sie in der Natur?

Dazu habe ich noch keine überzeugende Erklärung gefunden.

Geschlechterverhältnis beeinflussen – geht das?

Dazu gibt es viele Versuche. Einige sollen hier erläutert werden in der Hoffnung, dass tatsächlich jemand damit erfolgreich ist. Bisher wissen wir nicht sicher, was unsere Killis letztlich zu Männchen oder zu Weibchen werden lässt.

Lohnend erscheint mir der Versuch, mit häufigen Ansätzen mit unterschiedlichen Tieren und zu verschiedenen Jahreszeiten (also bei unterschiedlichen Raum- und damit Aquarientemperaturen, ggf. mit einem Heizgerät erzeugt) diesem Phänomen zu begegnen. Ich konnte bei *Fundulopanchax gardneri* in der Geschlechterverteilung deutliche Unterschiede zwischen Sommer- und Winterzuchten feststellen.

Andere Autoren berichten ebenfalls vom Einfluss der Temperatur. Aber auch häufiger Austausch der Männchen, eine veränderte Ansatzdauer und ein Altersunterschied der Zuchttiere bei Männchen und Weibchen könnten einen Einfluss auf die Geschlechtsverteilung beim Nachwuchs haben.

Ich bin mir nicht sicher, ob es wirklich so ist. Selbst erlebt habe ich wie viele andere Züchter, dass aus dem Nachwuchs von zwei gemeinsam aufgezogenen Jungfischen tatsächlich immer wieder Pärchen hervorgingen. Sinnvoll erscheint in diesem Zusammenhang, während des Ansatzes Männchen oder Weibchen in der Gruppe auszutauschen.

Stallknecht (1963) erwähnt zu Nachzuchten von *Epiplatys,* dass ein Zuchtansatz 1/1 (ein Männchen zu einem Weibchen) mehr Weibchen, 1/2 ein etwa ausgeglichenes Geschlechterverhältnis erbrachte.

Bech (1979) versuchte es bei *Aphyosemion gabunense* während sechs Monaten Aufzucht mit pH-Werten zwischen 5,0 und 7,0 bei 24 °C. Die Daueransätze mit jeweils drei Männchen und fünf Weibchen liefen über jeweils vier Wochen. Es kamen bei diesen Zuchten zwar stets mehr Weibchen als Männchen auf. Die Ergebnisse zeigen jedoch so deutliche Abweichungen, dass Versuche in dieser Richtung sinnvoll erscheinen. Andere Killianer halten Kurzansätze mit wechselnden Partnern für lohnender.

Austausch von überzähligen Tieren

Kontakte zu anderen Aquarianern lohnen sich. Innerhalb der DKG können über die Regionalgruppen überzählige Männchen oder Weibchen getauscht werden. Ich habe damit gute Erfahrungen gesammelt. Möglichkeiten bietet auch der Tausch mit Liebhabern in ausländischen Killifischgemeinschaften. Kontakte über das Internet sind in den letzten Jahren zu einem weiteren Weg für die Geschlechterzusammenführung geworden.

Genetik bei Killifischen

Bei den vielen Killizuchten erscheinen immer wieder Tiere mit einer ungewöhnlichen Färbung. Aquarianern fallen diese farblich vom Wildtyp abweichenden Formen sofort auf. Oft handelt es sich bei diesen Mutationen um Albinos. Werner (1973) führt zudem Farbmissbildungen an wie Melanismus (Schwarzfärbung), Xanthorismus (Goldfärbung), Alampie (Unfähigkeit, Glanzkristalle – Guanin – zu bilden). Die Goldform von *Aphyosemion australe* wurde so populär, dass sie von Meinken (1953) sogar als Unterart beschrieben wurde. Die wissenschaftliche Beschreibung eines Zuchtprodukts als Unterart ist im Sinne der Internationalen Regeln jedoch nicht gültig. Der Namensgeber Hjerresen berichtete (1954), wie er aus einigen wenigen Tieren seinen Stamm durch Rückkreuzungen festigte.

Nicht alle diese neuen Formen sind so ansehnlich, dass sich jeder dafür begeistern könnte.

Abb 7.24: Genetische Einflüsse führen zu Farbveränderungen wie hier bei *Aphyosemion (Chromaphyosemion) bivittatum* »Funge ABC 05/12«.

8 Erkrankungen verhindern

Wie andere Fische können Killifische grundsätzlich alle Krankheiten bekommen. Deshalb sollten wir uns besonders anstrengen, Krankheiten gar nicht erst entstehen zu lassen. Dazu haben die Aquarianer über viele Jahrzehnte Erfahrungen gesammelt, aus denen einige Prinzipien abgeleitet werden können, die an dieser Stelle aufgeführt werden. Sollten die Fische trotz aller Bemühungen doch erkranken, halte ich es für sinnvoll, Spezialliteratur heranzuziehen.

Passende Fische zum passenden Wasser

Die Vorbeugung gegen Krankheiten beginnt bei der Auswahl der Arten. Am leichtesten sind die Hürden zu bewältigen, wenn solche Arten ins eigene Aquarium kommen, deren Anforderungen zum verfügbaren Leitungswasser passen. Damit meine ich jedoch nicht, dass wir dieses Leitungswasser unbesehen in die Aquarien geben können.

Merkwürdigerweise trifft man aber sehr häufig Liebhaber, die gerade bei hartem Leitungswasser ausgesprochene Weichwasserkillis pflegen und züchten wollen. Und genauso erlebt man es umgekehrt, nämlich weiches Leitungswasser und Killis, die besser mit hartem Wasser zurechtkommen.

Wer aufbereitetes Wasser einsetzen möchte, sollte bestimmte Voraussetzungen beachten und daran denken, dass das Wasser immer wieder gemessen werden muss. Und natürlich bedeutet es zusätzlichen Aufwand, wenn das Wasser ständig zu enthärten ist. Diese Wasseraufbereitung ist mit modernen Geräten problemlos zu bewältigen. Allerdings ist dann ein gewisser Wasservorrat nötig und wir kommen nicht umhin, einen oder mehrere Behälter hierfür vorzuhalten. Der Aquarianer wird sich außerdem über die Verteilung der Wassermengen Gedanken machen. Nicht jeder will es eimerweise durch die Gegend schleppen.

Nur gesunde Fische kaufen

Beim Kauf von Fischen empfiehlt es sich, diese sorgfältig anzusehen und ihren Gesundheitszustand einzuschätzen. Drücken sie sich in die Ecken, klemmen sie die Flossen, sind die Flossen überhaupt unbeschädigt? Diese und weitere Beobachtungen können uns Hinweise geben. Wir müssen dann entscheiden, ob wir dem drängenden Kaufverlangen nachgeben oder bei aufkommenden Zweifeln lieber auf die so lange gesuchte Art verzichten. Ich weiß aus Erfahrung um diese Gratwanderung. Das eigene Wissen und Können sind selbstkritisch zu hinterfragen, bevor man sich auf angeschlagene Tiere einlässt.

Setze sie allein: Quarantäne

In vielen Publikationen wird von einem Quarantänebecken gesprochen, das man sich zulegen sollte. Erwirbt man erkennbar kränkelnde Tiere, ist ein gesondertes Becken von großem Vorteil. Das hat mir auch bei Importfischen anderer Familien und ihrer Eingewöhnung geholfen.

Grundsätzlich stößt der Gedanke an ein Quarantänebecken eher auf Erheiterung. Welcher Aquarianer hat schon ein ganzes Becken für Neulinge frei? Als Killianer sind wir da vielleicht im Vorteil. Werden mehrere Arten gehalten, werden diese sicherlich in Artbecken gesetzt. Auf diese Weise lässt sich bei anstehenden Anschaffungen ein Becken leerräumen und wir können die Neuankömmlinge zunächst in diesem Becken beobachten. Schließlich wird daraus wohl meist deren Artbecken, bis wieder einmal durchgewechselt wird. Diese ewige Jagd auf neue, zumindest aber andere Arten ist wohl eine Verhaltensweise der Aquarianer, von der sie sich schlecht lösen können. Vielleicht sind wir tief drinnen immer noch Jäger und Sammler.

Riskiere einen Blick: tägliche Kontrolle

Im Normalfall werden wir die Fische täglich beobachten. Deshalb haben wir sie uns ja zugelegt. Dies bietet die Gelegenheit, abweichendes Verhalten festzustellen. Mittlerweile lese ich bei der einen oder anderen Art allein am Verhalten ab, was zu tun ist, z. B. wann es Zeit für einen Wasserwechsel ist. Da werden die Flossen enger am Körper getragen oder eine Ruheposition in der Nähe des Wasserspiegels eingenommen. Sinnvoller wäre es allerdings, schon vorher das Wasser zu wechseln und ein Unwohlsein der Tiere gar nicht erst aufkommen zu lassen.

Beckenbesatz: weniger ist mehr

Jeder hat so seine Vorstellung, mit wie vielen Tieren einer neuen Art man starten sollte. Ich nehme gern zumindest zwei Paare. Nicht selten stirbt ein Partner ohne äußere Hinweise bereits kurz nach dem Einsetzen. Habe ich nur ein Paar erworben, muss ich mich dann um Ersatz bemühen. Ich kenne Aquarianer, die grundsätzlich nur drei Paare mitnehmen. Seit Jahren versuche ich, jeden Interessenten an meinen Fischen zum Kauf von zumindest zwei Paaren zu bewegen. Leider gelingt mir dies nicht immer. An der Abgabe von nachgezogenen Fischen ist in Deutschland nun wirklich nichts zu verdienen, gewerbliche Züchter mit einem entsprechenden Aufwand vielleicht ausgenommen.

Die Haltung mehrerer Tiere hat aber auch seine Grenzen. Manchmal ändert sich die zunächst an den Tag gelegte Friedfertigkeit und Kämpfe, meist zwischen den Männchen, brechen aus. Aber auch Weibchen sind nicht nur Zuschauer. Der Pfleger sollte frühzeitig eingreifen und verbissene Kämpfer trennen. Andernfalls gewinnt zwar ein Tier die Oberhand, meist ein Männchen, das andere wird jedoch derart unterdrückt, dass es nicht mehr richtig ans Futter und schon gar nicht zum Laichen kommt. Dagegen helfen größere Aquarien. Gerade bei aggressiveren Arten kann man tricksen und sie in einem entsprechend geräumigeren Becken in höherer Individuenzahl pflegen. Dann verteilen sich die Kämpfe auf viele und hinterlassen keine letalen Spuren.

Abb. 8.1: Unsere Aphyos sind Fluchttiere. Deshalb verletzen sie sich leicht einmal am Maul wie dieser *Aphyosemion etsamense* »GEB 94/24«.

Schmalhans ist Küchenmeister

Zur Ernährung unserer Aphyos habe ich bereits betont, dass mäßig gefüttert werden muss. Bei Lebendfutter ist dies nur scheinbar anders. Wir geben etwas mehr Futter, als in kurzer Zeit gefressen werden kann. Damit werden zwei Ziele erreicht: Zum einen bekommen Fische in der unteren Hierarchie ausreichend Nahrung und zum anderen werden die Jungfische, die im Becken aufkommen, geschont. Das klappt aber nur, wenn wir parallel dazu rechtzeitig und ausreichend das Wasser wechseln und immer wieder die Futterreste entfernen. Das Absaugen der nicht gefressenen Futteranteile ist ohnehin zu empfehlen.

Dass wir Futterreste entfernen, hat viel mit der Keimbelastung zu tun. Sie wird dadurch niedriger gehalten, auch wenn die Wirkung nur kurze Zeit greift. Unter »Keimen« wurden ehemals (SCHLEGEL 1985, zitiert nach BÜHLMANN et al. 2006) Bakterien verstanden, bevor man sie als Lebewesen besonderer Art erkannte. Die Keimbelastung wird in der Praxis der Aquaristik kaum beachtet.

Weshalb ist der Wasserwechsel so eine wichtige Pflegehandlung und kann gerade bei unseren Aphyos nicht nur rein mechanisch durchgezogen werden? Zu lange Zeiträume zwischen den Wasserwechseln verursachen nicht selten einen *Oodinium*-Befall. Ich glaube daran, dass auch bei anderen Fischfamilien beim Wasserwechsel sehr auf die Bedürfnisse geschaut werden muss. Allerdings reicht regelmäßiger Wasserwechsel allein nicht für die Reduzierung der Keimbelastung aus. Zur Wasserpflege gehören Filterung, Durchlüftung und bei einem gewissen pH-Niveau auch Huminstoffe.

Salz oder kein Salz, das ist hier die Frage

Salzzusatz wurde früher generell für erforderlich gehalten, ein gehäufter Esslöffel auf zehn Liter Wasser. Ich halte diesen Automatismus für problematisch (OTT 1993b). Kochsalz sollte dem Aquarienwasser nicht ohne Grund zugesetzt werden. Physiologisch ist es ohnehin sinnvoller, auf Spezialsalz für die Meeresaquaristik zurückzugreifen.

Es gibt allerdings einige Killifischarten, bei denen wir ohne Salzzusatz von vornherein damit rechnen müssen, dass sie die Oodinium-Krankheit bekommen.. Hierzu zählen z. B. die *Nothobranchius*-Arten.

Abb. 8.2: Dieses *Nothobranchius*-Männchen »verdankt« seinen *Oodinium*-Befall meinem Ehrgeiz, es ohne Salzzusatz halten zu wollen.

Viel sinnvoller erscheint es mir, Salz als mildes Heilmittel z. B. bei Bissverletzungen einzusetzen. Fachbücher geben dazu nähere Informationen. Wenn es irgendwie möglich ist, sollte die Krankheitsursache am Mikroskop abgeklärt werden.

Abb. 8.3: Bei leichteren Verletzungen – wie hier am Auge – lohnt sich der Behandlungsversuch mit Kochsalz.

Das geht ins Auge

Leider findet sich immer wieder mal ein Aphyo, bei dem eines oder beide Augen eingetrübt sind. Nicht selten schwimmen Tiere dann ohne Augenlinse im Becken.

Es ist nicht immer leicht, die Ursachen auszumachen. Häufig werden mechanische Verletzungen eine Rolle spielen. Deshalb ist es so wichtig, in den Becken für ausreichende Deckung zu sorgen – die Kontrahenten können dann Begegnungen vermeiden. Zum Glück handelte es sich bei meinen Tieren bisher um Einzelfälle, sodass ich mit Jungfischen meinen Bestand ausgleichen konnte.

Abb. 8.4: Dieses *Aphyosemion-australe*-Weibchen findet das Trockenfutter auch mit nur einem Auge.

Wenn die Kehle schwillt

Rosskopf (2016) berichtete von einer Kropfbildung bei *Aphyosemion (Diapteron) abacinum*. Eine Fütterung mit *Artemia*-Nauplien, die in jodhaltigem Salzwasser zum Schlupf gebracht wurden, führte zu keiner Besserung der Schilddrüsenerkrankung. Erst die übliche Jod/Jodkaliumlösung (Lugolsche Lösung) verbesserte das Krankheitsbild.

Solch eine Kropfbildung bei Aphyos ist selten. Zu den Fällen, in denen mir dieses Krankheitsbild bei meinen Fischen begegnete, fehlte mir jede Erklärung für die Ursache. Wir wissen eben vieles noch nicht.

Abb. 8.5: Pilzerkrankungen sind mit handelsüblichen Mitteln gut zu bekämpfen.

Oodinium-Krankheit

Aphyos sind nicht sehr empfindlich. Bei guter Pflege sind sie ausdauernde Aquarienbewohner. Unter Stress werden sie jedoch äußerst schnell von *Oodinium*-Parasiten befallen. Und wie oft geschieht dies ausgerechnet an einem Samstag, noch häufiger an einem Sonntag! Daher empfehle ich, sich vorsorglich mit einem entsprechenden Mittel aus dem Zoohandel zu bevorraten. Mit diesen zugelassenen Medikamenten ist die Heilung unproblematisch möglich. Dabei ist es wichtig, diese wirkungsstarken Mittel genau zu dosieren.

Wer es gar nicht erst zu einem Behandlungsfall kommen lassen möchte, muss für die Fische Stress vermeiden. Zu enge Haltung, zu wenig Futter, unpassende Wasserverhältnisse oder zu viel Frischwasser können zur Erkrankung beitragen.

Dotterblasenwassersucht

Gelegentlich treten Fische mit verdicktem Leib auf. Die Diagnose für uns Aquarianer ist in diesem Fall besonders schwer, denn für eine genaue Untersuchung müssten die Tiere getötet werden. Dies wollen wir in der Regel aber vermeiden.

Ein Beispiel aus der Literatur (Reichenbach-Klinke 1969) zeigt an *Pseudepiplatys annulatus*, dass Fische mit dieser Krankheit durchaus lebensfähig sein können. Reichenbach-Klinke tritt der früheren Vermutung entgegen, dass Bakterien für das Auftreten verantwortlich seien. Er sieht die Ursachen als ungeklärt an und vermutet in den meisten Fällen Mangel an Vitaminen und/oder Spurenelementen oder Schäden im Eistadium bzw. den frühen Embryonalstadien.

Abb. 8.6: Dieses ältere *Aphyosemion-elberti*-Männchen lebte trotz aufgetriebenem Leib noch einige Wochen.

Töten von Fischen

Ein heikles Thema stellt der Umgang mit schwer erkrankten Tieren dar. Oft werden wir schon allein zum Schutz des übrigen Bestandes an ein Aussondern der Fische denken. Das Tierschutzgesetz (TierschutzG, § 4 Abs. 1) ist hier ganz eindeutig: »(...) Ein Wirbeltier töten darf nur, wer die dazu notwendigen Kenntnisse und Fähigkeiten hat.« Zudem wird gefordert, dass dies nur mit Betäubung und unter Vermeidung von Schmerzen geschieht.

Glugea-Befall ist gefährlich

In den letzten Jahren sind bei südamerikanischen Bodenlaichern sowie afrikanischen Annuellen vereinzelte Fälle der Glugea-Krankheit aufgetreten. Diese ist jedoch nicht nur auf diese Fischgruppe beschränkt. *Glugea*-Parasiten wurden bei zahlreichen Lebendgebärenden Zahnkarpfen, Karpfenfischen wie Barben und Danios sowie Neonfischen und Glühlichtsalmlern festgestellt (Reichenbach-Klinke 1957).

Für einen Aquarianer ist das Krankheitsbild mit seinen weißlichen Kugelgebilden, die an Fischeier erinnern, vielleicht nicht immer leicht zuzuordnen. Die Fische sterben plötzlich und man weiß nicht so recht, weshalb das so ist. Um es ganz deutlich zu sagen: Nicht jedes plötzliche Sterben wird durch *Glugea* ausgelöst. Für uns Aquarianer sind die Möglichkeiten zur Untersuchung und zum Erkennen von Krankheiten recht beschränkt. Im Zweifel wäre ein Tierarzt zu befragen. Deshalb möchte ich noch einmal hervorheben, wie wichtig die Vorbeugung gegen Erkrankungen ist. Dieses Bemühen gilt nicht nur dem Wasserwechsel.

Glugea ist verwandt mit der die bekannte Neonkrankheit auslösenden *Plistophora*. Beide gehören zu den Mikrosporidien. Geisler & Annibal (1984) besprechen die Gefährdung durch einen solchen Befall am Beispiel des Neonsalmlers (*Paracheirodon innesi*). Die Massenzucht dieses Fisches kam zur damaligen Zeit z. B. in Hongkong, wo jährlich über 5 Millionen Tiere für den Handel gezogen wurden, fast völlig zum Erliegen. Das Problem konnte nur durch strikte Hygiene, insbesondere die radikale stetige Desinfektion der Zuchtanlagen, gelöst werden.

Zur gewissenhaften Pflege unserer Fische gehört eine bestimmte Hygiene. Nun werden wir uns als Hobbyaquarianer zunächst keinen Hygieneplan zurechtlegen, wie er für größere Anlagen sicher sinnvoll ist. Aber auch kleinere Maßnahmen helfen. Ich habe mir angewöhnt, leergefischte Aquarien zu desinfizieren. Die bereits erwähnten Fachbücher über Fischkrankheiten geben zu geeigneten Mitteln Auskunft. Das beste Desinfektionsmittel ist Trockenheit. Benötige ich eines der gerade erwähnten Becken für ein paar Tage nicht, so lasse ich es für diese Zeit trocken stehen. Auch die Art der Fütterung ist zu überlegen. Für die Glugea-Krankheit ist anzunehmen, dass die Erreger mit Wasser weitertransportiert werden können. Ich muss deshalb überlegen, ob es wirklich sinnvoll ist, mit dem unaufgetauten Tiefkühlfutterstück von Becken zu Becken zu laufen und Teilchen abzuspülen.

9 Arten

Zur Namensgebung bei Fischen

Dieses Buch handelt von der Gattung *Aphyosemion* und ihren ehemaligen Gattungsangehörigen, die inzwischen als *Fundulopanchax* sowie *Archiaphyosemion, Nimbapanchax, Scriptaphyosemion* und *Callopanchax* bezeichnet werden. Die letzten vier Gattungen wurden von Costa (2015) im Tribus Callopanchacini zusammengefasst, für die gemäß Van der Laan et. al. (2014) Callopanchini verwendet werden sollte. *Aphyosemion* und *Fundulopanchax* stehen im Subtribus Aphyosemina (siehe Kapitel 2). Bis dahin war es ein weiter taxonomischer Weg voller Diskussionen. Er wird noch nicht beendet sein.

Stehen Killianer bei einem Treffen zusammen und schauen prüfend auf einen Plastikbeutel mit Fischen, hört man meist die Frage »Was ist das denn für eine Art?« oder den begeisterten fachkundigen Aufschrei »Das ist ja *Aphyosemion xyz*!«. Warum wird immer zuerst nach dem Namen und nicht nach der Pflege oder der Zucht der Art gefragt?

Abb. 9.1: *Aphyosemion (Kathethys) elberti* »Matapit«.

Dem menschlichen Streben nach Ordnung gehen in der aquaristischen Welt die Ichthyologen, die Fischkundler, nach. Sie stützen sich dabei auf den 1901 entstandenen »International Code of Zoological Nomenclature« (ICZN), also auf internationale Nomenklaturregeln. Mit diesem Begriff werden die Regeln bezeichnet, nach denen Tiere benannt werden. Mit dieser Norm sollte der vor der Wende vom 18. zum 19. Jahrhundert um sich greifenden Namensverwirrung Einhalt geboten werden.

Wer die Namensgebung bei den Eierlegenden Zahnkarpfen länger verfolgt hat, dem sind die permanenten Umbenennungen nicht fremd. Für manche Aquarianer waren sie ein richtiges Ärgernis. Bei näherer Betrachtung erweisen sich diese Korrekturen jedoch fast durchweg als sinnvoll. Hierzu müssen wir uns vor Augen halten, welche im Verhältnis zu heute deutlich reduzierten Möglichkeiten für wissenschaftliche Arbeit im Feld und am Schreibtisch noch vor einigen Jahren die Regel waren. Hinzu kommt für alle Arten im Umfeld von *Aphyosemion,* dass es an einer allgemein anerkannten Arbeitshypothese fehlte und moderne Methoden der Abgrenzung wie z. B. die Phylogenie erst seit der Mitte des vergangenen Jahrhunderts an Raum gewannen. Doch nur scheinbar stieg damit die Chance, dass diese Ergebnisse länger Bestand haben würden. Um den richtigen Weg wird weiter gestritten.

Inzwischen können wir Aquarianer den Text dieser Nomenklaturregeln und auch die eine oder andere Erstbeschreibung im Internet nachlesen. Das hat vieles vereinfacht und die Informationsdichte erhöht. Dennoch gibt Wissenschaft lediglich das gegenwärtige Wissen weiter. Morgen kann es schon veraltet sein. Wir Aquarianer müssen damit leben, dass Wissenschaftler unterschiedliche Auffassungen zu einzelnen Fragen, sogenannte Arbeitshypothesen, entwickeln.

Bevor wir die Arten näher betrachten, will ich einige der Stationen etwas eingehender darstellen.

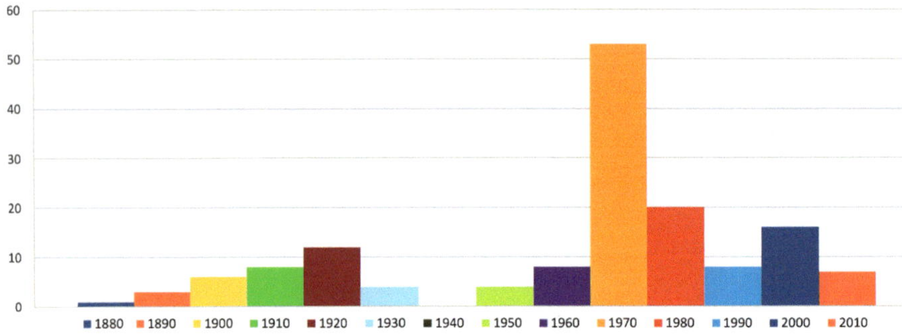

Abb. 9.2: Übersicht zur zeitlichen Verteilung der Erstbeschreibungen der Aphyos nach Jahrzehnten (vertikale Achse: Anzahl der Arten).

Zur Geschichte der Aphyos

Die ersten Arten unserer Aphyos wurden durch SAUVAGE 1882 als *Haplochilus petersi* und dann von LÖNNBERG 1895 unter den Namen *Fundulus sjoestedti* sowie *Fundulus bivittatus* beschrieben. Sie werden inzwischen *Nimbapanchax petersi, Fundulopanchax sjostedti* und *Aphyosemion (Chromaphyosemion) bivittatum* genannt. Allein diese drei Arten geben einen Vorgeschmack auf die bewegte Vergangenheit in der wissenschaftlichen Erarbeitung der Killifische, die wir uns zum Verständnis der für Aphyos fast regelmäßigen Namensänderungen etwas näher ansehen wollen.

Sowohl MYERS als auch SCHEEL stellten in ihren Veröffentlichungen heraus, welch große Schwierigkeiten Ichthyologen die systematische Bearbeitung von Cyprinodontidae (heute eher Nothobranchiinae und Epiplatinae gemeint) bereitet. Sie sind alle klein und sehr ähnlich, ohne ein hervorstechendes Merkmal für eine verwandtschaftliche Einordnung zu tragen.

Jüngere Arbeiten gaben eine Übersicht und ein gewisses Verständnis der Gattung *Aphyosemion,* die über lange Zeit als Sammelgattung für recht unterschiedliche Arten herhalten musste. Dabei war die Abtrennung der westlichen Arten durch CLAUSEN (1966) hilfreich. Ein bedeutender Schritt wurde mit der Anerkennung von *Fundulopanchax* (PARENTI 1981; VAN DER ZEE & WILDEKAMP 1995) als selbstständige Gattung gegangen. VAN DER ZEE und WILDEKAMP diskutierten nicht nur die Schwierigkeiten bei der taxonomischen Einordnung einer Gruppe verwandter Arten, sondern setzten sich mit dem von DUBIOS (1988) zum Gattungskonzept eingeführten Begriff der Kreuzungsfähigkeit auseinander. Die Anwendbarkeit der Kreuzungsfähigkeit für Knochenfische zweifeln sie jedoch an. Sie verweisen beispielhaft auf SCHEEL (1990), der in einer Grafik belegte, dass die *Fundulopanchax*-Arten zusammen zu einer karyotypischen Besonderheit gruppiert sind, und erinnern an GUGUEN-DOUCHEMENT (1983), der die unbefriedigende Taxonabgrenzung bei *Aphyosemion* und seinen Verwandten kritisierte.

SCHEELS Veröffentlichungen »Rivulins of the Old World (1968)« sowie der »Atlas of Killifishes of the Old World« (1990) erweiterten die Kenntnisse zum Thema enorm. SCHEEL brachte eine neue Arbeitsweise in die Untersuchung von Killifischen. Er zog Farbmuster, Analysen des Karyotyps und die Ergebnisse von Kreuzungsexperimenten heran. Aufgrund der zahlreichen Neubeschreibungen wurde eine Gruppierung näher verwandter Arten durch ihn und andere Autoren unerlässlich. Nach und nach erschienen die Beschreibungen von Untergattungen: *Chromaphyosemion* RADDA, 1971, *Diapteron* HUBER & SEEGERS, 1977, *Kathetys* und *Raddaella* HUBER, 1977. *Mesoaphyosemion* wurde für die verwandtschaftlich weniger getrennte *Cameronense*-Gruppe eingeführt (RADDA 1977).

Inzwischen hatte sich die Wertung von Chromosomenuntersuchungen gewandelt. SCHEEL wollte aus den Chromosomenzahlen und ihrer Struktur etwas über die Verwandtschaft und den Artstatus aussagen. Neuere Forschungsergebnisse belegen, dass vor allem bei den afrikanischen Killifischen eine hohe Variabilität der Chromosomenzahlen besteht und es selbst in einer Art oder Population Unterschiede geben kann (Sonnenberg 2006). Wildekamp (1982) verfeinerte die durch Scheel aufgestellten Gruppierungen. Neben der *Aphyosemion-striatum*-Gruppe schuf er noch eine *Aphyosemion-ogoense*-Gruppe. Die Einordnung verwandter *Aphyosemion*-Arten in verschiedene Gruppen wurde durch die Arbeit von Murphy & Collier (1999) klar unterstützt.

Dass die Monophylie der Untergattungen in *Aphyosemion* von den DNA-Daten gestützt wird, heben Van der Zee et al. (2007) hervor. Sie weisen darauf hin, dass es nicht ein einziges äußeres Merkmal gibt, das die Mitglieder der Gattung unzweideutig identifizieren würde. Von allen anderen Aplocheilidae lassen sich die *Aphyosemion* anhand weiterer Merkmale abgrenzen, die ich hier nicht weiter vertiefen will. Die vorderen Analflossenstrahlen, die niemals ausziehen, sind indes ein Merkmal, das auch wir Aquarianer ohne Mühe beurteilen können.

Abb. 9.1.1: *Aphyosemion jeanhuberi* »COFE 2010/7«.

9.1 Gattung *Aphyosemion* Myers, 1924

Arten der Gattung *Aphyosemion* sind beliebte Aquarienfische, wohl weil sie in der großen Mehrzahl farblich wunderschön und elegant geformt auftreten. Damit sind sie Werbeträger für die Killifische allgemein. Wir finden in der Gattung sowohl leicht als auch schwierig zu haltende und zu züchtende Arten.

Die Gattung *Aphyosemion* wurde im Jahr 1924 von George S. Myers beschrieben (Myers 1924b). Der Name meint »kleiner Fisch mit Fahne«, womit auf die geringe Größe der Fische und ihre oft fahnenartige Schwanzflosse angespielt wird. Damals war Myers, der als freiwillige Hilfskraft am American Museum of Natural History arbeitete, gerade 19 Jahre alt. Die Typusart stellt *Aphyosemion castaneum* dar. An der Geschichte der Gattung *Aphyosemion* haben viele weitere Autoren mitgewirkt. In den 1970er- und 80er-Jahren explodierte die Zahl der in dieser Gattung beschriebenen Arten, daher wurden sie in Gruppen zusammengefasst, schließlich Untergattungen eingeführt. Es wurde auch diskutiert, ob Untergattungen nicht Gattungsrang verdienen sollten. Collier (2007) hat einige Arten der Gattung mit molekulargenetischen Methoden untersucht und bringt damit etwas mehr Licht in die Verwandtschaftsverhältnisse. Leider gibt es nur auf Artebene ein gewisses Spektrum an anerkannten Untersuchungsergebnissen. Weitergehend konnten sich die Systematiker bisher nicht einigen.

Für einige Arten gelang es Collier nicht, sie einer näheren Verwandtschaftsbeziehung zuzuordnen. Er bezeichnet sie deshalb als »Waisen«. Sie werden im Abschnitt 9.1.12 behandelt.

Abb. 9.1.1.1: *Aphyosemion (Aphyosemion) cognatum* »Djoué«.

9.1.1 Untergattung *Aphyosemion* Myers, 1924

Die Untergattung basiert auf der Beschreibung von *Aphyosemion* durch Myers (1924b), als deren Typus *Aphyosemion castaneum* bestimmt wurde. Die Gattung diente viele Jahre als Sammelgattung für neu beschriebene Arten. Nach der Einführung der Untergattungen fassten einige Autoren *Aphyosemion* enger und ordneten unter diesem Taxon die *Aphyosemion-elegans*-Gruppe ein (*Aphyosemion* s. s. – sensu stricto, im engeren Sinne). In jüngerer Zeit vergaben Sonnenberg und Van der Zee (Sonnenberg 2007; Van der Zee & Sonnenberg, 2010, 2011) den Namen nur noch für diese genannte Gruppe. Vertreter anderer Gruppen der *Aphyosemion* (als *Aphyosemion* s. l. – sensu lato, im weiteren Sinne – bezeichnet) werden gekennzeichnet, indem sie in Anführungszeichen gesetzt werden: »*Aphyosemion*«. Ich folge diesem Vorschlag nicht (siehe Anmerkungen im Kap. 2.2 Der kompetente Systematiker).

Im Verbreitungsgebiet der Untergattung finden sich mehrere ausgeprägte Farbmuster, die zum Teil in einigen Flächen konstant, in anderen variabel auftreten. Die Zuordnung der verschiedenen Arten war für Aquarianer viele Jahre völlig verwirrend. Große Teile des Kongobeckens waren zu dieser Zeit noch nicht erforscht. Diese Situation hat sich durch jüngere Aufsammlungen gebessert. Insbesondere die mit einem eigenen DKG-Supplementheft dokumentierte Reise von Pap, Stenglein & Grell 1985 (Stenglein 1985 [2004]) in den nordöstlichen Teil der Demokratischen Republik Kongo ist durch die vielen aufgesammelten und eingeführten Fische für die Liebhaber von besonderer Bedeutung.

Insgesamt führten diese und weitere Aufsammlungen zu einigen Veröffentlichungen, die für eine größere Klarheit sorgten. Sie sind bei den nachfolgenden

Artbeschreibungen näher genannt. Dennoch bleiben einige Funde derzeit noch unbeschrieben.

Bei allen Angehörigen der Untergattung handelt es sich um nichtannuelle Aphyos. In der Zucht sind diese Arten nicht wirklich schwierig. In Wasser mit einer dGH unter 5 pflanzen sich die Tiere problemlos fort. Die Aufzucht gelingt unter den üblichen Bedingungen: geeignetes Futter, Wasserwechsel, Raumangebot. Leider bildet ein häufig einseitiges Geschlechterverhältnis bei den Jungfischen eine Hürde für die Arterhaltung. In der DKG organisierte Aquarianer versuchen, diese Probleme in einer eigenen Arbeitsgemeinschaft aufzufangen. Weil die Arten relativ selten sind, ist solch eine Spezialisierung hilfreich.

Art: *Aphyosemion (Aphyosemion) castaneum* Myers, 1924

Terra typica: Gebiet der heutigen Demokratischen Republik Kongo, Kisangani.

Die vom American Museum of Natural History durchgeführte Kongo-Expedition unter James P. Chapin und Herbert Lang sammelte 1915 das Typenmaterial bei Kisangani (dem damaligen Stanleyville).

Van der Zee & Huber (2006) revalidierten die Art und widersprachen damit Poll (1951), der hierin ein jüngeres Synonym zu *Aphyosemion schoutedeni* sah. Von den weiteren Vertretern der Untergattung kann die Art durch ein mitten durch die Afterflosse verlaufendes rotes Band gut abgegrenzt werden.

Abb. 9.1.1.2: *Aphyosemion (Aphyosemion) castaneum.*

Art: *Aphyosemion (Aphyosemion) chauchei* Huber & Scheel, 1981

Terra typica: Gebiet der heutigen Demokratischen Republik Kongo, im Waldgebiet 20 km östlich von Etoumbi in Richtung Makoua in einem mäßig fließenden Bach.

Die Art wurde zunächst als *Aphyosemion* »COBWEST« (Congo Blue West) bezeichnet.

Art: *Aphyosemion (Aphyosemion) christyi* (Boulenger, 1915)

Terra typica: Gebiet der heutigen Demokratischen Republik Kongo, Bafwasendé (1°7′1.2″N 27°13′1.2″O).

Als Synonym zu *Aphyosemion christyi* wird *Aphyosemion margaretae* Fowler, 1936 angesehen (Van der Zee & Huber 2006). Aus dem zahlreich vorhandenen Material wurde von den genannten Autoren ein Lectotypus bestimmt.

Art: *Aphyosemion (Aphyosemion) cognatum* Meinken, 1951

Terra typica: Gebiet der heutigen Demokratischen Republik Kongo, Aquarienmaterial von unbekannter Herkunft.

Diese sehr schöne Art ist ebenfalls nicht schwer zu pflegen und zu züchten.

Abb. 9.1.1.3: *Aphyosemion (Aphyosemion) cognatum* »Lake Fwa«.

Art: *Aphyosemion (Aphyosemion) congicum* (Ahl, 1924)

Terra typica: Gebiet der heutigen Demokratischen Republik Kongo, Aquarienmaterial von unbekannter Herkunft.

Ahl beschrieb die Art nach 13 Fischen, die Büttner im »Kongo« gefangen hatte. Als Synonym zu *Aphyosemion congicum* wird *Aphyosemion melanopteron* Goldstein & Ricco, 1970 betrachtet. Huber (2005) formuliert dazu Vorbehalte.

Art: *Aphyosemion (Aphyosemion) decorsei* (Pellegrin, 1904)

Terra typica: Gebiet der heutigen Demokratischen Republik Kongo, Leopoldville (heute Kinshasa, Hauptstadt des Landes).

Siehe Anmerkung zur Synonymität bei Aphyosemion (Aphyosemion) schoutedeni (Boulenger, 1920).

Abb. 9.1.1.4: Dieser Fisch wurde bisher nicht sicher zugeordnet. Er wird als *Aphyosemion (Aphyosemion)* sp. aff. *decorsei* »Lobeye«, gelegentlich auch als *A.(A.)* cf. *decorsei* bezeichnet.

Art: *Aphyosemion (Aphyosemion) elegans* (Boulenger, 1899)

Terra typica: Gebiet der heutigen Demokratischen Republik Kongo, Bikoro am Lac Tumba und Coquilhatville (heute Mbandaka genannt, Hauptstadt der Provinz Equateur), nahe dem Fluss Kongo.

Die Überlegungen von Sonnenberg & Van der Zee (2012) legen nahe, dass die Typen von *Aphyosemion (Aphyosemion) elegans* zu einer Gruppe von Fischen gehören, die in der Rückenflosse einen schmalen roten Rand und kleine rote Punkte auf einem hellen Hintergrund tragen. Diese Art ist im zentralen und nördlichen Kongobecken vertreten.

Art: *Aphyosemion (Aphyosemion) ferranti* (Boulenger, 1910)

Terra typica: Gebiet der heutigen Demokratischen Republik Kongo, kleiner klarer Waldbach mit Kiesgrund sehr nahe zu Kondoué.

Die Art wurde bisher nicht eingeführt.

Art: *Aphyosemion (Aphyosemion) lamberti* Radda & Huber, 1977

Terra typica: Gabun, Bach nahe dem Ogooué-Fluss an einer Nebenstraße nach Achouka, westlich von Booué, Seehöhe etwa 180 m.

Kleine und kleinste Bäche im Regenwald oder der Feuchtsavanne Zentral-Gabuns erwiesen sich als Lebensräume dieser Art. In der Natur leben *Aphyosemion lamberti* wie andere dieser Arten in Gruppen von 15 bis 20 subadulten Männchen, deren Gonaden vermutlich noch nicht entwickelt sind, zusammen mit einem (selten zwei) geschlechtsreifen großen und gut gefärbten Männchen, einem halben Dutzend Weibchen sowie einigen unterschiedlich großen Jungfischen (Huber 1981b).

Art: *Aphyosemion (Aphyosemion) lefiniense* Woeltjes, 1984

Terra typica: Gebiet der heutigen Republik Kongo, in der Nähe des Dorfes La Lefini, unmittelbar südlich des Lefini-Flusses, ca. 200 km nördlich von Brazzaville in einem Tümpel entlang eines kleinen, schnell fließenden Baches, der in den Lefini mündet.

Radda & Pürzl (1987) setzten die Art ohne Begründung in den Status einer Unterart zu *Aphyosemion schioetzi*. Huber (2016b) hält den Artstatus für gültig. Wildekamp (1993) plädiert für einen weiteren Gebrauch des Namens, bis geklärt ist, ob es sich hier um ein Synonym zu *Aphyosemion schioetzi* handelt.

Abb. 9.1.1.5: *Aphyosemion (Aphyosemion) lefiniense* »Brazzaville«.

Art: *Aphyosemion (Aphyosemion) lujae* (Boulenger, 1911)

Terra typica: Gebiet der heutigen Demokratischen Republik Kongo, Sankuru River bei Kondué.

Die Art wurde noch nicht lebend eingeführt.

Art: *Aphyosemion (Aphyosemion) musafirii* Van der Zee & Sonnenberg, 2011

Terra typica: Gebiet der heutigen Demokratischen Republik Kongo, Provinz Tshopo, 67 km auf der Straße von Kisangani nach Ubundu (1°30′0.0″N 25°21′0.0″O).

Die Art wurde im Oktober 2007 von A. van Deun im nordöstlichen Kongobecken in 450 m ü. M. gefunden.

Art: *Aphyosemion (Aphyosemion) plagitaenium* Huber, 2004

Terra typica: Gebiet der heutigen Republik Kongo, kühle Waldbäche bei Epoma.

Es handelt sich hier um eine auffällig schöne Art, die bei den Liebhabern bereits weit verbreitet ist. Die Abbildung 7.21 zeigt Jungfische von der Typuslokalität.

In Van der Zee & Huber (2006) wird die Art versehentlich mit einem Synonym als *Aphyosemion plagitaeniatum* geführt.

Art: *Aphyosemion (Aphyosemion) polli* Radda & Pürzl, 1987

Terra typica: Gebiet der heutigen Demokratischen Republik Kongo, in einem sumpfigen Bach.

Huber (2017a) wie auch Van der Zee & Sonnenberg (2012) sehen die Art als gültig an.

Art: *Aphyosemion (Aphyosemion) pseudoelegans* Sonnenberg & Van der Zee, 2012

Terra typica: Gebiet der heutigen Demokratischen Republik Kongo, im Tshuapa-Becken, Boende (0°14′0.0″S 20°50′0.0″O).

Die Art wurde bereits 1969 von P. Brichard aufgesammelt. *Aphyosemion (Aphyosemion) pseudoelegans* unterscheidet sich von *Aphyosemion (Aphyosemion) congicum* durch ein asymmetrisches Farbmuster des marginalen (äußeren) und submarginalen Bandes der Schwanzflosse gegenüber einer symmetrischen Färbung der oberen und unteren marginalen und submarginalen Bänder. *Aphyosemion (Aphyosemion) congicum* trägt lediglich einige rote Punkte auf den Seiten und eine stets punktfreie Afterflosse gegenüber vielen roten Punkten oder Streifen auf den Seiten, Afterflosse mit vielen roten Punkten oder gerade von einem Punkt ausgehenden Flecken (Sonnenberg & Van der Zee 2012) bei der hier behandelten Art.

Die in letzter Zeit wie bereits früher vom Typenfundort eingeführten Tiere wurden zunächst als *Aphyosemion (Aphyosemion) elegans* eingeordnet.

Art: *Aphyosemion (Aphyosemion) rectogoense* Radda & Huber, 1977

Terra typica: Gabun, Bach des Djouele, Leconi-System, etwa 6 km westlich der Stadt Leconi, an der neuen Straße von Franceville über Bongoville.

Der Fundort lag auf einer Seehöhe von etwa 480 m. Nach Auffassung von Radda & Huber handelt es sich um eine auf das Bateke-Plateau beschränkte Savannenform. Im flachen Wasser des Sammelortes G11/76 wurde um 9:40 Uhr bei einer Lufttemperatur von 19 °C eine Wassertemperatur von 25,2 °C gemessen, am Sammelort G14/76 um 14:20 Uhr bei 23 °C eine Wassertemperatur von lediglich 21,5 °C. Meine Nachzuchten benötigten im Wasser bei 22 °C 34 Tage bis zum Schlupf.

Abb. 9.1.1.6: *Aphyosemion (Aphyosemion) rectogoense* »Leconi«.

Art: *Aphyosemion (Aphyosemion) schioetzi* Huber & Scheel, 1981

Terra typica: Gebiet der heutigen Demokratischen Republik Kongo, ein kleiner Bach in der Savanne nahe Taba.

Die Art wurde zunächst als *Aphyosemion* »COYWEST« (Congo Yellow West) bezeichnet.

Van der Zee & Sonneberg (2012) weisen auf zwei unterschiedliche Formen hin, von denen eine als *Aphyosemion* »*schioetzi*« geführt wird mit einer Verbreitungslücke von mehr als 400 km. Der eigentliche *Aphyosemion schioetzi* gilt als eher robuste Form.

Abb. 9.1.1.7: *Aphyosemion (Aphyosemion) schioetzi.*

Art: *Aphyosemion (Aphyosemion) schoutedeni* (Boulenger, 1920)

Terra typica: Gebiet der heutigen Demokratischen Republik Kongo, Madié (oder Medje).

Die Art bleibt weiter Gegenstand von Diskussionen. Huber & Scheel (1981) sprachen von einem jüngeren Synonym zu *Aphyosemion decorsei*.

Die Typen von *Aphyosemion schoutedeni* haben ihre Pigmentierung völlig verloren. Eine klare Definition war Van der Zee & Huber, 2006 deshalb nicht möglich. Die Autoren ziehen es folglich vor, sie als unsichere Art (nomen dubium) zu betrachten.

Art: *Aphyosemion (Aphyosemion) teugelsi* Van der Zee & Sonnenberg, 2010

Terra typica: Gebiet der heutigen Demokratischen Republik Kongo, Bandundu Province, Lukula Creek, 10 km nördlich von Panzi (7°07′0.0″S 17°57′0.0″O).

Die Art wurde bereits im Februar 1939 von M. Bequaert, zu dieser Zeit Leiter des Archaeological Department of the Royal Museum for Central Africa (MRAC) in Tervuren, in einer Höhe von 779 m ü. M. gesammelt.

Abb. 9.1.1.8: *Aphyosemion (Aphyosemion)* sp. »Oyo« wurde bisher keiner bekannten Art zugeordnet.

Abb. 9.1.2.1: *Aphyosemion heinemanni* »Nord-Bipindi ABK 07/171«.

9.1.2 *Aphyosemion-calliurum*-Artengruppe

Arten der *Aphyosemion-calliurum*-Gruppe sind beliebte Aquarienfische. Sie sehen ansprechend aus, sind körperlich verhältnismäßig klein und gut haltbar. Mit *Aphyosemion australe*, dem Kap Lopez, stellt sie die vielleicht bekannteste Killifischart überhaupt. Huber (2013) hat sie als Typusart der von ihm geschaffenen Untergattung *Scheelsemion* auserkoren. Die Einordnung von Waisen im Sinne von Collier (2007) in die Untergattungen *Scheelsemion* (Huber, 2013) und *Iconisemion* (Huber, 2013) in Huber (2017c) steht im Gegensatz zu den von Collier (2007) dargestellten Ergebnissen. Beim gegenwärtigen Stand der Kenntnisse scheint mir die Auffassung von Mayr (1975) beachtenswert, wonach es »unter Umständen sogar zweckmäßiger sein kann, stattdessen ›Artengruppen‹ als weniger formale Kategoriebezeichnung zu verwenden«. Wir sollten deshalb vor einer Verwendung der neuen Untergattungen zunächst weitere Untersuchungen abwarten.

Mehrfach wurde versucht, die Gruppe anhand von besonderen phänotypischen Merkmalen oder der Kombination solcher Merkmale genauer zu beschreiben. Die molekulargenetischen Untersuchungen von Agnèse et al. (2009) haben einen deutlicheren Überblick verschafft. Ihm folge ich hier.

Dennoch stößt man in der Praxis auf Zweifelsfälle. Beispiele bespreche ich bei den Arten *Aphyosemion celiae* und *Aphyosemion heinemanni*.

Vertreter dieser Artengruppe finden wir in Togo, Benin, Nigeria, Kamerun, Äquatorialguinea, Gabun, in der Republik Kongo, in der Demokratischen Republik Kongo, in Angola und seiner Exklave Cabinda. Die am häufigsten anzutreffenden Arten sind *Fundulopanchax*, *Chromaphyosemion* sowie *Epiplatys*.

Art: *Aphyosemion ahli* Myers, 1933

Terra typica: Nicht genau bekannt.

Weil Myers den Typenfundort nicht genau bezeichnete, bestimmte Huber (1998b) einen Neotypus und einen genauen Typenfundort: Nziou, südlich von Londji, nördlich von Kribi.

Die Art wurde von Amiet (1987) in ihrem natürlichen Biotop beobachtet. Danach hält sie sich bevorzugt in ruhigerem Wasser auf. Sie toleriert auch Lebensräume, in denen sich bei einem Wasserstand von nur 1 cm Höhe Pflanzenteile zersetzen und das Wasser entsprechend belasten.

Aphyosemion ahli erwies sich bei mir als sehr produktiv. Die kleinen Eier lassen sich mit etwas Übung problemlos aus Javamoos ablesen. Weil die Art sich im Aquarium sicher vermehrt, ist solch ein Aufwand eher entbehrlich.

Abb. 9.1.2.2: *Aphyosemion ahli.*

Art: *Aphyosemion australe* (Rachow, 1921)

(Unter deutschen Aquarianern auch Kap Lopez genannt.)

Terra typica: Gabun, Cap Lopez (heute Cap Gentil).

Scheel (1974) berichtete, dass die Art neben Oesers Fang von 1928 seit seiner Einführung 1913/1914 nicht nach Deutschland importiert worden sei. Oeser hatte seinerzeit beschrieben, dass er während seiner Reise zweimal Libreville und einmal Port Gentil besucht habe. Folglich stellte er seine Sammlung lebender *Aphyosemion australe* an einem dieser beiden Fundorte zusammen. In der Zwischenzeit wurden neue Fundorte ausgemacht und mehrere Formen importiert. Scheel (1990) führt Unterschiede in den Chromosomen an (Libreville, Gabun: n = 17, 19 Arme, untersuchter Aquarienstamm: n = 15, 19 Arme), sieht die verschiedenen Formen aber dennoch als eine Art.

Abb. 9.1.2.3: *Aphyosemion australe* »Cap Estérias, EBT 96/27«.

Abb. 9.1.2.4: Weibchen von *Aphyosemion australe* »Cap Estérias, EBT 96/27«.

Der Kap Lopez gilt in der Aquarienliteratur als Anfängerfisch. Tatsächlich gab es Aquarianer, die ihre Killifisch-Leidenschaft mit dieser Art erfolgreich begonnen haben. Wer es selbst schon versucht hat, ist vielleicht – das ist nicht ungewöhnlich – an der Zucht gescheitert (Ott 1995). In den letzten acht Jahren habe ich die Art immer wieder nachgezogen. Dabei fielen mir im Vergleich zu den »üblichen« Entwicklungszeiten des Laichs Verzögerungen auf und ich schloss daraus, dass sich die Art annuell verhält. Das hätte mich nicht überraschen müssen, hat hierauf doch bereits Peters (1963) hingewiesen (Näheres siehe Kapitel 7.5). In dessen Versuchen an schlupfreifen Eiern im Wasseransatz zeigten die jungen Kap Lopez ein Ausdauervermögen von etwa 27 Tagen, lagerten also 36 Tage (26,5 °C). Im Trockenansatz wurden die Embryonen ausnahmslos in die Diapause gezwungen.

In der Aquaristik werden verschiedene Farbformen gepflegt (spotless, chocolat, gold).

Abb. 9.1.2.5: Diese schöne *Aphyosemion-calliurum*-Form wurde als *Aphyosemion heinemanni* »CGVMP 15/25 Koloko« verbreitet.

Art: *Aphyosemion calliurum* (Boulenger, 1911)

Terra typica: Es ist nicht bekannt, woher die von Boulenger beschriebenen Tiere wirklich stammten.

Wildekamp schlug 1993 vor, *Aphyosemion heinemanni* und *Aphyosemion edeanum* als Geschwisterarten von *Aphyosemion calliurum* anzusehen.

Abb. 9.1.2.6: Weibchen von *Aphyosemion calliurum* »CGVMP 15/25 Koloko«.

Art: *Aphyosemion campomaanense* Agnèse, Brummet, Caminade, Catalan, Kornobis, 2009

Terra typica: Kamerun, Campo-Ma'an-Nationalpark, kleiner Waldfluss (2°20'14.46"N 10°12'15.659"O).

Es besteht ein Geschlechtsdimorphismus in der Körperform und den Größenverhältnissen. Die Männchen ziehen die Schwanzflosse extrem stark aus. Leider werden diese Verlängerungen bei den kleinen Rangeleien leicht beschädigt. Nur das stärkste Tier behält meist diese Zierde. Will man Tiere ausstellen, ist zuvor eine Trennung sinnvoll, um keine Verletzung zu riskieren.

Die Zucht ist sehr leicht. Die Jungfische kommen bei guter Fütterung im Becken mit den Eltern auf.

Abb. 9.1.2.7: *Aphyosemion campomaanense* »ABK 07/181«.

Art: *Aphyosemion celiae celiae* Scheel, 1971

Terra typica: Kamerun, Quelle und angrenzender kleiner Bach nahe John Epies Haus in Mambanca nahe Kumba.

Die typische Form der Art findet man um Kumba (NW-Kamerun). An ihr fällt im Vergleich zu den anderen Arten die gerundete hintere Kante der Schwanzflosse ins Auge.

Bei Amiet (1987) sind Fundortformen von *Aphyosemion calliurum* (Fotos 59–61) und *Aphyosemion celiae* (Fotos 77–79) in ihrer bekannten Färbung dargestellt. Vergleiche lassen Zweifel an der Bezeichnung *Aphyosemion celiae* vom Fundort ABK 07-146 aufkommen (Péroux 2013). Die abgebildete Form erinnert eher an *Aphyosemion calliurum.*

Art: *Aphyosemion celiae winifredae* Radda & Scheel, 1975

Terra typica: Kamerun, Bach im Regenwald etwa 17 km nördlich der Kreuzung der Straßen Kumba–Bekondo–Lake Soden, nahe New Butu.

Aus dem Flusssystem des Mémé (Kamerun) stammt die Unterart *Aphyosemion celiae winifredae.* Ihre rote Körperpunktierung fällt im Vergleich zur Stammart gröber, aber weniger regelmäßig aus. Zudem bedecken die viel breiteren hellen Ränder die After-, Rücken- und die Schwanzflosse.

Art: *Aphyosemion edeanum* Amiet, 1987

Terra typica: Kamerun, Mapubi (etwa 35 km östlich von Edéa).

Die ersten Fische dieser Art konnte ich noch vor der Erstbeschreibung in der Aquarienanlage von Maurice Chauche in Paris bewundern. Solche Erlebnisse unterstreichen den Reiz, mal bei einem Züchter von Becken zu Becken zu wandern.

Art: *Aphyosemion franzwerneri* Scheel, 1971

Terra typica: Kamerun, kleine Quelle 15 km von der Kreuzung der Straßen aus Richtung Douala, Edéa und Yabassi.

Diese Art erwies sich als überaus springfreudig. Im Jahr 1971 brachten Radda, Cattanach und Blum mehrere *Aphyosemion franzwerneri* nach Europa. Ein großer Teil der Fische verendete auf den Fußböden, weil nicht mit diesem extremen Verhalten gerechnet wurde. Das letzte verbliebene Paar zeigte Otto Böhm während eines Besuchs seinem Killifreund Manfred Blum. Dieser hielt das Becken gegen das Licht. Im nächsten Moment sprang das Weibchen in die vermeintliche Freiheit. Es war nicht mehr aufzufinden (Böhm 1974).

Art: *Aphyosemion heinemanni* Berkenkamp, 1983

Terra typica: Ost-Kamerun, Song Mahi, Einzugsbereich des Nyong-Flusses.

Der Typenfundort liegt etwa 100 km östlich vom Atlantik, ein weiterer Fundort, Nord-Bipindi, etwa 50 km südöstlich vom Nyong-Fluss, in direkter Linie 50 km vom Atlantik entfernt. Bedingungen: 10 Uhr: 23,5 °C Lufttemperatur, 22,5 °C Wassertemperatur, pH 6,5, Leitfähigkeit 36 µS/cm.

Spanische Freunde um Francisco Portal brachten mir anlässlich der DKG-Leistungsschau 2015 dankenswerterweise Fische mit. Unter ihnen befanden sich einige erst wenige Tage alte, als *Aphyosemion heinemanni* »CGVPM 15/25 Koloko« bezeichnete Jungfische. Beim Heranwachsen kamen mir Zweifel an der Artzugehörigkeit. *Aphyosemion heinemanni* hatte ich bereits in mehreren Fundortformen gepflegt und gezüchtet. Auf einem der beigegebenen Fotos ist die für *Aphyosemion heinemanni* in der Erstbeschreibung angegebene runde Schwanzflosse und das spezifische keilförmige Farbmuster gut zu erkennen. Hiervon wichen die aufgezogenen Tiere ab und erinnerten mehr an *Aphyosemion calliurum*. Die Verbreitungskarte in Legros & Zentz (2007) platziert den Fund allerdings im Gebiet von *Aphyosemion ahli/heinemanni/edeanum*.

Dankenswerterweise berichtete Agnèse (2009) sehr ausführlich über mehrere seiner Reisen und damit auch über die Fundorte von *Aphyosemion heinemanni*. Nach dem Ergebnis der Reisen geht er davon aus, dass die Art an vielen Stellen zum einen zwischen Song Mahi und Bipindi und zum anderen nordöstlich von Bipindi zu finden ist. Es würde ihn nicht überraschen, wenn die Art im Süden vorhanden wäre, was nach seinen Worten jedoch geprüft werden muss.

Abb. 9.1.2.8: *Aphyosemion heinemanni*.

Art: *Aphyosemion lividum* Legros & Zentz, 2007

Terra typica: Kamerun, Bach in Ntoumba, südöstlich von Edéa.

Die Art wurde zunächst als *Aphyosemion ahli* blau geführt (Amiet 1987). Das Typusmaterial sammelten Bogaerts, Patrice und Christine Lambert und Melin im Februar 2005 (Fundort-Code BLLMC 2005/34).

Art: *Aphyosemion pascheni festivum* Amiet, 1987

Terra typica: Kamerun, sog. »Elephant Hill«, 10 km südöstlich von Kribi (ehem. Gelände der Hebecam Company).

In den Erläuterungen zur Verbreitung der Art vermerkt Amiet in der Erstbeschreibung, dass diese in etwa 300 m Höhe (ü. M.) in einigen Bächen in Richtung auf Nyete auf dem »Elephant Hill« gefunden wurden. Eberl gibt seinen Fundort (in Neumann 2003) mit 2°48′25.0″N 10°02′10.0″W an. Amiet und seine Fänger waren überrascht, dass sie die Art im oberen Bereich des Hügels entdeckten, oberhalb der stürzenden Felsen, die etwa 100 m in die Höhe reichen. Ergänzend berichtet er, dass zum Beginn der kleinen Regenzeit im Juli 1981 einige der Wasserläufe auf wenige »pools« reduziert waren. Pool kann man als Teich, aber auch als Lache übersetzen. In jedem Fall folgerte der Autor aus den geringen vorhandenen Wassermengen, dass für das Ende dieser Trockenzeit (August) und in der großen Trockenzeit auf ein völliges Austrocknen zu schließen sei.

Amiet vertrat die Auffassung, dass dieser Unterart eher Artstatus zukäme, wollte aber für eine endgültige Einordnung karyologische oder genetische Untersuchungen abwarten.

In der Zucht erwies sich die gut haltbare Art als sehr schwierig. Empfohlen wird ein Ansatz in einem mit Laichsubstrat vollgestopften Becken. Nach wenigen Tagen sollten die vor dem Ansatz gut gefütterten und getrennten Eltern wieder herausgefangen werden. Die schlüpfenden Jungfische sind wie üblich zu versorgen. Die Anmerkungen zur Ökologie geben weitere Hinweise für Zuchtversuche.

Abb. 9.1.2.9: *Aphyosemion pascheni festivum* »HLM 99/23 Nkolbonda«.

Art: *Aphyosemion pascheni pascheni* (Ahl, 1928)

Terra typica: Kamerun, Longji.

Die Unterarten kommen nur etwa 10 km Luftlinie voneinander entfernt vor. Dazwischen liegt nach Darstellung von Amiet (1987) ein ökologisch für *Aphyosemion* auf einige Kilometer ungeeignetes Gelände, durch das ein kleiner Bach, der Kienke oder Tchengue, fließt.

Abb. 9.1.3.1: Bei *Aphyosemion (Chromaphyosemion) omega* »West Cellucam ADK 09/300« kommen die Jungen problemlos im Hälterungsbecken auf.

9.1.3 Untergattung *Chromaphyosemion* Radda, 1971

Mit der Beschreibung dieser Untergattung durch Radda begann die Aufteilung der Sammelgattung *Aphyosemion*. Durch ihre besondere Beflossung und die markante Längsbänderung sind ihre Angehörigen gut von anderen *Aphyosemion* zu unterscheiden. Scheel (1974) sah die Bodenzusammensetzung als Einflussfaktor auf die Artbildung an. Agnèse et al. (2006) weisen darauf hin, dass diese Hypothese mehrfach widerlegt worden sei. Am ehesten wird wohl die innerartliche Konkurrenz die Artenausbreitung erklären. Die genannten Autoren schätzen das erste Auftreten der Gattung auf einen Zeitraum von vor 4 bis 24 Millionen Jahre.

Sonnenberg (2000, 2007) betont die Monophylie und geht deshalb vom Status einer Gattung aus. Agnèse et al. (2006) und Collier (2006) zeigten ebenfalls, dass Chromaphyosemion eine monophyletische Gruppe darstellt. Dennoch betrachten sie sie als Untergattung zu Aphyosemion, bis eine vollständige Revision der Gattung umgesetzt ist (Agnèse et al. 2018). Ich belasse es deshalb bei der Untergattung.

Mehrfach wurde thematisiert, dass in der Gattung *Aphyosemion* – nach dem damaligen Verständnis – mit den morphometrischen und meristischen Merkmalen, die in der Ichthyologie gebräuchlich sind, lediglich Untergattungen oder Artengruppen (Superspezies) abgegrenzt werden können, siehe Scheel (1968), Amiet (1987, 1991). Die Autoren sind sich einig, dass aus diesem Grunde nur das Erscheinungsbild, also die Färbung der Männchen, als einziges besonderes morphologisches Merkmal zur Artbestimmung herangezogen werden kann. In jüngerer Zeit bekräftigte Sonnenberg (2007), dass das Farbmuster für *Chromaphyosemion*-Arten das wichtigste diagnostische Merkmal für die Taxonomie sei. An dieser Einschätzung wird sich wohl auch in Zukunft wenig ändern.

Dennoch wird seit Längerem diskutiert, ob die farblich abgegrenzten Arten *Aphyosemion (Chromaphyosemion) poliaki* und *Aphyosemion (Chromaphyosemion) volcanum* gültig sind.

Fische dieser Untergattung werden im Küstentiefland von Togo bis zur Republik Äquatorialguinea sowie im nördlichen Gabun gefunden. Deshalb ist eine Haltung und Zucht bei 24 °C oder darüber sinnvoll. Im Verbreitungsgebiet fällt eine verhältnismäßig große Lücke zwischen Äquatorialguinea und Gabun auf (Sonnenberg 2007).

Die auffälligen Farben lassen viele Aquarianer begeistert zugreifen, wenn diese Fische auf den Börsen angeboten werden. Im Zoohandel sind sie leider wie viele andere Aphyos meist nicht zu finden. Dabei sind diese Fische bis auf wenige Ausnahmen wie z. B. *Aphyosemion (Chromaphyosemion) alpha* problemlos zu halten und zu züchten. Aber darin gehen die persönlichen Erfahrungen möglicherweise auseinander.

Mit jungen Tieren lassen sich die Arten meist gut züchten. Immer wieder wird behauptet, dass die Jungfische von *Chromaphyosemion*-Arten als erste Nahrung sofort *Artemia* nehmen würden. Dies trifft so nicht zu. Ich habe in parallelen Versuchen diese Frage untersucht. Dabei hat sich die Meinung Poliaks (1991) bestätigt. Er führte an, dass Infusorien nicht zwingend gegeben werden müssen, aber die Jungfischentwicklung von *Aphyosemion (Chromaphyosemion) bitaeniatum, lugens* und *splendopleure* (nach damaligem Stand) fördern würde. Der Nachwuchs der genannten Arten aus der Untergattung ist besonders klein. In meinen Versuchen habe ich junge *Aphyosemion (Chromaphyosemion) bitaeniatum* und *bivittatum* nebeneinander gestellt und so beleuchtet, dass die Futteraufnahme gut beobachtet werden konnte. Während die letztere Art die Salinenkrebsnauplien fressen konnten, probierten die *Aphyosemion (Chromaphyosemion) bitaeniatum* daran, ohne sie zu verschlucken. Bei Pantoffeltierchen war ein aktives Fressen zu beobachten. Natürlich räume ich ein, dass die Größe der Nauplien von der Herkunft der Zysten, deren Zeitigungsdauer und -temperatur sowie dem Zeitpunkt des Verfütterns abhängig ist.

Die Jungtiere heften sich bei Störungen mit dem Hinterkopf an die Aquarienscheibe. Dieses Verhalten lässt sich auch bei anderen Killigattungen wie z. B. *Pseudepiplatys* beobachten. Die kleinen Ringelhechtlinge schwimmen sogar in dieser Haltung größere Strecken an der Scheibe entlang.

Art: *Aphyosemion (Chromaphyosemion) alpha* Huber, 1998

Terra typica: Gabun, an der Straße vom Flugplatz Libreville (Hotel Gamba) zum Cap Estérias.

Das Typenmaterial wurde bereits 1993 von Legros, Eberl und Cerfontaine in einem beschatteten Waldbach (marigot) in kristallklarem Wasser über Sand und feinem Kies gesammelt. Der Artname weist auf das arttypische Zeichnungsmuster hin, das sich seitlich am Kopf befindet und das einem Alpha-Zeichen ähnelt.

Die Art erweist sich in der Zucht immer wieder als schwierig.

Abb. 9.1.3.2: Weibchen des *Aphyosemion (Chromaphyosemion) alpha* »Cap Estérias«.

Art: *Aphyosemion (Chromaphyosemion) aurantiacum* Chirio, Legros & Agnèse, 2018

Terra typica: Gabun, Quelle des Wézé (0°34'54.696''S 9°28'1.848''O).

Im Wézé-Becken wurde diese Art an drei Stellen und sonst nirgendwo gefunden. *Aphyosemion aurantiacum* scheint für dieses hydrografische Becken endemisch zu sein. Sie lebt nur in sehr kleinen Waldbächen und Wasserstellen. Der Gewässergrund besteht häufig aus Wurzeln und abgestorbenen Blättern, zwischen denen sie sehr zahlreich sein kann. Am südlichsten Fundort konnten die Tiere verborgen unter abgestorbenen Blättern entlang des Ufers eines zwei Meter breiten Flusses mit sandigem Grund entdeckt werden. Die Art wurde syntop mit drei unbeschriebenen Arten der Gattung *Aphyosemion*, *Epiplatys* und *Plataplochilus* gesammelt (Agnèse et al. 2018).

Art: *Aphyosemion (Chromaphyosemion) barakoniense* Chirio, Legros & Agnèse, 2018

Terra typica: Gabun, unterer Barakonié-Fluss (0°28'35.904''S 9°15'53.387''O).

Die Art wird an zwei Stellen im Barakonié-Becken gesammelt. *Aphyosemion barakoniense* scheint für dieses schmale hydrografische Küstenbecken endemisch zu sein. Im oberen Barakonié, wo der Fluss weniger als einen Meter breit ist, lebt der Fisch in der Mitte des Wasserlaufs zwischen Wurzeln und abgestorbenem Laub. Im unteren Barakonié erreicht der Fluss eine Breite von zwei bis drei Metern. Hier finden sich die Fische nicht im Hauptlauf, sondern nur in kleinen Untiefen mit stagnierendem Wasser nahe dem Fluss. Sie verbergen sich zwischen abgestorbenem Laub und Schlamm. Dort können sie sehr zahlreich sein. Diese Art wurde syntop mit einer unbeschriebenen *Aphyosemion*-Art gefunden (Agnèse et al. 2018).

Art: *Aphyosemion (Chromaphyosemion) bitaeniatum* (Ahl, 1924)

Terra typica: Nigeria, Niger.

Jahrelang war ich auf der Jagd nach der prächtigen Fundortform von »Ijebu Ode« mit seinen riesigen unpaaren Flossen. Angeregt hatte mich ein Foto im DKG-Journal 1977 (Radda & Wildekamp 1977). Später las ich bei Scheel (1975), dass es sich um ein Kreuzungsprodukt zwischen einem Männchen von »Ijebu Ode« aus Südwest-Nigeria und einem Weibchen von »Lagos« aus dem südwestlichen Nigeria handelte. Jahrelang war ich also einem Phantom nachgejagt, hatte aber viele sehr schöne *Chromaphyosemion* kennengelernt.

Abb. 9.1.3.3: *Aphyosemion (Chromaphyosemion) bitaeniatum* »Ijebu Ode«. Das junge Männchen zeigt sein Potenzial. Es wird in ein paar Wochen seine ganze Pracht entfalten und die unpaaren Flossen noch weiter ausziehen.

Abb. 9.1.3.4: *Aphyosemion (Chromaphyosemion) bitaeniatum* »Porto Novo«.

Abb. 9.1.3.5: *Aphyosemion (Chromaphyosemion) bitaeniatum* »Ijaguna«

Art: *Aphyosemion (Chromaphyosemion) bivittatum* (Lönnberg, 1895)

Terra typica: Kamerun, kleiner Fluss nahe dem Wasserfall des Ndian-Flusses.

Die Art ist leicht zu züchten. Deshalb ist sie unter Killifischliebhabern weit verbreitet.

Abb. 9.1.3.6: Weibchen von *Aphyosemion (Chromaphyosemion) bivittatum* »Funge ABC 05/12«.

Abb. 9.1.3.7: *Aphyosemion (Chromaphyosemion) bivittatum* »Ikang NA 04/3« lässt sich mit dem auf der Schwanzwurzel senkrecht stehenden Fleck leicht als *bivittatum* identifizieren.

Art: *Aphyosemion (Chromaphyosemion) ecucuense* (Sonnenberg, 2007)

Terra typica: Republik Äquatorialguinea, Río Muni, Río-Ecucu-Becken 36 km östlich von Bata.

Der Holotypus wurde bereits im Februar 1968 durch Scheel gesammelt.

Die Jungfische schlüpften aus den an einem Tag abgelesenen Eiern nicht einheitlich. Die Zeit streute von 7 bis zu 11 Tagen. Poliak (1991) hatte eine Diapause zu *Chromaphyosemion* erwähnt (siehe auch Anmerkungen im Kapitel 7.5).

Art: *Aphyosemion (Chromaphyosemion) erythron* (Sonnenberg, 2007)

Terra typica: Republik Äquatorialguinea: Río Muni, Straße von Senye nach Izaguirre (zwischen Bisum und Avuenam).

Diese hübsche Art zeigt im männlichen Geschlecht neben den für *Chromaphyosemion* üblichen beiden dunklen Längsbinden eine schwach gräuliche bis beige Körperfärbung. Nahezu alle Schuppen der Körperseiten tragen rote Punkte, die in mehr oder weniger regelmäßigen Bögen angeordnet sind. Diese sind im vorderen Bauchbereich nur schwach angedeutet. In Prachtfärbung tragen die Männchen an Kehle und Bauch vom vorderen Körperbereich bis zum Bereich der Afterflosse Orange, darüber und im hinteren Körperbereich ein leichtes Blau bis Blaugrau. In der orangen Rückenflosse finden sich ebenfalls Bögen aus roten Punkten, die in der Schwanzflosse zwischen den Flossenstrahlen gezeigt werden.

Nach diesen nahezu regelmäßigen roten Punkten der Seiten und der Flossen wurde diese Art benannt (erythros = griechisch: rot).

Art: *Aphyosemion (Chromaphyosemion) flammulatum* Chirio, Legros & Agnèse, 2018

Terra typica: Gabun, unterer Aloumbé-Fluss (0°23'45.384''S 9°18'27.791''O).

Die Art lebt in sehr kleinen Waldbächen (weniger als einen Meter breit) mit sandigem oder steinigem Grund. *Aphyosemion flammulatum* verbirgt sich zwischen Wurzeln und abgestorbenem Laub. Sie wurde syntop mit einer unbeschriebenen *Aphyosemion*-Art gefunden (Agnèse et al. 2018).

Art: *Aphyosemion (Chromaphyosemion) flavocyaneum* Chirio, Legros & Agnèse, 2018

Terra typica: Gabun, Lake Ndaminzé (0°25'43.464''S 9° 32' 42.071''O).

Die Art lebt in kleinen untergeordneten Flüssen und Waldbächen. Dort ist sie häufig über sandigem Boden anzutreffen, wo sie entlang der Flussbänke gesammelt wurde. An einem einzigen Fundort konnte sie syntop mit *Poropanchax stigmatopygus* angetroffen werden (Agnèse et al. 2018).

Versehentlich wurde diese Art in dieser Erstbeschreibung in den Beschriftungen zu Abbildung 4A-D sowie Tabelle 3 als *Aphyosemion cyanoflavum* (nicht Van der Zee et al. 2018) angeführt.

Art: *Aphyosemion (Chromaphyosemion) kouamense* Legros, 1999

Terra typica: Gabun, 217 km von Sam entfernt an der Strecke über Médouneu nach Kougouleu, 2,5 km nördlich von Nzog Bizeng (Nzogbinzèque) und 27,8 km von der Abzweigung Kougouleu in den Nordwesten Gabuns entfernt (0°25′0.0″N 10°04′0.0″O).

Fische vom Typenfundort sind unter dem Fundort-Code LEC 93/24 verbreitet worden.

Art: *Aphyosemion (Chromaphyosemion) koungueense* (Sonnenberg, 2007)

Terra typica: Kamerun, an der Straße von Edéa nach Dizangue und Ndonga, im Koungué, einem kleinen Fluss im Wald nahe der Ortschaft Koungué Ndonga (3°48′36.9″N 9°55′03.9″O).

Der Holotyp wurde von Kämpf, Sonnenberg und Tränkner gesammelt (Fundort-Code CMM 3).

Art: *Aphyosemion (Chromaphyosemion) lonnbergii* (Boulenger, 1903)

Terra typica: Kamerun, Kienke-Fluss (heute Kribi-Fluss).

Die Art wurde ursprünglich als *loennbergii* beschrieben. Körber (2009) brachte am Beispiel von Lönnberg in Erinnerung, dass der Internationale Code nur für Namen deutschen Urspungs, die vor 1985 vergeben wurden, eine Auflösung der Umlaute z. B. von ö zu oe vorsahen. Lönnberg findet sich nicht im Wörterbuch deutscher Familiennamen, sodass lediglich ein o zu schreiben ist.

Art: *Aphyosemion (Chromaphyosemion) lugens* Amiet, 1991

Terra typica: Kamerun, Afan Essokié, Küstenprovinz.

In der Diagnose von *Aphyosemion (Chromaphyosemion) lugens* hat Amiet hervorgehoben, dass die Männchen sich (lebend) mit Ausnahme von *Aphyosemion (Chromaphyosemion) bivittatum* von den anderen Spezies der *Chromaphyosemion* durch folgende Merkmale unterscheiden: Die Punktierung der Anale ist auf 1–5 basale Punkte reduziert und der hintere Rand der Dorsale ist rötlich-schwärzlich gezeichnet.

Als sehr einfach wird die Abgrenzung zu *Aphyosemion (Chromaphyosemion) bivittatum* angesehen: Es fehlen die orange Färbung der Brustflossen und der senkrechte dunkle Fleck am Ende der Schwanzwurzel.

Ein orangefarbener, zur Körpermitte gelegener Fleck am unteren Schwanzflossenrand wird als sicheres Merkmal der Weibchen von *Aphyosemion (Chromaphyosemion) lugens* angesehen. Dies sind Merkmale, die wir Aquarianer ebenfalls problemlos ausmachen können.

Art: *Aphyosemion (Chromaphyosemion) malumbresi* Legros & Zentz, 2006

Terra typica: Republik Äquatorialguinea, in einem Bach 4 km nördlich von Ndyiacom (Ndyiacom II oder San Joachin de Ndjiacom in etlichen älteren spanischen Landkarten), Entwässerungssystem des Río Mbía (2°03′35.8″N 9°55′31.9″O).

Die Fische wurden in einer Höhe von 42 m ü. M gesammelt (Fundort-Code GEMHS 2000/32).

Art: *Aphyosemion (Chromaphyosemion) melanogaster* (Legros, Zentz & Agnèse, 2005)

Terra typica: Kamerun, in einem kleinen Bach, der die unbefestigte Straße zwischen Natondeur und Nagadjo kreuzt, 6 km nach dem Ende der Teerung auf der Strecke Kribi–Akom II (2°54′01.0″N 9°57′05.3″O).

Die Fische wurden in einer Höhe von 34 m ü. M. gesammelt. Bemerkenswert ist, dass in dieser Erstbeschreibung *Chromaphyosemion* von den Autoren als Gattung geführt wird.

Art: *Aphyosemion (Chromaphyosemion) melinoeides* (Sonnenberg, 2007)

Terra typica: Kamerun, an der Straße von Kribi nach Ebolowa, der erste Fluss, der die Straße nach der Stadt Akok in Richtung Ebolowa kreuzt (2°47′30.4″N 10°17′00.0″O).

Der Holotyp wurde von Kämpf, Sonnenberg und Tränkner gesammelt (Fundort-Code CMM 36).

Art: *Aphyosemion (Chromaphyosemion) omega* (Sonnenberg, 2007)

Terra typica: Kamerun, alte Straße von Edéa nach Douala, kleiner Fluss Ngo Njock nahe dem Ort Ndog Nyang (03°59'12.4''N 10°05'50.3'O).

Der Holotyp wurde von Kämpf, Sonnenberg und Tränkner gesammelt (Fundort-Code CMM 7). Die Art erwies sich als sehr gut züchtbar. Die Jungen kamen im 60-l-Becken der Eltern und schließlich auch in Gesellschaft einiger Jungfische auf.

Art: *Aphyosemion (Chromaphyosemion) pamaense* Agnèse, Legros, Cazaux, Estivals, 2013

Terra typica: Kamerun, 1,6 km östlich von der Ortschaft Pama in Richtung Béla, wo ein kleiner Bach den oberen Teil des Pama-Flusses formt, Nyong-Becken (3°16'42.0"N 10°05'23.5"O). Die Aufsammlung der Typen trägt den Fundort-Code ADK-10-323.

Bei dieser Art unterscheiden sich die Karyotypen von Männchen (2n = 35) und Weibchen (2n = 36). Ein solcher Unterschied erklärt sich aus der Fusion zweier Chromosomen. Das Merkmal ist innerhalb der Untergattung *Chromaphyosemion* bisher einzigartig. Die Art lässt sich dadurch allein aufgrund des Karyotyps ausmachen.

In der Erstbeschreibung finden sich zwei Fotos, die den Typenfundort im Januar 2007 und zum Ende der Trockenzeit am Tag des Fangs der Typen im Jahr 2010 zeigen. Aus dem kleinen Bach mit etwa drei Metern Breite und 40 cm Tiefe mit bräunlichem Wasser ist eine stehende Pfütze aus algenhaltigem Restwasser geworden. Der Bodengrund ist schlammig oder sandig. Syntop wurde die Art mit *Epiplatys infrafasciatus*, *Aphyosemion edeanum* und *Procatopus similis* gefunden.

Art: *Aphyosemion (Chromaphyosemion) poliaki* Amiet, 1991

Terra typica: Kamerun, beschränkt auf die östlichen Ausläufer des Mont Cameroon zwischen Limbe und Muyuka auf 250 bis 600 m ü. M. Diese vertikale Verbreitungsform unterscheidet sich von den Vorkommen der anderen *Chromaphyosemion* im Küstengebiet (unter 350 m ü. M.). Die von *Aphyosemion poliaki* bewohnten Gewässer sind mit Temperaturen zwischen 22,5 und 24 °C kühler.

Es handelt sich um eine große Art (mehr als 50 mm Totallänge), die lediglich von *Aphyosemion (Chromaphyosemion) riggenbachi* übertroffen wird. Die Färbung der Männchen hebt sich von allen anderen Arten der Untergattung ab durch drei vollständige Reihen von brillant leuchtenden Punkten und durch die rote Körperfleckung, die fast auf der gesamten Flanke ein Netz aus nahezu rechteckigen Maschen bildet.

Um die Gültigkeit der Taxa *poliaki/volcanum* entbrannte eine intensiv geführte Kontroverse, die im Prinzip noch anhält. Im Kern geht es um die Frage, ob *Aphyosemion (Chromaphyosemion) poliaki* ein jüngeres Synonym zu *Aphyosemion (Chromaphyosemion) volcanum* darstellt. Die Einzelheiten habe ich zwar sehr vergröbert zusammengefasst, trotzdem bleibt es ein recht komplexer Sachverhalt. Wer sich die »Feinheiten« ersparen möchte, liest bei »Zusammenfassung« weiter.

Radda (1997) rechnete sich in seiner Kommentierung dieser Frage zu den »lumpers«, also zu jenen Systematikern, die »eine etwas weitere Auffassung« im Hinblick auf die Spezifikation vertreten. Legros, Poliak und Chauche rechnete er ebenso wie Eberl und Amiet zu den »splitters«, die »Wert auf möglichst viele Detailaspekte« legen, die eine Art oder Gattung ausmachen. Ich darf noch Sonnenberg und Agnèse hinzurechnen, denn in der Tendenz werden Systematiker, die sich auf molekulargenetische Daten stützen, viele Fragen am Detail festmachen, aber auch dabei gibt es Nuancen. So ist bei den französischen Autoren (Agnèse, Cauvet & Romand 2013) ein gewisses Schmunzeln bei diesen Diskussionen festzustellen, wenn sie erwähnen, dass zwischen den ausgemachten innerartlichen Gruppen von *Scriptaphyosemion geryi* die molekularbiologischen Abstände im Durchschnitt größer als bei bestimmten *Chromaphyosemion*-Arten (0.024 zwischen *Aphyosemion malumbresi* und *Aphyosemion ecucuense*) seien.

Abb. 9.1.3.8: Am Artstatus von *Aphyosemion (Chromaphyosemion) volcanum* »Mbonge« wurde gezweifelt.

Abb. 9.1.3.9: Diese Population von »Kompina C03/14« wird nach den DNA-Untersuchungen von Agnèse der Art *Aphyosemion (Chromaphyosemion) volcanum* zugeordnet.

Radda zählte aus dem Beitrag von Eberl (1988) nur die Populationen von Kombone, Ekoumbe Bonji, Kaké, Kumba und Meanja zu *Aphyosemion (Chromaphyosemion) volcanum*. Die weiteren Fundorte Mbonge, Bogongo, Ebonji, Ekondo Titi und Mémé stellt er zu *Aphyosemion (Chromaphyosemion) splendopleure*. Er diskutierte in dieser Arbeit die Verbreitung dieser drei Arten anhand des von Scheel eingeführten Gedankens der Bodenbeschaffenheit, aber auch an den daraus resultierenden Wasserwerten. Schließlich stellte er fest: »Diese Fische (Anmerkung Ott: *poliaki*) unterscheiden sich von den *Aphyosemion (Chromaphyosemion) volcanum* lediglich durch die meist dunklere Netzung der Schuppen sowie durch mehr oder minder zahlreichen Punkten in der Afterflosse.« Radda will in *Aphyosemion (Chromaphyosemion) poliaki* allenfalls eine Unterart von *Aphyosemion (Chromaphyosemion) volcanum* sehen.

Eigelshofen (1994) stellte im Vereinsheft der DKG die Art mit einem von ihm aufgenommenen Foto vor (Radda korrigierte 1997 die kursierende Fundortangabe »Monea« in Mouea), das durch ein weiteres Bild von Chauche gut ergänzt wurde. Er hielt fest, dass sich *Aphyosemion (Chromaphyosemion) poliaki* klar von *volcanum* unterscheidet und erläuterte dies anhand einer Farbbeschreibung.

Im Jahr 2007 haben Völker, Ráb und Kullmann die Karyotypen von *Aphyosemion (Chromaphyosemion) poliaki* und *Aphyosemion (Chromaphyosemion) volcanum* untersucht, um die Gültigkeit der Art *Aphyosemion (Chromaphyosemion) poliaki* zu prüfen. Die Autoren beziehen sich auf eine Untersuchung von Agnèse et al. (2006), die mit einer molekulargenetischen Analyse der mitochondrialen DNA (mtDNA) wesentliche Erkenntnisse zu den bereits lange bestehenden taxonomischen Problemen beisteuerten. Die gleiche Studie wirft in der Sache jedoch die Frage der Gültigkeit von *Aphyosemion (Chromaphyosemion) poliaki* auf. Die Art wird ausschließlich an den östlichen Abdachungen des Mount Cameroon in Höhen zwischen 250 und 600 m gefunden und ersetzt dort *Aphyosemion (Chromaphyosemion) volcanum* und in einigen Bereichen *Aphyosemion (Chromaphyosemion) splendopleure* der umliegenden Tiefenländer (Agnèse et. al. 2006). Die Analyse der mtDNA-Sequenzen aus dem Jahr 2006 legte nahe, dass *Aphyosemion (Chromaphyosemion) poliaki* eine phänotypische Variante von *Chromaphyosemion volcanum* sein könnte, anstelle einer unterschiedenen Art.

Die wahre taxonomische Stellung der Population »Mile 29« ist noch problematischer. Diese Population ähnelt äußerlich *Aphyosemion (Chromaphyosemion) poliaki,* zeigt aber im männlichen Farbmuster einige besondere Merkmale (Amiet 1991). Trotz phänotypischer Unterschiede zwischen »Mile 29« und *Aphyosemion (Chromaphyosemion) volcanum* wurde »Mile 29« basierend auf mtDNA-Sequenzen (Agnèse et. al. 2006) eindeutig letztgenannter Art zugeschrieben.

Die karyotypischen Untersuchungen von Scheel (1990) sind nach der Darstellung von Völker et. al. von einigen Unsicherheiten behaftet, weshalb die Autoren mit der 2007 vorgelegten Untersuchung beabsichtigten, die erste detaillierte zytogenetische Untersuchung von *Aphyosemion (Chromaphyosemion) poliaki* und *volcanum* vorzulegen, die verschiedene Untersuchungsmethoden nutzten. Sie wollten die zytotaxonomische Bedeutung für die Unterscheidung von *Aphyosemion (Chromaphyosemion) poliaki* und *volcanum* prüfen, die bisher meist ausschließlich über die männlichen Färbungsmuster unterschieden wurden. Ein weiteres Anliegen war zu testen, ob zytogenetische Daten den unklaren taxonomischen Status der phänotypisch abweichenden Population »Mile 29« klären könnten.

Die gefundene grundlegende karyotypische Struktur bestätigt die Ergebnisse von Scheel (1974, 1990) in Populationen des Artrangs von *Aphyosemion (Chromaphyosemion) poliaki* und *volcanum.* Früher veröffentlichte Daten bedeuten, dass dieser Karyotyp auf die Populationen rund um den Mount Cameroon begrenzt ist (Scheel 1974, 1990). Der Karyotyp 2n = 36 (NF = 40), den Scheel erwähnte (1990), war in der untersuchten Probe nicht vertreten. Dies bedeutet allerdings, dass die Überlegung, dass einer dieser beiden Karyotypen für eine der beiden Arten *Aphyosemion (Chromaphyosemion) poliaki* oder *volcanum* spezifisch sein könnte, verworfen werden muss.

In weiteren Daten unterstützt dieses Ergebnis die Hypothese, dass die Karyotypen-Differenzierung der *Chromaphyosemion* chromosomale Verschmelzungen beinhaltet, die 38 euchromatische Chromosomenarme in einer verschiedenen Anzahl von Chromosomen kombinierte (Völker et al. 2006, 2007). Es wurden noch weitere Untersuchungsergebnisse in der Arbeit diskutiert, die jedoch für die hier interessierende Frage nicht bedeutsam erscheinen. Insgesamt stellen die Autoren fest, dass die Ergebnisse mit gewisser Vorsicht ausgelegt werden müssen, weil 70 Proben eine schmale Untersuchungsbasis bilden.

Es bleibt festzustellen, dass die Untersuchung keine deutlichen karyotypischen chromosomalen Unterschiede zwischen *Aphyosemion (Chromaphyosemion) poliaki* und *volcanum* offenbarten. Entsprechend war es auch nicht möglich, den taxonomischen Status der Population »Mile 29« anhand der zytologischen Daten zu klären. Die karyotypische Homogenität und der offensichtliche Mangel einer postzygotischen reproduktiven Isolation legen nahe, dass *Aphyosemion (Chromaphyosemion) volcanum* und *poliaki* keine unterscheidbaren biologischen Arten sind, während die Paraphylie von *Aphyosemion (Chromaphyosemion) volcanum* relativ zu *Aphyosemion (Chromaphyosemion) poliaki* (Agnèse et al. 2006) zu bedeuten scheint, dass diese beiden Taxa keine phylogenetischen Arten sind. Die Autoren formulieren weitere Vorbehalte, die für den Artbildungsprozess der *Chromaphyosemion* beim sexuellen Verhalten auf die Weibchen-Auswahl setzen (Agnèse et al. 2006). Die Autoren merken zudem an, dass sowohl das biologische (z. B. Kottelat 1997) als auch das phylogenetische Artkonzept (z. B. Turner 1999) als unangebracht für die Ichthyologie angesehen wurden. Unter Artkonzept, das unter diagnostizierbaren und/oder phänotypischen Klustern (wie das darwinsche Artkonzept i. S. von Turner 1999) definiert, genügen die beobachteten Unterschiede in männlichen Farbmustern, um *Aphyosemion (Chromaphyosemion) poliaki* und *Aphyosemion (Chromaphyosemion) volcanum* als unterschiedliche Arten anzusehen. Gleichwohl zeigt die vorliegende Untersuchung keine deckungsgleichen Muster der zytogenetischen Zeichen und bringt somit keineswegs ergänzende zytotaxonomische Bedeutung für die Unterscheidung von *Aphyosemion (Chromaphyosemion) poliaki* und *Aphyosemion (Chromaphyosemion) volcanum*.

Agnèse (2014) beschreibt die erstgenannte Art im Killiporträt als gedrungen im Vergleich zu *Aphyosemion (Chromaphyosemion) volcanum* (vgl. Agnèse et al. 2013), der sehr schlank sein kann. Beiden Arten ist ein dunkles, kupferähnliches Bronze eigen, graubläulich unterlegt, wobei *Aphyosemion (Chromaphyosemion) volcanum* die Färbung viel klarer mit einem ausgeprägten Gelb zeigt. Das Vorkommen ist nach Angaben von Agnèse auf die östlichen Abhänge des Mount Cameroon begrenzt.

Zusammenfassung:

Die beiden hier diskutierten Arten lassen sich an der Männchen-Färbung leicht unterscheiden. Die Befunde von Agnèse et al. (2006) stellen *Aphyosemion (Chromaphyosemion) poliaki* als phänotypische Variante von *Aphyosemion (Chromaphyosemion) volcanum* und damit als keine phylogenetisch unterscheidbare Art dar. Von Völker et al. (2007) wurden keine relevanten karyotypischen Unterschiede gefunden. Die Einheitlichkeit in diesem Merkmal legt nahe, dass es keine unterscheidbaren biologischen Arten sind.

Im Gegensatz dazu steht, dass *Aphyosemion (Chromaphyosemion) poliaki* mit der oben erwähnten Männchen-Färbung als im Sinne der Internationalen Regeln gültig als eigene Art beschrieben angesehen werden kann.

Ich habe mir angewöhnt, Fische mit dem Namen zu pflegen, zu züchten und zu verbreiten, unter dem ich die Tiere bekommen habe. Sollte ich auf Informationen stoßen, die eine Korrektur sinnvoll erscheinen lassen, setze ich sie um. Deshalb: Entscheiden Sie selbst!

Art: *Aphyosemion (Chromaphyosemion) punctulatum* (Legros, Zentz & Agnèse, 2005)

Terra typica: Kamerun, an einem Bach auf der Strecke nach Pondo (Straße zum Flughafen von Campo) (2°22′17.5″N 9°51′20.1″O).

Die Fische wurden in einer Höhe von 23 m ü. M. gesammelt. In dieser Erstbeschreibung wird *Chromaphyosemion* von den Autoren als Gattung geführt.

Die Jungfische schlüpften im Wasser (21 °C) nach dreieinhalb Wochen.

Art: *Aphyosemion (Chromaphyosemion) pusillum* Chirio, Legros & Agnèse, 2018

Terra typica: Gabun, Brücke über den Okoyo-Fluss (0°33′21.24′′S 9° 12′ 47.591′′O).

Diese kleine Art wurde nur an zwei Orten im Okoyo- und Pembé-Becken gefunden. Sie scheint für diese zwei kleinen hydrografischen Küstenbecken direkt im Norden der Wézé-Entwässerung endemisch zu sein. *Aphyosemion pusillum* wurde im Okoyo-Becken außerhalb des vorherrschenden Wasserlaufs der Flüsse in kleinen, weniger als einen Meter breiten moddrigen Bächen entdeckt. Im Pembé-Becken konnten sie hingegen direkt im Lauf der kleinen Flüsse, verborgen in abgestorbenen Blättern sowie Wasserpflanzen, an strömungsstillen Plätzen gesammelt werden. Die Art wurde syntop mit einer unbeschriebenen Art von *Aphyosemion*, zwei unbeschriebenen Arten von *Epiplatys* und einer unbeschriebenen Art von *Plataplochilus* gefunden (Agnèse et al. 2018).

Art: *Aphyosemion (Chromaphyosemion) riggenbachi* (Ahl, 1924)

Terra typica: Kamerun, aus einer Quelle bei Jahassi (richtig: Jabassi).

Die Art ist die größte der Untergattung. Die Männchen erreichen an die 70 mm TL. Sie sind für ein Gesellschaftsaquarium deshalb nur bedingt geeignet. Die Tiere müssen für die Zucht mit ausreichenden Futtermengen versorgt werden. Die Jungfische bewältigen nach dem Schlupf sofort *Artemia* oder vergleichbare Futtergrößen. Auch von dieser Art sind verschiedene Populationen eingeführt worden, die nicht gekreuzt werden sollten.

Art: *Aphyosemion (Chromaphyosemion) rubrogaster* Chirio, Legros & Agnèse, 2018

Terry typica: Gabun, Brücke über den Niengé-Fluss (0°39′18.864″S 9°34′24.779″O).

Die Art wurde an zwei Orten gefunden. Ein Fundort liegt im Fluss Niengé, der zum Gomé-See fließt, der seinerseits wiederum in den unteren Ogooué entwässert. Ein weiterer Fundort liegt im Alowé-Fluss in Richtung zum Alombié-See, er mündet ebenso in den unteren Ogooué. Die Art scheint für diesen Teil des unteren hydrografischen Ogooué-Beckens endemisch zu sein. Alle Fische dieser Art wurden im schnell fließenden Wasser der drei bis fünf Meter breiten Flüsse über sandigem Boden ohne jegliche Wasserpflanzen gefunden. Sie verbargen sich zwischen Baumwurzeln entlang der Flussufer oder unter abgestorbenem Laub am Einlauf kleiner untergeordneter Bäche, in denen sie jedoch nicht gefunden werden konnten. Die Art wurde syntop mit einer unbeschriebenen *Aphyosemion*-Art und einer unbeschriebenen *Plataplochilus*-Art entdeckt (Agnèse et al. 2018).

Art: *Aphyosemion (Chromaphyosemion) splendopleure* (Brüning, 1929)

Terra typica: In der Erstbeschreibung nicht vergeben. Wildekamp (1993) zieht eine Wiederbeschreibung von Meinken (1930) heran und verweist auf Tiko in Westkamerun.

Van der Zee et al. (2007) sehen in *Aphyosemion kouamense* Legros, 1999, *A. melanogaster* (Legros, Zentz & Agnèse, 2005), *A. malumbresi* Legros & Zentz, 2006, *A. erythron* (Sonnenberg, 2007) und *A. ecucuense* (Sonnenberg, 2007) eine nahe verwandte Gruppe von Arten, die von ihnen alle unter *Aphyosemion splendopleure* zusammengefasst werden und durch zahlreiche rote Punkte auf den unpaaren Flossen gekennzeichnet sind.

Abb. 9.1.3.10: *Aphyosemion (Chromaphyosemion) splendopleure* »Penda Mboko«.

Abb. 9.1.3.11: *Aphyosemion (Chromaphyosemion) splendopleure* »Mémé«.

Art: *Aphyosemion (Chromaphyosemion) volcanum* Radda & Wildekamp, 1977

Terra typica: Kamerun, in einem kleinen Bach, der durch den südwestlichen Stadtteil Kumbas fließt.

Die Art wurde auf einer Seehöhe von 250 m aufgesammelt. Zur Artdiskussion siehe *Aphyosemion (Chromaphyosemion) poliaki.*

Abb. 9.1.4.1: *Aphyosemion* sp. aff. *citrineipinnis* »PEG 96/20«.

9.1.4 *Aphyosemion-coeleste*-Artengruppe

Die nichtannuellen Arten dieser im Du-Chaillu-Massiv endemischen Arten fasste Scheel (1990) in der *Aphyosemion-coeleste*-Artengruppe zusammen. Weitere Arten wurden nach ihrer Erstbeschreibung hinzugestellt. Hinweise auf eine nähere Verwandtschaft dieser Arten formulierten bereits Huber & Radda (1977). Die jüngste Veröffentlichung von Van der Zee et al. (2018) ergänzte die Gruppe um *Aphyosemion cryptum* sowie *Aphyosemion mandoroense*, die aus dem südlichen Du-Chaillu-Massiv in der Republik Kongo stammen.

Die Fische dieser Artengruppe gelten in der Zucht als schwierig. Sie werden im Regenwald in Höhen zwischen 400 und 600 m ü. M. gefunden und sind dafür bekannt, dass sie kühleres Wasser von etwa 18 bis 21 °C bevorzugen. Erste Hinweise hierzu gaben bereits Huber & Radda (1977). Sie fanden *Aphyosemion coeleste* und *Aphyosemion ocellatum* in einem Bach im Regenwald bei 20,5 °C (9:00 Uhr) bzw. bei 20,5 °C (12:20 Uhr) sowie *Aphyosemion citrineipinnis* in einem rasch strömenden Gebirgsfluss bei 20,5 °C (15:30 Uhr). Die Hürden in der Nachzucht ermuntern zu Veränderungen in der Haltung. So wurde häufiger mit kühlem Wasser die Hälterungstemperatur etwas abgesenkt oder mit einer etwas dunklerer Aufstellung des Beckens der Schatten des Regenwalds imitiert. Stets gab es Teilerfolge, über die berichtet wurde.

Art: *Aphyosemion aureum* Radda, 1980

Terra typica: Gabun, 47 km südwestlich von Koulamouto an der Nationalstraße N6 nach Mimongo in einem kleinen Bach im Regenwald nahe dem Dorf Mouila, Du-Chaillu-Massiv.

Die Art wurde in einer Seehöhe von 470 m gefunden. Sie benötigt zur Zucht weiches Wasser.

Abb. 9.1.4.2: *Aphyosemion* sp. aff. *aureum* »PEG 09/02«.

Art: *Aphyosemion citrineipinnis* Huber & Radda, 1977

Terra typica: Gabun, in einem schnell fließenden Gebirgsfluss nahe Yéno, Mogambi, Ogoudou-Ogoulou-Subsystem des Ngounié.

Die Fische wurden auf einer Seehöhe von etwa 450 m gefunden. Huber & Radda (1977) beschrieben den Sammelort näher (siehe Kapitel 3).

Art: *Aphyosemion coeleste* Huber & Radda, 1977

Terra typica: Gabun, in einem Bach nahe Massango, 13 km nordwestlich von Moanda an der Straße nach Lastoursville.

Die Fische wurden auf einer Seehöhe von etwa 400 m gefunden.

In jüngerer Zeit (Eberl & Fellmann 2014) gab es nach Grell und Bitter 1993 erneut Aufsammlungen, die das syntope Vorkommen von *Aphyosemion coeleste* sowie *Aphyosemion ocellatum* bestätigten.

Abb. 9.1.4.3: *Aphyosemion coeleste* »Malinga«.

Art: *Aphyosemion cryptum* Van der Zee, Walsh, Boukaka Mikembi, Jonker, Alexandre & Sonnenberg, 2018

Terra typica: Republik Kongo, Nebenfluss des Mandoro-Flusses, Nebenfluss des Louessé, Einzug des Niari-Flusses (2°21′57″S 12°46′16″O).

Männchen von *Aphyosemion cryptum* ähneln *Aphyosemion coeleste* sehr, unterscheiden sich jedoch in Feinheiten des Zeichnungsmusters. Da verwundert es nicht, dass Wildekamp (1993) diese Unterschiede in der »Mbinda«-Population erkannte und im Bild darstellte. Allerdings ordnete er die Tiere als Fundortform von *Aphyosemion coeleste* ein.

Aphyosemion cryptum bewohnt in der Republik Kongo im südlichen Du-Chaillu-Massiv schattige Bereiche kleiner Nebenflüsse des oberen Louessé und Mandoro. Manchmal wird die Art syntop mit *Aphyosemion coeleste* oder *Aphyosemion mandoroense* gefunden. Sind die Fundorte durch Sand und lehmiges Substrat gekennzeichnet, verbunden mit einer durchschnittlich höheren Fließgeschwindigkeit des Wassers, höherem Wasserstand und einem relativ höheren pH-Wert, ist es wahrscheinlicher, *Aphyosemion cryptum* als *Aphyosemion coeleste* oder *Aphyosemion mandoroense* zu entdecken.

Art: *Aphyosemion hannelorae* Radda & Pürzl, 1985

Terra typica: Gabun, bei Malinga, nahe der Grenze zur damaligenVolksrepublik Kongo (heute Republik Kongo) in der Provinz Ngounié in kleinsten Rinnsalen eines sumpfigen Baches im Regenwald des Berglandes, der in den Nyanga entwässert.

Die Fische wurden auf einer Seehöhe von etwa 400 m gefunden.

Aphyosemion hannelorae wuendschii wurde zusammen mit *Aphyosemion hannelorae hannelorae* beschrieben. Weibchen beider Arten gleichen sich in Färbung und Zeichnung. Collier (2007) stellte die beiden ehemaligen Unterarten in die *Aphyosemion-coeleste*-Artengruppe.

Art: *Aphyosemion mandoroense* Van der Zee, Walsh, Boukaka Mikembi, Jonker, Alexandre & Sonnenberg, 2018

Terra typica: Republik Kongo, Mandoro-Fluss, überflutete Bänke im sumpfigen Wald, Nebenfluss des Louessé, Einzug des Niari-Flusses (2°25′27″S 12°53′19″O).

Die Ergebnisse der von den Erstbeschreibern durchgeführten DNA-Analyse sowie die Männchen-Färbung stellen diese Art in die *Aphyosemion-coeleste*-Artengruppe. Die in den Flossen fehlenden roten Pigmente fallen bei den Männchen besonders ins Auge. Bei einigen Tieren weicht die hintere Kante der Dorsale in diesem Punkt ab.

Momentan ist die Art nur von den Nebenflüssen des oberen Mandoro-Flusses (Becken des Louessé) im südlichen Du-Chaillu-Massiv bekannt, wo sie sympatrisch und manchmal syntopisch mit *Aphyosemion coeleste* oder *Aphyosemion cryptum* vorkommt. Im Leyou-Fluss ist sie syntopisch mit *Aphyosemion coeleste* und *Aphyosemion cyanoflavum* zu finden.

Art: *Aphyosemion ocellatum* Huber & Radda, 1977

Terra typica: Gabun, in einem schnell fließenden Bach im Regenwald 6 km westlich von Mimongo an der Straße nach Lebamba zwischen Magagara und Lamadou (Migoto-Ogoulou-System, Ngounié). Seehöhe etwa 500 m.

Zur Zucht von *Aphyosemion ocellatum* »Malinga« berichtete Bernd Schölzel, dass er durch Zugabe von reichlich 17 °C kühlem Wasser das Ablaichen auslösen konnte.

Abb. 9.1.4.4: *Aphyosemion ocellatum* »COFE 10/1«.

Art: *Aphyosemion passaroi* Huber, 1994

Terra typica: Gabun, 81.3 km östlich von Moukabou in Richtung Koulamoutou (1°42'0.0"S 27°13'1.2"O).

Die Art wurde im Juli 1993 von Eberl und Passaro aufgesammelt (Fundort-Code PEG 93/11). Die Vermehrung der Art ist nicht allzu schwer. In meiner Nachzucht überwogen leider die Weibchen deutlich. Aus den auf Torf gelagerten Eiern schlüpften bei mir bei 22 °C erst nach sechs Wochen verhältnismäßig kleine Jungfische. Aus diesem Grund fütterte ich in den ersten Tagen Pantoffeltierchen.

Abb. 9.1.4.5: *Aphyosemion passaroi* »GEM 2007/6«.

Art: *Aphyosemion wuendschi* Radda & Pürzl, 1985

Terra typica: Gabun, 50 km südlich von Mbigou an der Straße nach Malinga, Provinz Ngounié, in einem sumpfigen Bach im Regenwald, dessen Einzugsgebiet in den Louétsie (Ngounié-System) entwässert.

Die Fische wurden auf einer Seehöhe von etwa 600 m gefangen. Erstbeschreibung als Unterart zu *Aphyosemion hannelorae*. Die Weibchen beider Arten gleichen sich in Färbung und Zeichnung.

Abb. 9.1.5.1: *Aphyosemion (Diapteron) fulgens* ist eine der begehrtesten Killifischarten (hier vom Fundort »BS 02/03«).

9.1.5 Untergattung *Diapteron* Huber & Seegers, 1977

Jeder Aquarianer erkennt die Mitglieder dieser Untergattung ohne besondere wissenschaftliche Kenntnisse. Sie wurde von Huber & Seegers mit fünf Merkmalen begründet. Eines war neben den besonderen meristischen Werten das auffällige Farbmuster. Zudem hatte Seegers die Eioberfläche untersucht und eine zu anderen *Aphyosemion*-Arten abweichende Struktur gefunden. Mit ihrer Lebensweise wurde ebenfalls argumentiert. Vor Ort fiel nämlich auf, dass sich die Arten in kleinen Wasserläufen im Wald (marigot) gegenseitig ersetzen, an der gleichen Stelle sogar von Jahr zu Jahr wechselnd.

Während einer Fangreise im Jahr 1979 sammelte Huber weitere Vertreter der *Diapteron*. So entstand der Eindruck, dass die Nordgrenze der Verbreitung dieser Fischgruppe gefunden sei. Seegers (1980) erhob die Untergattung zur Gattung. Er sieht sie als geschlossene Artengruppe, die das Ivindo-Becken Gabuns und der Volksrepublik Kongo (jetzt Republik Kongo) bewohnt. Sie scheint als Reliktform auf dieses Gebiet beschränkt zu sein. Übergangsformen zu weiteren *Aphyosemion*-Arten wurden nicht gefunden. Huber (1998a) ließ erkennen, dass er der Hochstufung zur Gattung folgt. Im Killi-Data (Huber 2018) verwendete er das Taxon wieder als Untergattung. Ich beschreibe sie hier im Status einer Untergattung.

Die gültige Beschreibung der Untergattung erschien bereits 1977 im DKG-Journal (Huber & Seegers 1977). Die von den Autoren ursprünglich dazu geplante Arbeit erschien zwar mit dem Heft 4 des RfA-Jahrgangs 1977, wurde jedoch erst 1978 veröffentlicht. Deshalb wird diese als Huber & Seegers (1978) gekennzeichnet.

Huber und Brosset hatten die Tiere in ihrem Biotop beobachtet. Dabei wurde eine Hierarchie mit einem dominanten zu mehreren untergeordneten Männchen festgestellt. Die Aggressivität war bemerkenswert, aber nicht tödlich. Diese Angriffslust zeigen die Arten auch im Aquarium. Entsprechend muss für Deckung für die Unterlegenen gesorgt werden.

Brosset (1982) stellte bei seinen Felduntersuchungen fest, dass *Aphyosemion (Diapteron) georgiae* nur aquatische Futtertiere aufnahm. Entgegen den Erfahrungen von Rosskopf (2016) nahmen meine *Diapteron* auch Rote Mückenlarven als Frostfutter an.

Art: *Aphyosemion (Diapteron) abacinum* Huber, 1976

Terra typica: Gabun, etwa 30 km nördlich von Mékambo (Region von Ivindo) an der mit dem Fahrrad befahrbaren Piste, die zum Gebiet der heutigen Republik Kongo führt.

Die Art wurde von Huber auf ungewöhnliche Weise entdeckt. Er fuhr mit dem Fahrrad von Mékambo in Richtung Grenze. Die einfache Strecke von etwa 30 km bewältigte er in erstaunlichen zweieinhalb Stunden, die Überfahrt mit dem Einbaum (Piroge) auf dem Djadié, die ihm schmerzhafte Insektenstiche einbrachte, eingerechnet. Diese Abenteuerlust hatte sich also gelohnt. Emmanuel Fellmann (pers. Mitt.) übersetzte »bicylette« mit »einfaches Moped«. Selbst damit wäre der Ausflug noch eine respektable Leistung gewesen. Inzwischen bestätigte mir Jean Huber, dass er hier tatsächlich mit einem Fahrrad fuhr. Bei seinen Fahrten im Kongo benutzte er ein Moped (Huber, pers. Mitt.).

Häufig wird die Auffassung vertreten, dass *Diapteron*-Arten nur in einem nicht zu großen Artbecken gehalten (Seegers 1980) oder gezüchtet werden könnten. Ich habe eine Gruppe von einem Männchen und sieben Weibchen von *Aphyosemion (Diapteron) abacinum* in einem 300-l-Becken gezogen. Das Aquarium war nur mit einem riesigen Javamoos-Busch dekoriert. Erfreulicherweise vermehrten sich die Fische ohne großen Aufwand und ich konnte etliche Paare verteilen. Die Tiere wurden häufig mit Lebendfutter versorgt.

Es führen also viele Wege zum Nachzuchterfolg. Gerade dies macht unser Hobby nach meinem Empfinden so interessant.

Abb. 9.1.5.2: *Aphyosemion (Diapteron) abacinum.*

Art: *Aphyosemion (Diapteron) cyanostictum* (Lambert & Gery, 1967)

Terra typica: Gabun, kleiner Waldbach (marigot) nahe dem Dorf Bélinga, Ivindo-Becken.

Vom Fundort RPC 153 ist neben der üblichen Färbung noch eine bräunliche Form bekannt.

Bitter (2003) empfiehlt für die Zucht kleine Schalen mit flachem Wasserstand.

Abb.9.1.5.3: *Aphyosemion (Diapteron) cyanostictum* »RPC 153«.

Art: *Aphyosemion (Diapteron) fulgens* Radda, 1975

Terra typica: Gabun, in einem Bach nahe Essekelle, 52 km westlich von Makokou.

Aphyosemion (Diapteron) fulgens wurde zunächst als Unterart zu *Aphyosemion (Diapteron) georgiae* beschrieben. Bochtler und Gaspers fanden 1976 jedoch *Aphyosemion georgiae* und *Aphyosemion fulgens* 1976 syntop in einem Biotop, sodass Huber (1976) sie in den Artrang erhob.

Diese farbenprächtige Art habe ich mehrfach gepflegt und nachgezogen. Bei der Aufzucht des derzeit von mir betreuten Fundort-Stammes BS 02/03 traten über Nacht plötzlich vereinzelt Bauchrutscher auf, ohne dass ich erkennbar etwas an den Zuchtbedingungen geändert hätte. Weil es nur einzelne Tiere betraf, war das Phänomen erträglich. Meine Nachzuchten schlüpften im Wasser bei 21 °C nach 16 bis 21 Tagen.

Horsfall (1988) führt seinen Zuchterfolg auf sein extrem weiches Wasser zurück (dKH 0, dGH 0,5, Leitwert nicht höher als 100 µS/cm, pH unter 6). Bei Fischen, die für längere Zeit einem pH-Wert unter 4 ausgesetzt wurden, litten weder der allgemeine Zustand noch die Befruchtung des Laichs. Er kreuzte *Aphyosemion (Diapteron) fulgens* mit *Aphyosemion (Diapteron) georgiae* und erhielt Männchen und Weibchen, die von *Aphyosemion (Diapteron) georgiae* nicht zu unterscheiden waren. Sie zeigten normales Ablaichverhalten. Die Eier entwickelten sich nicht, sodass kein Jungfisch schlüpfte.

Art: *Aphyosemion (Diapteron) georgiae* (Lambert & Gery, 1967)

Terra typica: Gabun, kleiner Waldbach (marigot) vor dem Bélinga-Camp an der zukünftigen Eisenbahn-Haltestelle, Ivindo-Becken.

Die im Wasser gelagerten Eier schlüpften nach 32 Tagen. Auf Torf dauerte es bei 21 °C mit 23 bis 27 Tagen ähnlich lang. Die Jungfische fraßen frisch geschlüpfte *Artemia*-Nauplien.

Art: *Aphyosemion (Diapteron) seegersi* (Huber, 1980)

Terra typica: Gebiet der heutigen Republik Kongo, 35 km südlich von Sembé vor der Ortschaft Gouaneboum in Richtung Mékambo an einem nur mit dem Fahrrad befahrbaren Weg nach Gabun.

Huber sah *Aphyosemion seegersi* als gelbe Phase des blauen *Aphyosemion abacinum*. Es ist umstritten, ob es sich um eine gültige Art handelt. Die Untersuchung Colliers (2007) würde den Artstatus stützen. Der Fang in der Natur ergab Übergangsformen (Bitter 2003), was für eine einzige Art sprechen würde.

Abb. 9.1.6.1: *Aphyosemion (Kathetys) elberti* »KEK 98/24«.

9.1.6 Untergattung *Kathethys* Huber, 1977

Sieht man von *Aphyosemion (Kathethys) bamilekorum* ab, so stellt die Untergattung eine Reihe sehr hübscher und damit sehr begehrter Fische. Die Arten bewohnen kleine Bäche und Rinnsale mit schwacher Strömung. *Aphyosemion (Kathethys) elberti* findet man aber auch in zügiger fließendem Wasser.

Das Verbreitungsgebiet reicht von Kamerun bis zur Republik Äquatorialguinea.

Art: *Aphyosemion (Kathethys) bamilekorum* Radda, 1971

Terra typica: Kamerun, Bach 9 km nordwestlich von Bafoussam an der Straße nach Bamenda, im Hochland des südwestlichen Ostkameruns.

Häufiger wurde diskutiert, diese Art passe bereits rein äußerlich nicht in diese Untergattung. Die Untersuchungen von Collier (2007) haben jedoch die Nähe zu den weiteren Arten dieser Untergattung aufgezeigt.

Art: *Aphyosemion (Kathethys) dargei* Amiet, 1987

Terra typica: Kamerun, Houé, Straße von Ngorro nach Ngila.

Die Art wurde zunächst als *Aphyosemion bualanum* »Mbam« geführt. Diese Angabe lässt jedoch nicht auf den genauen Fundort schließen, weil unter dieser Bezeichnung ein Massiv auf dem kamerunischen Rücken, ein Verwaltungsbezirk oder ein Fluss verstanden werden kann. Dem belgischen Killianer Vandersmissen ist die Information zu verdanken, dass die Fische aus der Umgebung des Dorfes Goura I stammen, wo eine Fähre den Fluss Mbam überquert (Amiet 1987).

Die Art ist im Prinzip nicht schwer zu ziehen. Es ist wie bei allen Arten der Untergattung eher eine Fleißarbeit, will man genügend Laichkörner zur Entwicklung bringen. Zu den zeitweiligen Schwierigkeiten vgl. auch die nachfolgende Besprechung.

Abb. 9.1.6.2: *Aphyosemion (Kathethys) dargei* »Mbam«.

Art: *Aphyosemion (Kathethys) elberti* (Ahl, 1924)

Terra typica: Kamerun, Jade-Plateau, Lebo-Fluss.

Seit Scheel (1968) wurde diese Art als *Aphyosemion bualanum* geführt. Seegers (1986c, 1988) konnte darauf hinweisen, dass dieser Fisch wohl mit dem Holotypus von *Panchax elberti* übereinstimmt. Die erstgenannte Art gehört nach seiner Überzeugung nicht zur Untergattung *Kathethys*. Dennoch hält er Aufsammlungen am Typenfundort von *Aphyosemion bualanum* zur endgültigen Klärung für sinnvoll.

Formen von *Aphyosemion (Kathethys) elberti* wurden in sich erheblich unterscheidenden Höhen gefunden. So weist Amiet (1987) auf die Fundortform »Ibaikak« hin, die auf 300 m Höhe aufgesammelt wurde, ansonsten sind es eher 800 m und mehr. Der Höhenrekord liegt wohl bei 1250 m (Gartner 1999). Südlich von Ngaoundéré wurde eine Wassertemperatur von 20 bis 23 °C gemessen. Es liegt auf der Hand, dass sich diese Populationen in ihren Temperaturansprüchen unterscheiden.

In der Nachzucht verpilzten mir zeitweise 30 bis fast 50 % der Eier. Trotz der zufriedenstellenden Eizahlen verblieben mir deshalb nicht die erhofften Jungfischzahlen. Häufig musste ich beim Schlupf mit Trockenfutter nachhelfen, um Sauerstoffmangel zu provozieren. Glücklicherweise wuchsen Männchen und Weibchen fast in ausgeglichener Zahl auf.

Abb. 9.1.6.3: *Aphyosemion (Kathethys) elberti* »Ibaikak ABDK 10/427«.

Art: *Aphyosemion (Kathethys) exiguum* (Boulenger, 1911)

Terra typica: Kamerun, Nyong-Fluss.

Diese Fische gleichen auf den ersten Blick *Aphyosemion elberti*. Sie sind jedoch deutlich kleiner als letztgenannte Art. Die Eier sind mit 1,1 bis 1,3 cm verhältnismäßig groß. Bei 23 °C schlüpfen die Jungen bereits nach 12 bis 14 Tagen (Foersch 1968).

Abb. 9.1.6.4: *Aphyosemion (Kathethys) exiguum* »Elom«.

Art: *Aphyosemion (Kathethys) kekemense* Radda & Scheel, 1975

Terra typica: Kamerun, Petit M'kam, ein Bach im Ortsgebiet von Kekem, 35 km nordnordöstlich von Nkongsamba an der Straße nach Bafoussam.

Die Art wurde zunächst als Unterart zu *Aphyosemion bualanum* beschrieben.

Abb. 9.1.7.1: *Aphyosemion (Mesoaphyosemion) cameronense* »ABDEK 12/501«.

9.1.7 Untergattung *Mesoaphyosemion* Radda, 1977

Als Untergattung zu *Aphyosemion* wurde *Mesoaphyosemion* im Jahr 1977 bestimmt. Seegers hob bereits 1980 hervor, dass sich innerhalb des von Radda definierten Taxons einzelne Verwandtschaftsgruppen gut abgrenzen lassen: *Aphyosemion-cameronense*-Gruppe, *Aphyosemion-calliurum*-Gruppe, *Aphyosemion-striatum*-Gruppe, *Aphyosemion-coeleste*-Gruppe sowie die *Aphyosemion-louessense*-Gruppe. Parenti (1981) und Romand (1992) hatten diese Untergattung als Synonym zu *Aphyosemion* eingestuft. Murphy & Collier (1999) haben angemerkt, dass es sich bei der von Radda definierten Untergattung *Mesoaphyosemion* nicht um eine monophyletische Gruppe handele, was Wildekamp (1993) aufgriff. Murphy & Collier erläuterten zu ihren erhobenen Daten, dass *Aphyosemion mimbon, Aphyosemion maculatum* sowie *Aphyosemion cameronense* eine Klade formen, die als Untergattung *Mesoaphyosemion* bezeichnet werden könnte, weil *Aphyosemion cameronense* zum Typus der Untergattung bestimmt wurde. Die Aufnahme weiterer Arten würde durch ihre Ergebnisse nicht gestützt.

Hieran knüpften Sonnenberg & Blum (2005) bei der Beschreibung von *Aphyosemion (Mesoaphyosemion) etsamense* an. Sie betonen die farblichen Unterschiede, die sich deutlich als konstante Zeichnung über die Verbreitungsgebiete zwischen *Aphyosemion striatum, Aphyosemion escherichi* und *Aphyosemion etsamense* an der Rückenflosse zeigen. In derselben Arbeit begrenzen Sonnenberg & Blum den Gebrauch von *Mesoaphyosemion* Radda, 1977 auf die *Aphyosemion (Mesoaphyosemion)-cameronense*-Artengruppe und vollziehen damit den von Murphy & Collier angedachten Schritt. Zur Untergattung gehören danach die unten aufgeführten Arten. Sie schließen zudem bisher unbeschriebene, aber bekannte Populationsgruppen ein sowie die von Amiet (1987) und Dadaniak, Lütje & Eberl (1995) angeführten Arten.

In jüngerer Zeit wurde versucht, die Eioberfläche als Merkmal zur Artdiagnose heranzuziehen (MENKOVIC 2014). Grundlage ist die Beobachtung, dass sich die Eioberflächenstruktur bei der Embryonalentwicklung verändert. Dass sich die Oberfläche der Eihülle als systematisches Merkmal verwenden lässt, hatte RIEHL (1995) aus eigenen Untersuchungen geschlossen.

Die Arten finden wir im südlichen Inland Kameruns, im Osten der Republik Äquatorialguineas, im Norden Gabuns sowie im äußersten Nordwesten der Republik Kongo (EBERL, LÜTJE & DADANIAK 1997; DADANIAK, LÜTJE & EBERL 1995).

Art: *Aphyosemion (Mesoaphyosemion) amoenum* RADDA & PÜRZL, 1976

Terra typica: Kamerun, Bach im Regenwald 3,5 km nordöstlich der Abzweigung der Straße von Sonbo nach Bibang von der Strecke Edéa–Yaoundé, Ndoupé, Kellé-Zufluss, Nyong-System.

Über das Verbreitungsgebiet dieser Art wurde zunächst gerätselt. Es handelt sich um die einzige Art dieser Untergattung, die auch in der Küstenebene gefunden wird. EBERL berichtete von eigenen Fängen 1991 zusammen mit GRELL im Norden des Sanaga. KÄMPF, KLIESCH und EBERL bestätigten diese Aufsammlung 1998. Bei Bodi fing GRESENS im März 2009 Tiere weitab im Südwesten des bisher bekannten Verbreitungsgebiets. Diese Fundortform wurde unter der Bezeichnung »*Aphyosemion* sp. Bodi« im Hobby weitergegeben. EBERL (2010) versuchte in seinem Beitrag eine ichthyologische Einordnung. Meine eigenen Nachzucht-Männchen der zuletzt genannten Form zeigten deutliche gelbe Flecken auf der Schwanzwurzel.

Abb. 9.1.7.2: *Aphyosemion (Mesoaphyosemion) amoenum* »ABDK 10/425«.

Abb. 9.1.7.3: Diese Form erhielten wir als *Aphyosemion* sp. »Bodi«.

Art: *Aphyosemion (Mesoaphyosemion) cameronense* (Boulenger, 1903)

Terra typica: Kamerun, die Flüsse Kribi und Ja (heute Kribi und Dja).

Aphyosemion cameronense PT3 ABDK 10-391 Nekotto konnte ich erst nachziehen, als ich die Tiere in sehr flachem Wasser hielt. Zusätzlich gab ich zur Deckung Torffaser hinein. Die Fische wurden nach einigen Tagen umgesetzt und die Jungen problemlos aufgezogen. Leider gab es bis auf ein Männchen nur Weibchen. Durch eine Ungeschicklichkeit verlor ich ausgerechnet dieses Männchen, sodass ich nur die Weibchen an einen Spezialisten dieser Gattung weitergeben konnte.

Abb. 9.1.7.4: Die Weibchen der Untergattung, hier *Aphyosemion (Mesoaphyosemion) cameronense* »ABDK 10-391 Nekotto«, sind nicht sehr farbig.

Art: *Aphyosemion (Mesoaphyosemion) etsamense* Sonnenberg & Blum, 2005

Terra typica: Gabun, westliche Abdachung des Monts de Cristal, schmaler Fluss beim Dorf Etsam I, der die Nationalstraße N5 von Médouneu nach Kougouleu kreuzt (0°46'34.1"N 10°24'03.0"O).

Der Holotyp wurde im Juli 2002 von Blum, Gleck und Sonnenberg gefangen (Fundort-Code G 02/160).

Die Biotope der Regenwaldbäche, in denen Vertreter dieser nichtannuellen Art angetroffen wurden, zeichneten sich durch langsam fließendes Wasser aus.

Abb. 9.1.7.5: *Aphyosemion (Mesoaphyosemion) etsamense* »GEB 94/24«.

Art: *Aphyosemion (Mesoaphyosemion) haasi* Radda & Pürzl, 1976

Terra typica: Nordgabun, Bergbach etwa 27 km nordwestlich von Zomoko; Amvené-Zufluss nördlich von Lalara.

Sie wurde zunächst als Unterart zu *Aphyosemion cameronense* beschrieben. Wildekamp (1993) sowie Van der Zee et al. (2007) hielten an dieser Einordnung fest.

Art: *Aphyosemion (Mesoaphyosemion) halleri* Radda & Pürzl, 1976

Terra typica: Kamerun, Quellfassung der Wasserversorgungsanlage der Katholischen Mission in Amban.

Zunächst als Unterart zu *Aphyosemion cameronense* beschrieben, erhob sie Amiet (1987) in den Artstatus. Wildekamp (1993) sowie Van der Zee et al. (2007) hielten an dieser Einordnung fest.

Art: *Aphyosemion (Mesoaphyosemion) maculatum* Radda & Pürzl, 1977

Terra typica: Gabun, in einem Bach im Regenwald an der Nationalstraße N4 von Koumameyong nach Ovan, 33 km östlich von Koumameyong bzw. 20 km westlich von Ovan.

Abb. 9.1.7.6: *Aphyosemion (Mesoaphyosemion) maculatum* »BDBG04/15 Lolo1«.

Art: *Aphyosemion (Mesoaphyosemion) mimbon* Huber, 1977

Terra typica: Gabun, Dorf Akoga etwa 55 km entfernt von Médouneu. Kleiner, ziemlich bewegter Fluss, der 150 m weiter in den Mvé-Fluss mündet.

Abb. 9.1.7.7: Junges Männchen von *Aphyosemion (Mesoaphyosemion) mimbon* »GEMG 11/24«.

Art: *Aphyosemion (Mesoaphyosemion) obscurum* (Ahl, 1924)

Terra typica: Kamerun, Jaunde (in der Landessprache: Yaoundé).

Die Art wurde zunächst als Unterart zu *Aphyosemion cameronense* beschrieben. Amiet (1987) erhob sie in den Artstatus. Wildekamp (1993) sowie Van der Zee et al. (2007) hielten an dieser Einordnung fest.

Abb. 9.1.8.1: *Aphyosemion ogoense* »FCO 2011/10«.

9.1.8 *Aphyosemion-ogoense*-Artengruppe

Seit der Erstbeschreibung von *Aphyosemion ogoense* sowie *Aphyosemion louessense* durch Pellegrin sind Ichthyologen und Aquarianer bemüht, die jeweils dazugehörigen Fische aufzuspüren (Scheel 1968, Nachdruck 1975). Die Sammlungen von Brichard, Huber, Radda, Pürzl und Hoffmann brachten zahlreiche neue Tiere nach Deutschland und belebten die Diskussionen.

Wildekamp sah bereits 1982 diese Gruppe gebildet »aus einer großen Anzahl mehr oder weniger verwandter Arten«. Er hatte sich zu diesem Zeitpunkt längere Zeit mit ihnen beschäftigt und hierzu 1976 eine bemerkenswerte Arbeit veröffentlicht. Diese brachte den Aquarianern erste Klarheit zum Status des seit den 1960er-Jahren heftig umstrittenen *Aphyosemion lujae* (heute *Aphyosemion ottogartneri*), der auf Fänge von Brichard im Jahr 1958 zurückging. Diese wunderschöne Spezies ließ mich zum ersten Mal ein größeres Aquarium mit Killifischen einrichten.

Die molekulargenetischen Untersuchungen durch Collier (2007) grenzten die Arten der Gruppe gegeneinander ab und traten der Vorstellung einer einzigen, farblich sehr variablen Art *Aphyosemion ogoense* entgegen. Die neueren Fänge von Cauvet, Eberl, Fellmann und Grell vervollständigten das Wissen zu den Grenzen der Verbreitung. Der Fundort-Code der Reisen trägt folgende Bezeichnungen:

COFE 2010 – Congo Fellmann Eberl 2010
FCO 2011 – Fellmann Congo 2011
FCCO 2013 – Fellmann, Cauvet Republik Kongo 2013
COGE 2013 – Congo Grell Eberl 2013
FCO 2014 – Fellmann Congo 2014

Die drei als *Aphyosemion louessense* bezeichneten Fundortformen bilden eine Geschwistergruppe zu den drei untersuchten Populationen von *Aphyosemion ottogartneri*, womit es ausgeschlossen ist, den letztgenannten Namen als Unterart von *Aphyosemion ogoense* zu verwenden. *Aphyosemion caudofasciatum* ist am stärksten mit *Aphyosemion ogoense* verwandt. Diese beiden Arten formen nun ihrerseits eine Geschwistergruppe zu einigen Populationen von *Aphyosemion pyrophore*. Deshalb kann *Aphyosemion pyrophore* keine Unterart von *Aphyosemion ogoense* sein. Collier (2007) hält es für die einfachste Lösung, die drei in der Untersuchung auffallenden Formen beim derzeitigen Untersuchungsstand als volle Arten zu führen, wobei er das Ergebnis seiner Untersuchung von *Aphyosemion caudofasciatum* einbezieht.

Alle Arten dieser Gruppe sind hübsche Fische und meist leicht zu ziehen. Leider fällt das Geschlechterverhältnis gelegentlich sehr einseitig aus.

Art: *Aphyosemion caudofasciatum* Huber & Radda, 1979

Terra typica: Gebiet der heutigen Republik Kongo, im Ekouma-Flüsschen beim Dorf Ogouée nördlich von Zanaga, Provinz Lékoumou.

Art: *Aphyosemion cyanoflavum* Van der Zee, Walsh, Boukaka Mikembi, Jonker, Alexandre & Sonnenberg, 2018

Terra typica: Republik Kongo, 1,5 km südlich des Dorfs Lisoukou (10 km südlich von Mayoko) an der Regionalstraße R1 nach Mossendjo, Leyou-Fluss, Nebenfluss des Mandoro, Nebenfluss des Louessé, Einzug des Niari-Flusses (2°21′57″S 12°46′16″O).

Die Ergebnisse der von den Erstbeschreibern durchgeführten DNA-Analyse stellen diese Art in die *Aphyosemion-ogoense*-Artengruppe. Auffällig sind die Abweichungen des am Kopf liegenden Seitenliniensystems, in dem sie sich von allen anderen *Aphyosemion*-Arten unterscheidet.

Aphyosemion cyanoflavum ist bisher nur vom Typenfundort im südlichen Du-Chaillu-Massiv bekannt. Der Leyou-Fluss ist ein kleiner Fluss, der in den oberen Mandoro mündet, einem Nebenfluss des Louessé im südwestlichen Teil der Republik Kongo. Die Art wurde syntopisch mit *Aphyosemion coeleste* und *Aphyosemion mandoroense* gefunden. Die Fische kommen in mehr oder weniger ähnlichen Mikrohabitaten vor. Die Art scheint in der untersuchten Zone selten zu sein, obwohl sie von vier der Autoren der Erstbeschreibung während zweier Feldaufenthalte untersucht wurde und viele Individuen gesammelt werden konnten.

Art: *Aphyosemion jeanhuberi* Valdesalici & Eberl, 2015

Terra typica: Gebiet der heutigen Republik Kongo, Isiengui, Bilala-Fluss, 18 km nördlich von Divenié auf der Straße nach Malinga (2°38'12.2"S 12°07'14.4"O).

Bereits 1979 gab es nach dem Fang von *Aphyosemion* sp. »Malinga GJH212« durch Huber keine Zweifel mehr daran, dass die Fische eine abweichende Art darstellen. In der Literatur lässt sich nicht nachvollziehen, wann und von wem diese Fische unzutreffend *»louessense«* zugeordnet wurden. Der Holotyp wurde von Eberl und Fellmann im Juli 2010 aufgesammelt und erhielt den Fundort-Code »COFE 2010/3«. Aus der COFE-Reise werden von den Erstbeschreibern die weiteren Fundorte vier bis acht zur Art gerechnet.

Abb. 9.1.8.2: *Aphyosemion jeanhuberi* »COFE 2010/3«.

Abb. 9.1.8.3: *Aphyosemion jeanhuberi* »COFE 2010/7«.

Abb. 9.1.8.4: *Aphyosemion jeanhuberi* »Malinga GJH212«.

Art: *Aphyosemion louessense* (Pellegrin, 1931)

Terra typica: Gebiet der heutigen Republik Kongo, Louessé (Kouilou).

Huber (2017) weist auf einige Unsicherheiten hin. Zunächst einmal erwähnt er die Übergangsformen in den Zeichnungen zwischen *Aphyosemion ogoense* und *Aphyosemion ottogartneri*. Er führt an, dass Pellegrin *Aphyosemion ogoense* sowie *Aphyosemion louessense* zusammen gefunden habe, als er Fische studierte, die vom Fluss Lali, einem Nebenfluss des Louessé, gesammelt wurden. Eine weitere Unsicherheit resultiere aus dem Holotyp von *Aphyosemion louessense,* dessen Färbungsmuster bisher unbekannt sei. Es gäbe Gründe für die Annahme, dass der Holotyp sich von den Paratypen mehr unterscheidet, als einst Pellegrin mit der Angabe über das sympatrische Vorkommen mit *Aphyosemion ogoense* in den westlichen Fundorten ausdrückte. Er sieht deshalb nur Farbvarianten im nordwestlichen Verbreitungsgebiet von *Aphyosemion pyrophore* und *»louessense«*. Er vermutet, dass *Aphyosemion schluppi* mit seinen ziemlich großen Seitenflecken den eigentlichen Grund für das Durcheinander darstellen. Huber erwägt, als Alternative *Aphyosemion ottogartneri* als jüngeres Synonym zu *Aphyosemion louessense* zu sehen und *Aphyosemion schluppi* als gültige Art. Auch wenn die letztgenannte Art nicht in die Untersuchung eingeschlossen wurde, sehe ich mit den Ergebnissen Colliers (2007) diese Hypothese widerlegt. Die weiteren Arten lassen sich eindeutig abgrenzen.

Abb. 9.1.8.5: *Aphyosemion louessense* »RPC 78/33«.

Abb. 9.1.8.6: Die aktuelle Form von *Aphyosemion louessense* »RPC 78/33« unterscheidet sich von den Tieren aus den 1980er-Jahren (s. o.).

Abb. 9.1.8.7: *Aphyosemion louessense* »RPC 78/32«.

Art: *Aphyosemion ogoense* (Pellegrin, 1930)

Terra typica: Gabun, Flüsse Léconi und La Passa (Haute-Ogôoué).

Abb. 9.1.8.8: *Aphyosemion ogoense* »GHP 80/24«.

Art: *Aphyosemion ottogartneri* Radda, 1980

Terra typica: Gebiet der heutigen Republik Kongo. Lefini, Provinz Pool.

Die Art wurde zunächst als Unterart zu *Aphyosemion ogoense* beschrieben. Wildekamp (1993) sah sie ebenfalls in diesem Status. Radda & Pürzl (1987b) erhoben sie in den Artrang. Collier (2007) bestätigte diese Einschätzung mit seiner molekulargenetischen Untersuchung.

Abb. 9.1.8.9: *Aphyosemion ottogartneri* »GJH170«.

Abb. 9.1.8.10: *Aphyosemion ottogartneri* »Lutete«.

Art: *Aphyosemion pyrophore* Huber & Radda, 1979

Terra typica: Gebiet der heutigen Republik Kongo, im Dorf Gnimi-Quartier Mbaya im Fluss Moupoutoulou, Provinz Lékoumou.

Abb. 9.1.8.11: Zweimal *Aphyosemion pyrophore* »FCO 2010/14«, in beiden Fällen die gleiche Fischart. Hier sieht man den Einfluss des Blitzlichtes auf die Farbwirkung.

Abb. 9.1.8.12: *Aphyosemion pyrophore* »RPC 78/19«.

Art: *Aphyosemion schluppi* Radda & Pürzl, 1978

Terra typica: Gebiet der heutigen Republik Kongo, Bach an der Straße von Zanaga zum Ogowe-Fluss.

Valdesalici & Eberl (2015) betonen die nahe Verwandtschaft zu *Aphyosemion thysi*. Sie wollen die *Aphyosemion-ogoense*-Gruppe enger gefasst sehen.

Abb. 9.1.8.13: *Aphyosemion schluppi* »RPC 78/18«.

Art: *Aphyosemion thysi* Radda & Huber, 1978

Terra typica: Gebiet der heutigen Republik Kongo, Bach 500 m von Ngala an der Straße nach Titi-Mossendjo, Provinz Niari.

Die Art besiedelt Bäche und Flüsse des Regenwalds und der Feuchtsavanne im Hügelland der Provinzen Niari und Lékoumou.

Art: *Aphyosemion zygaima* Huber, 1981

Terra typica: Gebiet der heutigen Republik Kongo, Mindouli ca. 160 km westlich von Brazzaville.

Die letzten beiden Arten sind im Hobby selten geworden.

Weitere COFE- und FCO-Fische

Die beiden folgenden Formen aus der *Aphyosemion-ogoense*-Gruppe wurden ebenfalls 2010 aufgesammelt. Eberl & Fellmann (2014) ordnen sie als unbeschriebene Arten ein.

Bei meinen Zuchten benötigten Eier von *Aphyosemion* sp. »COFE 2010/18« bis zum Schlupf abweichend von den bisher veröffentlichten Erfahrungen rund vier Wochen (Wasser 22 °C, pH 5,95, 281 µS/cm).

Abb. 9.1.8.14: *Aphyosemion* sp. »COFE 2010/18«.

Abb. 9.1.8.15: Auch *Aphyosemion louessense* »COFE 2010/22« erwies sich in der Zucht als schwierig. Fast alle Eier verpilzten.

Abb. 9.1.8.16: *Aphyosemion* sp. »COFE 2010/23«.

Abb. 9.1.8.17: Hier der richtige *Aphyosemion louessense* »FCO 2011/03« (siehe Abschnitt »*Aphyosemion-striatum*-Artengruppe«).

Abb. 9.1.8.18: Weibchen von *Aphyosemion louessense* »FCO 2011/03«.

Abb. 9.1.9.1: *Aphyosemion (Raddaella) batesii* »ABDEK 12/499«.

9.1.9 Untergattung *Raddaella* Huber, 1977

Ursprünglich wurde *Raddaella* aufgrund des körperlichen Eindrucks zu *Fundulopanchax* gerechnet.

Bei der Untersuchung der *Fundulopanchax* stießen Van der Zee & Wildekamp (1994) auf besondere Strukturen der Eihülle. Die Eihülle war in Polygone, mehreckige Flächen, aufgeteilt. Innerhalb der Polygone fanden sich auffallende punktförmige, an einer Seite spitz zulaufende Gebilde, im Originaltext als »chorion puncti« bezeichnet. Diese »chorion puncti« stellen nach Auffassung der Autoren ein klares Merkmal zur Abgrenzung der *Fundulopanchax*-Arten zu anderen Aplocheilidae dar. *Raddaella* trägt dieses Merkmal nicht.

Die molekularbiologischen Untersuchungen durch Murphy & Collier (1999) stellten *Raddaella* in die Gattung *Aphyosemion*. Die weitere DNA-Untersuchung und der sich hieraus ergebende phylogenetische Baum durch Collier (2007) bestätigten die Einordnung.

Art: *Aphyosemion (Raddaella) batesii* (Boulenger, 1911)

Terra typica: Kamerun, Bitye, Dja-Einzug.

Aufgrund jüngerer Untersuchungen ist neben *Fundulus gustavi* und *Aphyosemion schreineri* (siehe Wildekamp 1996) auch *Fundulus beauforti* als jüngeres Synonym zu *Raddaella batesii* zu sehen (Sonnenberg & Schunke 2010). Diese Identität vermutete bereits Scheel (1975). Seegers (1986c) hatte *Fundulus beauforti* als Synonym zu *Aphyosemion cameronense* eingestuft.

Collier (2007) berichtet von verschiedenen Populationen, unter denen *Fundulopanchax batesii, splendidum* sowie *kunzi* aufgesammelt wurden. Er spricht sich gegen die Synonymisierung aller Arten unter *Fundulopanchax batesii* durch Wildekamp (1996) aufgrund der Variabilität innerhalb der Fundortformen aus. Zudem fehle es an diagnostischen Merkmalen zwischen diesen Formen. Er verweist auf Scheel (1990), der bemerkenswerte chromosomale Unterschiede der Fundortformen festgehalten habe. Scheel vermutet jedoch trotz der beträchtlichen Unterschiede lediglich eine Morphospezies.

Die Zucht dieser Art gilt als schwierig. Die Ergebnisse schwanken bei diesem Annuellen, sodass es sich lohnt, die zeitlich streuenden Diapausen zu beobachten. In den letzten Monaten habe ich mich verstärkt um Annuelle bemüht. Dabei fiel mir auf, dass weichstes Wasser bei etlichen Arten hilfreich war. Mir scheinen Versuche in dieser Richtung angebracht. Zudem wäre es sicherlich interessant, unter dem Mikroskop zu prüfen, ob die Eier wirklich befruchtet wurden.

Schrey (1980) hatte bei 20 bis 21 °C produktive Tiere. Die Jungtiere schlüpften nach sechswöchiger Trockenperiode.

Art: *Aphyosemion (Raddaella) kunzi* Radda, 1975

Terra typica: Gabun, Bach auf der rechten Seite der Straße nahe der Ortschaft Mboamo, Etakanyabé, 20 km östlich der Eisenbahn über den Ivindo in Makokou auf der Nationalstraße N15 nach Okondja.

Huber (1980) rechnet diese Art zu *Fundulopanchax splendidum*. Scheel (1990) und Wildekamp (1996) rechnen die Art zu *Fundulopanchax batesii*.

Art: *Aphyosemion (Raddaella) splendidum* (Pellegrin, 1930)

Terra typica: Gebiet der heutigen Republik Kongo, »Sangha«.

Huber (1979) bestimmte einen Lectoptypen und beschrieb die Art neu. Er sah die Erstbeschreibung als veraltet an. Wildekamp (1996) rechnet die Art zu *Fundulopanchax batesii*.

Abb. 9.1.9.2: Dieser Fisch wird unter *Aphyosemion (Raddaella) splendidum* »JVC 13/7 Lele« verbreitet.

Abb. 9.1.10.1: Welche Art stellt dieser als *Aphyosemion louessense* »FCO 2011/3« gehandelte Fisch wirklich dar?

9.1.10 *Aphyosemion-striatum*-Artengruppe

Die Einordnung von Waisen in die Untergattungen *Scheelsemion* (Huber, 2013) und *Iconisemion* (Huber, 2013) in Huber (2017c) steht im Gegensatz zu den von Collier (2006) dargestellten Ergebnissen. Beim gegenwärtigen Stand der Kenntnisse scheint mir die Auffassung Mayrs (1975) zu greifen, wonach es »unter Umständen sogar zweckmäßiger sein kann, statt dessen ›Artengruppen‹ als weniger formale Kategoriebezeichnung zu verwenden«. Wir sollten vor einer Nutzung neuer Untergattungsnamen zunächst weitere Untersuchungen abwarten.

Der oben abgebildete Fisch wird derzeit als *Aphyosemion louessense* »FCO 2011/3« gehandelt – und ist es nicht. Das im Artikel von Fellmann (2013) veröffentlichte Foto gibt die Zeichnung eines typischen Fisches aus der *Aphyosemion-ogoense*-Gruppe wieder. Der oben gezeigte Fisch erinnert etwas an *Aphyosemion-gabunense*-Formen. Vielleicht handelt es sich um eine Kreuzung.

Im Wesentlichen sind die hier zusammengefassten Arten problemlos zu pflegen. Manche von ihnen gelten in der Zucht als anspruchsvoll. Bei einzelnen Arten habe ich die Lage des Fundorts über dem Meeresspiegel angegeben. Hieraus lassen sich die Temperaturansprüche herleiten. In der Regel sinken mit höherem Fundort die Wassertemperaturen.

Art: *Aphyosemion escherichi* (Ahl, 1924)

Terra typica: Kamerun, Attogondema, Nga-Zuflüsse.

Scheel (1975) weist auf die Lage des Typenfundortes im heutigen (Nord-)Gabun hin.

Aphyosemion microphtalmum (SEEGERS, 1988) sowie *Aphyosemion simulans* werden als Synonyme betrachtet. Die Artzugehörigkeit wird durch HUBER infrage gestellt (1998b, zitiert nach VAN DER ZEE et al. 2007).

Art: *Aphyosemion exigoideum* RADDA & HUBER, 1977

Terra typica: Gabun, in einem kleinen Bach im Regenwald nahe Mandilou (Sammelort G31/76).

Die Tiere wurden auf einer Seehöhe von 70 m gefunden.

Abb. 9.1.10.2: *Aphyosemion exigoideum.*

Art: *Aphyosemion gabunense boehmi* RADDA & HUBER, 1977

Terra typica: Gabun, an der Straße von Bigouenia nach Mora.

Die Tiere wurden auf einer Seehöhe von 45 m gefunden. Die Art erwies sich in der Zucht als sehr leicht. Die zahlreichen Eier entwickelten sich problemlos und die Jungtiere schlüpften ohne besondere Maßnahmen.

Abb. 9.1.10.4: *Aphyosemion gabunense boehmi.*

Art: *Aphyosemion gabunense gabunense* Radda, 1975

Terra typica: Gabun, in einem kleinen und sumpfigen Bach im Regenwald zwischen Lambaréné und Fougamou entlang der Nationalstraße N1 etwa 30 km südöstlich von Lambaréné in Richtung Mouila.

Abb. 9.1.10.3: Solche Tiere wurden als *Aphyosemion gabunense* erworben.

Art: *Aphyosemion gabunense marginatum* Radda & Huber, 1977

Terra typica: Gabun, Restwasserpfütze eines Baches 9 km südwestlich von Bifoun an der Nationalstraße N1 im Regenwald. Seehöhe 70 m.

Art: *Aphyosemion joergenscheeli* Huber & Radda, 1977

Terra typica: Gabun, schnell fließender Bach im Regenwald, 6 km westlich von Mimongo an der Straße nach Lebamba zwischen Magagara und Lamadou (Migoto-Ogoulou-Subsystem des Ngounié).

Der Typenfundort trägt den Code G20/76. Die Tiere wurden auf einer Seehöhe von 500 m gefunden.

Art: *Aphyosemion primigenium* Radda & Huber, 1977

Terra typica: Gabun, Bach des Douano-Subsystems (Nyanga) im Regenwald der Mayumbe-Berge bei Banyanga. Seehöhe 250 m.

In der Erstbeschreibung werden Regenwaldbäche mit sumpfigen Außenständen als Vorzugsbiotop angeführt.

Abb. 9.1.10.5: Ist *Aphyosemion primigenium* »GBN 88/10« eine valide, von der Nominatform abweichende Spezies?

Art: *Aphyosemion striatum* (Boulenger, 1911)

Terra typica: Gabun, Abanga-Fluss, Ogowe, zwischen dem ersten und zweiten Wasserfall.

Die Zucht ist eigentlich nicht sehr schwierig. Allerdings muss man in den ersten Wochen eher den »Torf füttern«, weil die Jungen sich in dieser Zeit noch zwischen den Torffasern oder Torfflocken verstecken. Sie ähneln darin *Aphyosemion australe*.

Abb. 9.1.10.6: *Aphyosemion striatum.*

9.1.11 *Aphyosemion-grelli*-Artengruppe

Die Arten dieser Gruppe ähneln auf den ersten Blick Vertretern der *Aphyosemion-striatum*-Artengruppe. Sicher können wir uns in einer solchen Zuordnung nicht sein. In der Erstbeschreibung von *Aphyosemion grelli* haben Valdesalici & Eberl (2013) bereits ausdrücklich erläutert, dass keine bis zu diesem Zeitpunkt definierte Gruppe oder Untergattung für eine Einordnung geeignet erscheint, und ließen die endgültige Zuordnung folgerichtig offen. Inzwischen haben die Autoren zwei weitere Arten beschrieben und die oben angeführte Artengruppe definiert.

Huber (2017) stellt im Gegensatz hierzu *Aphyosemion grelli* in die Untergattung *Iconisemion* (Huber, 2013). In der Einleitung zur *Aphyosemion-striatum*-Artengruppe habe ich bereits die Einordnung von Waisen in die Untergattungen *Scheelsemion* (Huber, 2013) und *Iconisemion* (Huber, 2013) durch Huber thematisiert. Sie steht im Widerspruch zu den von Collier (2007) dargestellten Ergebnissen. Beim gegenwärtigen Stand der Kenntnisse scheint mir die Auffassung Mayrs (1975) zu greifen, wonach es »unter Umständen sogar zweckmäßiger sein kann, statt dessen ›Artengruppen‹ als weniger formale Kategoriebezeichnung zu verwenden«. Wir sollten vor einer Nutzung neuer Untergattungsnamen zunächst weitere Untersuchungen abwarten. Nachdem die Arten räumlich sehr nah verbreitet sind, erscheinen molekulargenetische Untersuchungen sinnvoll.

Die Definition der Artengruppe stützen Valdesalici & Eberl (2016) auf die Färbung der unpaaren Flossen der Weibchen. Zum Körper hin sind zwei Drittel gelb, zum äußeren Rand gräulich gefärbt.

Art: *Aphyosemion bitteri* Valdesalici & Eberl, 2016

Terra typica: Holotypus: Gabun, Provinz Ngounié, Département Tsamba-Magotsi, 1 km westlich von Ikobey, Regionalstraße Nr. 22 nach Sindara, ein schmaler Bach mit Namen Dondo gehört zum Ikoy-Flusssystem (1°2′59.2″S 10°58′43.6″O).

Art: *Aphyosemion grelli* Valdesalici & Eberl, 2013

Terra typica: Gabun, Provinz Ngounié, Departement Tsamba-Magotsi, 50 km östlich der Eisenbahn über den Fluss Ngounié auf der Regionalstraße Nr. 22 nach Ikobey (Ikobé), der schmale Bach gehört zum Ikoy-Flusssystem (0°59′07″S 10°56′00″O).

Die Art wurde im Januar 2006 von Eberl und Mengila gefangen.

Art: *Aphyosemion mengilai* Valdesalici & Eberl (2014)

Terra typica: Gabun, Provinz Ngounié, Departement Tsamba-Magotsi, kleiner Fluss mit Namen Bele in der Ortschaft Evouta 42 km östlich von Ikobey (Ikobé) (1°03′75″S 11°11′34″O).

Abb. 9.1.12.1: *Aphyosemion hera* »Bengui 1-2 GJS 2000/29«.

9.1.12 Ungruppierte Arten (Waisen)

Die molekulargenetischen Untersuchungen von Collier (2007) haben innerhalb der ehemaligen Sammelgattung *Aphyosemion* einige Verwandtschaften näher geklärt. Sicherlich darf man nicht vergessen, dass diese DNA-Untersuchungen die Einordnung nicht allein ausmachen, sondern neben Flossenstrahlen, Eioberflächen oder anderem, also den sogenannten morphologischen Merkmalen, zu werten sind. Im Wesentlichen wurden mit wenigen Ausnahmen die Artengruppen bestätigt, die bereits aufgrund der letztgenannten Merkmale gebildet wurden. Es fielen aber einige Arten heraus, die verwandtschaftlich nicht in diese Gruppen eingeordnet werden konnten. Collier bezeichnete sie als »Waisen«.

Bei den Waisen fanden sich zwei Paare verwandtschaftlich besonders nahestehender Arten. Sie wurden bereits vor der genannten Untersuchung aufgrund der Morphologie, der Farbmuster sowie der Geografie als nahe verwandte Arten angesehen. Es handelt sich dabei um:

Aphyosemion bochtleri – Aphyosemion herzogi

Aphyosemion buytaerti – Aphyosemion wachtersi

Weitere Arten stehen allerdings isoliert ohne nähere Verwandte.

Die Einordnung von Waisen in die Untergattungen *Scheelsemion* (Huber, 2013) und *Iconisemion* (Huber, 2013) in Huber (2017c) steht im Gegensatz zu den von Collier (2007) dargestellten Ergebnissen. Wir sollten vor einer Verwendung dieser Untergattungsnamen zunächst weitere Untersuchungen abwarten.

Episemion wird von Collier ebenfalls als Waise ausgewiesen. Ihre verwandtschaftliche Nähe zu *Aphyosemion* unterstrich die Untersuchung.

Art: *Aphyosemion bochtleri* Radda, 1975

Terra typica: Gabun, in einem Bach des Regenwalds etwa 300 m rechts eines Dorfes nahe Montoum in Richtung Ovan.

Radda & Pürzl (1977) erläuterten zum Typenfundort, dass sie diese Art nur im Quellbereich eines Zubringers zu einem größeren Bach fanden (siehe auch *Aphyosemion punctatum*).

Art: *Aphyosemion buytaerti* Radda & Huber, 1978

Terra typica: Republik Kongo, Ekouma-Fluss beim Dorf Ogouée zwischen Zanaga und Voula II.

Die Art gilt als schwierig. Nach meinen Erfahrungen lässt sie sich extensiv in befriedigender Zahl nachziehen. Sie ist allerdings sehr selten geblieben.

Art: *Aphyosemion callipteron* (Radda & Pürzl, 1987)

Terra typica: Gabun, Bach 6 km südöstlich von Bibasse an der Nationalstraße N2 von Oyem nach Mitzic.

Aphyosemion callipteron wurde ursprünglich für so einzigartig gehalten, dass es als *Episemion* in eine monotypische Untergattung zu *Epiplatys* gestellt wurde (Radda & Pürzl 1987a). Untersuchungen von Wildekamp (1993) sowie Van der Zee & Wildekamp (1995) gaben Hinweise, dass das Taxon nicht zu *Epiplatys* gehört. Daraus wird geschlossen, dass diese Fische näher mit den *Aphyosemion* verwandt sind. Die Untersuchung 2007 von Collier hat diese Einschätzung bestätigt.

Die Fische wurden in Gabun und in der Republik Äquatorialguinea gefunden. Zunächst wurde angenommen, dass die Verbreitung auf das nördliche Gabun beschränkt ist. Verschiedene Funde in der Republik Äquatorialguinea durch Malumbres und González (GEMG 11/20) sowie Malumbres, González und Vizcaíno (GEMGV 2012/11) erweiterten die Kenntnisse zum Lebensraum dieser Art.

Im Futter sind sie anspruchslos. Sie nehmen tiefgekühlte Rote Mückenlarven ebenso wie lebende Rote und Schwarze Mückenlarven. Anflugfutter wie *Drosophila* wird gern erbeutet und Grindal akzeptiert.

Für die Haltung und Zucht verwendete ich mein Leitungswasser. Die Tiere wollten sich anfangs nicht fortpflanzen. Zuerst sah ich dies als Bestätigung der Angaben von Radda & Pürzl (1987), die bereits in der Erstbeschreibung auf die »überaus schwierige Nachzucht« verwiesen. Bei einem Gespräch mit Rainer Sonnenberg erwähnte dieser, dass sie diese Fische stets am Prallhang, also in stärkerer Strömung, gefunden hätten. Ich brachte daher einen schwachen Motorfilter im 60-l-Becken ein und konnte danach regelmäßig Jungfische abschöpfen. Die Fische laichten im Filterschaum, den ich zwischen Motorfilter und Scheibe geklebt hatte, um das Vibrationsgeräusch zu unterbinden. Schließlich ließ ich die Jungen im Becken mit den Alten heranwachsen und lichtete nur aus, wenn mir der Besatz zu dicht wurde.

Die Jungfische wuchsen in einem 300-l-Gesellschaftsbecken im gleichen Wasser wie bei den Eltern zusammen mit *Corydoras carlae, Oryzia woworae, Tanichthys micagemmae* sowie *Hyphessobrycon elachys* auf. Die Tiere lebten friedlich zusammen. Lediglich das Kardinalfisch-Männchen und das stärkste *Episemion*-Männchen imponierten regelmäßig, ohne sich jedoch zu verletzen.

De Bruyn berichtete 2015 über seine Zucht dieser Art. Er bestätigte meine Erfahrungen und die besondere Bedeutung, die eine ordentliche Filterung für einen Zuchterfolg ausmacht.

Abb. 9.1.12.2: *Aphyosemion callipteron* »GEMG11/20«.

Art: *Aphyosemion hera* Huber, 1998

Terra typica: Gabun, 45 km nordöstlich von Lambaréné (von der Brücke über den Ogooué-Fluss in der Stadt gerechnet) auf der Straße nach Bifoun nahe Benguié, unteres Ogooué-Becken (0°28'12.0"S 10°19'12.0"O). An diesem Punkt fließt der Ogooué-Fluss weniger als 10 km in Richtung Osten; der Mbiné-Fluss, einer seiner Nebenflüsse, liegt in ähnlicher Entfernung im Westen.

Der Biotop ähnelt dem anderer *Aphyosemion*-Arten: schattiger Waldbach (marigot) mit seichtem Wasser, 1–2 m breit und 20 cm tief mit einigen abgestorbenen Blättern. Das klare Wasser (20 µS/cm, pH 6) hatte im Sommer 1996 in der großen Trockenzeit am Nachmittag eine Wassertemperatur von nur 21 °C. In seiner zu den bekannten Formen abweichenden Zeichnung fasziniert diese leicht zu züchtende Art.

Abb. 9.1.12.3: Auch die Weibchen von *Aphyosemion hera* »Bengui 1-2 GJS 2000/29« weichen von der üblichen Zeichnung ab.

Art: *Aphyosemion herzogi* Radda, 1975

Terra typica: Gabun, in einem schnell fließenden Bach etwa 3 km nördlich von Zoumoukou oder 16 km nördlich von Lalara an der Straße nach Mitzic und Oyem.

In der vor etlichen Jahren geführten Diskussion um die Gültigkeit der Arten wurde *Aphyosemion herzogi* »G223« als Übergangsform zu *Aphyosemion bochtleri* betrachtet. Die trotz der verwandtschaftlichen Nähe zu findende Unterscheidung der Arten stützt die Untersuchung von Collier (2007). In einem lesenswerten Artikel trägt Eberl (2016) umfangreiches Material über die unter den beiden Artnamen eingeführten Fische zusammen und will die Namen nur teilweise gelten lassen. Weitere Fundorte hält er für unbeschriebene Spezies. Molekulargenetische Untersuchungen mit umfangreicherem Material wären wünschenswert.

Abb. 9.1.12.4: *Aphyosemion herzogi* (?) »G223«.

Art: *Aphyosemion hofmanni* Radda, 1980

Terra typica: Gabun, 55 km an der Straße von Mimongo (über Mokabou) nach Mbigou nahe Imémo Mbila in kleinen Seitenarmen eines Bergbaches mit einem Wasserstand von nur wenigen Zentimetern, Du-Chaillu-Massiv, Provinz Ngounié.

Die Art wurde in einer Seehöhe von etwa 600 m gefunden.

Art: *Aphyosemion krystallinoron* (Sonnenberg, Blum & Misof, 2006)

Terra typica: Gabun, am nördlichen Teil des Mont Cristal in einem Fluss nahe des Dorfs Nkinèn gefangen, der die Nationalstraße N5 von Médoneu nach Kougouleu kreuzt (0°58′6.3″N 10°41′33.5″O).

Typusfundort = Fundort-Code G 02/157 = BBS 99/23. Für die Erstbeschreibung wurden neben dem angeführten Material Tiere von den Fundorten GEMBLJ 03/20, GEMBLJ 03/21 sowie GEMBLJ 03/23 aus der Republik Äquatorialguinea herangezogen.

Aphyosemion krystallinoron wird von einigen Autoren (Moelants 2010) vorläufig als abweichende Fundortform von *Aphyosemion callipteron* betrachtet.

Abb. 9.1.12.5: *Aphyosemion krystallinoron* »BBS 99/23 East Edoum«.

Art: *Aphyosemion labarrei* Poll, 1951

Terra typica: 20 km von Mandimba (Inkisi) in einem kleinen Nebenfluss des Ngufu an der südlichen Sektorengrenze mit dem gleichen Namen, nahe der Stadt Kiavo.

Das Typusexemplar wurde wie einige Paratypen von Labarre 1950 gefangen. Die Art wurde jedoch bereits 1922 bei Kisantu gefunden. Der Fänger,

Dr. Schouteden, konnte 17 Fische konservieren, die von Pellegrin 1927 unzutreffend mit dem Namen *Aphyosemion lujae* versehen wurden. Poll rechnete *Aphyosemion labarrei* der damaligen Untergattung *Fundulopanchax* zu, sodass er in der Erstbeschreibung Vergleiche zu *Aphyosemion (Raddaella) batesii* zog. Diese sind heute nicht mehr relevant.

Fünf Arten gelten als endemisch für das Inkisi-Flusssystem (Lunkayilakio & Vreven 2010), *Aphyosemion labarrei* zählt dazu. Van der Zee & Sonnenberg (2012) kündigten weitere Bearbeitungen aus der *labarrei*-Verwandtschaft an.

Aphyosemion labarrei ist leicht zu züchten. Die Art ist deshalb für Aquarianer geeignet, die es mit Killifischen versuchen wollen.

Abb. 9.1.12.6: *Aphyosemion labarrei* »Madimba«.

Art: *Aphyosemion punctatum* Radda & Pürzl (1977)

Terra typica: Gabun, sumpfiger Bach nahe der Katholischen Mission in Mokokou.

Radda & Pürzl (1977) berichteten von ihrer Fangreise in Nordgabun. Sie fingen diese Art sympatrisch 1975 am Sammelort G37/75 neben *Aphyosemion bochtleri* – nur im Quellbereich zu einem größeren Bach – und zogen Vergleiche zu dem im Ivindo-Becken gefundenen *Aphyosemion »striatum ogoense«*. Diese Bezeichnung stammte von Lambert & Gery (1967; siehe auch Wildekamp 1976). Die Art wurde zunächst von Radda (1975a) als *Aphyosemion* spec. aff. *wildekampi* bezeichnet. Die derzeit unter dieser Bezeichnung verbreitete Form ist hiermit nicht identisch.

Die Art ließ sich gut extensiv züchten. Bei guter Fütterung kamen genügend Jungfische auf, die ab einer gewissen Größe aus dem Aquarium gefangen werden mussten, damit sie sich nicht zusätzlich von ihren Geschwistern ernährten.

Abb. 9.1.12.7: *Aphyosemion punctatum* »Koulamouto«.

Art: *Aphyosemion raddai* Scheel, 1975

Terra typica: Kamerun, unter einer Brücke gerade südlich der Straßenverbindung Eseka–Edéa–Yaoundé.

Eberl (2013) zweifelt aufgrund des Färbungsmusters beim Männchen, ob der unter dem Namen *Aphyosemion raddai* verbreitete Fundort »ABL 08/268« tatsächlich zu dieser Art gehört.

Abb. 9.1.12.8: Gehört der Fundort »ABL 08/268« zu *Aphyosemion raddai*?

Art: *Aphyosemion tirbaki* Huber, 1999

Terra typica: Gabun, in einem Waldbach (marigot) nahe Tsotandzala, einer Stadt an der Straße von Lastourville nach Moanda, 82,7 km von Lastourville oder etwa 38 km von Moanda, Fluss Joumini, Teil des Youmidié, Lékoudi-Becken (nach Huber: 1°16′48.00″S 13°1′48.00″O).

Das Typenmaterial wurde im März 1996 durch Eberl, Blum und Tirbak in einer Höhe von 700 m ü. M. gefunden (EBT 96/7). Am Fundort BSWG 97/9 wurde die Art im August 1997 syntop mit *Aphyosemion lamberti* aufgesammelt. Aquarienbeobachtungen deuten auf eine Entwicklungszeit der Eier von drei Wochen hin.

Huber rechnete die Art zur *Aphyosemion-ogoense*-Superspezies.

Art: *Aphyosemion wachtersi mikae* Radda & Huber, 1978

Terra typica: Gebiet der heutigen Republik Kongo, Dorf Gnimi-Quartier Mbaya im Fluss Mpoutoulou, Provinz Lékoumou.

Die Art gilt als schwierig.

Abb. 9.1.12.9: *Aphyosemion wachtersi mikae.*

Art: *Aphyosemion wachtersi wachtersi* Radda & Huber, 1978

Terra typica: Gebiet der heutigen Republik Kongo, ein nur vier Quadratmeter großer Quellteich der Wasserversorgungsanlage im Dorf Voula II, 9 km nordöstlich von Zanaga an der Straße zum Ogowe (Lésala-Subsystem).

Die Art gilt wie die weitere Unterart als schwierig. Wildekamp (1993) zweifelte, ob man die Unterarten nicht als Lokalformen einer Art ansehen sollte. In Van der Zee et al. (2007) wird diese Frage nicht mehr erörtert.

Art: *Aphyosemion wildekampi* Berkenkamp, 1973

Terra typica: Kamerun, in einem Waldbach in der Umgebung von Diang, 40 km westlich von Bertoua. Wildekamp (1993) bezeichnete diese Angabe als nicht korrekt. Vlaming habe ihn einem Bach zugeordnet, der sich unmittelbar östlich von Bertoua an der Straße zum Flughafen befinde.

Abb. 9.1.12.10: *Aphyosemion wildekampi.*

Abb. 9.1.12.11: Diese Form kursiert derzeit als *Aphyosemion* sp. aff. *wildekampi.*

Abb. 9.2.1: *Fundulopanchax (Paraphyosemion) amieti.*

9.2 Gattung *Fundulopanchax* Myers, 1924

In den Anfangsjahren der Aquaristik – das hatte ich bereits erwähnt – wurden unsere Killifische als »Fundulen« bezeichnet. Der Begriff war vom Gattungsnamen *Fundulus* abgeleitet worden, unter dem zunächst einige Eierlegende Zahnkarpfen beschrieben wurden und der für eine Gruppe nordamerikanischer Zahnkarpfen nach wie vor gilt (Eschmeyer 1990). Im Jahre 1846 führte Valenciennes (in Cuvier & Valenciennes, 1846) die Gattung *Panchax* für eine Gruppe von Killifischen ein. Inzwischen wird *Panchax* als Synonym zu *Aplocheilus* (McClelland 1839) angesehen. Vor dem Hintergrund der verwandtschaftlichen Beziehungen wählte Myers 1924 (1924b) den Namen *Fundulopanchax* und damit ein Taxon, das diese beiden Begriffe vereinte.

Diese Einordnung hatte für die deutsche aquaristische Literatur zunächst kaum Bedeutung, denn Untergattungsnamen wurden von den Autoren nur zögerlich, eher gar nicht angenommen. 1971 definierten Loiselle & Blair die Untergattung neu und gaben eine Darstellung ihrer Auffassung zu deren Hauptentwicklungslinien, die auf Daten Scheels beruhte. Parenti erhob 1981 *Fundulopanchax* erstmals in den Gattungsrang. In Deutschlands aquaristischer Literatur schlug sich auch diese Einstufung kaum nieder, obwohl Parenti mit der Untersuchung der Knochenstrukturen und ihrem phylogenetischen Ansatz deutlich modernere Wege beschritt. Van der Zee & Wildekamp (1995) erkannten die Einordnung als Gattung an, hielten jedoch den Wert der diagnostizierten Merkmale für unzureichend. Deshalb legten sie eine Wiederbeschreibung der Gattung *Fundulopanchax* vor. Hierüber habe ich ausführlich berichtet (Ott 1998).

Die Ergebnisse einer Untersuchung von Murphy & Collier (1999) an mitochondrialen DNA-Sequenzen stützten den Gattungsstatus von *Fundulopanchax*. In ihrer Untersuchung erwies sich *Aphyosemion* jedoch als Geschwistergruppe zu *Fundulopanchax*, während in einer weiteren molekularbiologischen Studie der neuweltlichen Rivulidae (heute Cynolebiidae, weil bereits belegt; Van der Laan et al. 2014) mit geringer Probenzahl und auf die Evolution der Diapause gezielt von Hrbek & Larson (1999) *Aphyosemion* sich als Geschwistergruppe zu einer Klade mit *Fundulopanchax* und *Nothobranchius* zeigte.

Das Verbreitungsgebiet der *Fundulopanchax* reicht von der Elfenbeinküste über Ghana, Togo, Nigeria, Kamerun, Gabun bis nach Zaire in Außenständen der Flüsse und morastigen Sümpfen, manchmal nur ein paar Zentimeter tief.

Alle Arten der Gattung *Fundulopanchax* zeigen einen annuellen Fortpflanzungsmodus. Sie sind damit bestens ihren von Zeit zu Zeit austrocknenden Biotopen angepasst. Die Eier überleben im Bodengrund, bis wieder Regen fällt. Dabei sind definierte Diapausen kennzeichnend.

Fundulopanchax-Arten sind aquaristisch besonders interessant. Diese farblich äußerst attraktiven Fische sind robust. Deshalb sind gerade die kleineren Arten der Gattung für erste aquaristische Erfahrungen mit Killifischen geeignet. Die größeren Gattungsangehörigen fressen, was nur in sie hineingeht. Dementsprechend fordern sie Aufmerksamkeit und Fleiß bei der Wasserpflege. Allerdings sind auch die kleineren Tiere keine Kostverächter.

Die *Fundulopanchax*-Arten sind jedoch keineswegs so einheitlich, wie ihre Einordnung in eine Gattung dies vielleicht vermuten ließe. Zwischen dem relativ riesigen *Fundulopanchax sjostedti* und dem eher zierlichen *Fundulopanchax rubrolabialis* liegen aquaristische Welten, die jedem Liebhaber Gelegenheit zu reicher eigener Erforschung bieten. Nicht jeder Zuchtversuch klappt auf Anhieb, sodass für einen entsprechenden Anreiz gesorgt ist.

Im mäßig besetzten Artenbecken sollten für die kleineren Arten zumindest 30 l und für die größeren zumindest 60 l zur Verfügung stehen. Kurzansätze auch der größeren Arten sind im 10-l-Becken möglich.

Die Fische dieser Gattung eignen sich gut für eine Vergesellschaftung. Die Mitinsassen müssen über eine Körpergröße verfügen, die sie als Zusatzkost ungeeignet erscheinen lassen. Ich habe gute Erfahrungen mit der gemeinsamen Pflege von *Fundulopanchax* mit Cichliden und Welsen gesammelt.

Aufgrund der heimatlichen Bedingungen empfiehlt sich für Haltung und Zucht eine Temperatur von etwa 24–25 °C. Die Gattung enthält die Untergattungen *Fundulopanchax* Radda, 1977, *Paludopanchax* Radda, 1977, *Paraphyosemion* Kottelat, 1976 und *Pauciradius* Wildekamp & Van der Zee, 2005.

9.2.1 Untergattung *Fundulopanchax* Radda, 1977

Radda beschrieb 1977 neben *Fundulopanchax* und weiteren Untergattungen auch die Untergattung *Gularopanchax*. Seegers zeigte 1988 auf, dass *Gularopanchax* als Synonym zur Untergattung *Fundulopanchax* anzusehen ist. Radda bestimmte *Fundulopanchax sjostedti* zur Typusart von *Fundulopanchax*. Neben diese Typusart stellte er als zweite Art *Fundulopanchax kribianus*. Bei *Gularopanchax* ordnete er jedoch u. a. *Fundulopanchax schwoiseri* ein. Beide Arten sieht Seegers als Synonyme zu *Fundulopanchax fallax*. Daraus zieht er den Schluss, dass *Gularopanchax* nicht mehr von *Fundulopanchax* abzugrenzen sei und deshalb als Synonym zu werten ist. In der Artbesprechung ist erläutert, dass diese Synonymisierung mit *Fundulopanchax fallax* nicht von jedem Bearbeiter geteilt wird. Nachdem jedoch die Übereinstimmung von *Fundulopanchax kribianus* sowie *Fundulopanchax schwoiseri* plausibel erscheint, greift Seegers Schlussfolgerung bereits allein aus diesem Grund. Sie würde zudem auch dann zu ziehen sein, wenn sich beide Arten tatsächlich als valide und nahe verwandt erweisen sollten.

Art: *Fundulopanchax (Fundulopanchax) deltaensis* (Radda, 1976)

Terra typica: Nigeria, ca. 180 m südlich der Hauptstraße Sapele-Benin nach Warri im westlichen Nigerdelta, Midwestern State.

Die Art wird von Van der Zee & Wildekamp (1994) als Synonym zu *Fundulopanchax gularis* betrachtet. Ich führe sie hier an, weil in der Zucht deutliche Unterschiede festzustellen sind. Während die Zucht von *Fundulopanchax gularis* als verhältnismäßig einfach gilt, klappt es bei vielen Killianern eher selten mit *Fundulopanchax deltaensis*. Einzig Karl-Heinz Lüke züchtet seinen Stamm bereits seit 30 Jahren, wie ich im Gespräch mit ihm erfahren konnte. Die Autoren Akum, Sonnenberg, Van der Zee & Wildekamp (2007) führen die Art in der Beschreibung von *Fundulopanchax kamdemi* ohne Einschränkungen auf.

Abb. 9.2.1.1: *Fundulopanchax (Fundulopanchax) deltaensis.*

Art: *Fundulopanchax (Fundulopanchax) fallax* (Ahl 1935)

Terra typica: Aquarienfische unbekannter Herkunft.

Seegers (1986b) berichtete über die von ihm bearbeiteten Fische im Zoologischen Museum in Berlin. Zudem trug er Informationen aus verschiedenen Quellen zusammen und zog daraus den Schluss, dass *Fundulopanchax kribianus* und *Fundulopanchax schwoiseri* mit *Fundulopanchax fallax* identisch seien. Wilhelm Schreitmülller sowie Johann Paul Arnold, berühmte Aquarianer vergangener Tage, hatten 1934 mit unterschiedlichen Fundortangaben Norman vom Britischen Museum um eine Bestimmung gebeten. Als aus London zwei verschiedene Namen genannt wurden und anschließend in Deutschland die Runde machten, ließ es Schreitmüller keine Ruhe. Er legte die Tiere Ahl vor, der sie als neu erkannte.

Die zur Bearbeitung gehörende Revision Seegers wurde erst 1988 veröffentlicht. Hierin stellte er fest, dass der Name *Aphyosemion fallax* den Tieren zukommt, die bisher als *Aphyosemion schwoiseri* und *Aphyosemion kribianum* bezeichnet wurden. Huber (1998b) lässt erkennen, dass er die Behandlung des Problemkreises *fallax/walkeri/deltaense/kribianum/schwoiseri/gulare* durch Seegers nicht akzeptiert. Er verweist darauf, dass *Aphyosemion fallax* 1935 durch Ahl nach einer Aquarienpopulation mit unbekannter Herkunft beschrieben wurde und die Typen als verloren betrachtet werden (nomen vanum).

Momentan erscheint es mir sinnvoll, dem Vorschlag Seegers zu folgen. Er hat die Problematik aufgezeigt und den Nomenklaturregeln entsprechend aus den in London hinterlegten und aus der Quelle Scholze & Pötschke (einem sehr bekannten Zoogeschäft in Berlin, wo viele Aquarianer gesuchte Seltenheiten erwerben konnten) vermuteten Exemplaren einen Neotypus festgelegt. Die Kenntnis der Typuslokalität war 1935 für eine gültige Beschreibung nicht erforderlich.

Agnèse (2010) unterstreicht, dass er Seegers in dieser Sichtweise wie schon Scheel (1990) sowie Huber (2006) nicht folgt. Er erwähnt jedoch, dass das Synonymisieren von *Fundulopanchax kribianus* und *Fundulopanchax schwoiseri* plausibel erscheint. Dennoch sieht er es als wahrscheinlich an, dass *Fundulopanchax schwoiseri* und *Fundulopanchax kribianus* zwei gut unterscheidbare Arten repräsentieren, aber sehr eng verwandt sind.

Zu *Fundulopanchax schwoiseri* teilte Chauche (Chauche & Huber 1985) mit, dass er Zuchtversuche während eines warmen Sommers in Paris unternahm, bei dem die Temperatur nicht unter 26 °C sank. Der Teil der Eier, der trocken gelegt wurde, schlüpfte nach 5 Wochen, der zweite Ansatz benötigte 45 Tage. Die Schlupfrate betrug 67 bis 53 %.

Abb. 9.2.1.2: *Fundulopanchax (Fundulopanchax) fallax.*

Art: *Fundulopanchax (Fundulopanchax) gularis* (Boulenger, 1901)

Terra typica: Nigeria, in schattigen Bächen und überfluteten Yamswurzelplantagen bei Agberi.

Die Art ist trotz (oder gerade wegen?) ihrer verhältnismäßig leichten Zucht im Hobby selten geworden.

Abb. 9.2.1.3: *Fundulopanchax (Fundulopanchax) gularis.*

Art: *Fundulopanchax (Fundulopanchax) sjostedti* (Lönnberg, 1895)

Terra typica: Kamerun, kleiner Bach in der Nähe des Wasserfalls des Ndian-Flusses.

Als *Fundulus gularis* wurde die Art in einem Aquarell von Schlawjinski aus dem Jahr 1907 dargestellt, das Stansch 1914 in einem Buch publizierte, im Text wird sie dann *Fundulus gularis var. blau* genannt. Im gleichen Werk findet sich *Fundulopanchax deltaensis* nur drei Buchseiten weiter als *Fundulus gularis* gelb (forma typica). Auch *Callopanchax occidentalis* fehlt nicht, beschrieben als *Fundulus sjoestedti*. Erstaunlich finde ich die sehr schönen und treffenden Zeichnungen bzw. Aquarelle.

Die als *Fundulopanchax sjoestedti* bezeichnete Art wurde viele Jahre unter diesem Namen geführt. Körber (2009) brachte am Beispiel von Lönnberg in Erinnerung, dass der International Code (Art. 32.5.2.1) nur für Namen deutschen Ursprungs, die vor 1985 vergeben wurden, eine Auflösung der Umlaute z. B. von ö zu oe vorsah. Lönnberg findet sich nicht im Verzeichnis deutscher Familiennamen, sodass lediglich ein o zu schreiben ist. Dies greift bei anderen Namen wie Sjöstedt ebenfalls.

Die Art wird sehr groß (um die 10 cm Körperlänge, oft deutlich darüber) und ist robust. Sie benötigt entsprechende Futtergaben sowie die dazugehörige Wasserpflege, die durch eine Filterung des Wassers erleichtert wird. Die Jungen wachsen sehr zügig heran. Befruchtete Eier sind von den Tieren – nicht nur nach meinen Erfahrungen – erst nach einem halben Jahr zu erwarten.

Nicht immer gelingt es, die Nachzuchten zügig weiterzugeben. So habe ich ein *sjostedti*-Männchen in ein 400-l-Becken zu meinen Triangel-Guppys gesetzt, damit es dort ein bisschen »aufräumt«. Ich war doch leicht überrascht, dass es noch nicht einmal die Jungtiere fraß. Die bunte Truppe schwamm freudig miteinander und wartete auf das Futter, dass ich ihnen bringen sollte. Ich beobachtete genauer und konnte den Burschen bei seinen Versuchen begleiten, nach dem einen oder anderen Tier zu schnappen. Sie wichen jedoch geschickt aus. Einigen Guppy-Männchen fehlten bald Teile der Schwanzflosse, dies war aber alles, was das *sjostedti*-Männchen ausrichten konnte.

Abb. 9.2.1.4: *Fundulopanchax (Fundulopanchax) sjostedti* »Nigerdelta«.

9.2.2 Untergattung *Paludopanchax* Radda, 1977

Art: *Fundulopanchax (Paludopanchax) arnoldi* (Boulenger, 1908)

Terra typica: Südliches Nigeria, Warri im westlichen Nigerdelta.

Die Art zeigte sich als sehr empfindlich und zeigte schnell *Oodinium*-Befall.

Art: *Fundulopanchax (Paludopanchax) filamentosus* Meinken, 1933

Terra typica: Aquarienmaterial unbekannter Herkunft.

Diese Art ist leicht zu vermehren. Nach meinen Erfahrungen vereinfachen Torfansätze die Arbeit. Ein Aufguss nach etwa sechs Wochen brachte gute Schlupfergebnisse. Allerdings ist mit recht hohen Nachwuchszahlen zu rechnen, sodass bei der Aufzucht rechtzeitig in größere Behälter umgesetzt werden sollte. Dies gelingt problemlos. Nach vier Wochen nehmen die Jungen bereits erste Schwarze Mückenlarven. Von dieser Art existiert eine abweichende Farbform, die unter dem Namen *Aphyosemion filamentosum* »Ruwenzori« verbreitet wurde (Ott 1985a). Das gleichnamige Gebirge in Ostafrika hat mit dem wirklichen Verbreitungsgebiet der nominellen Art nichts zu tun.

Abb. 9.2.2.1: *Fundulopanchax (Paludopanchax) filamentosus* »Ruwenzori«.

Art: *Fundulopanchax (Paludopanchax) robertsoni* (Radda & Scheel, 1974)

Terra typica: Kamerun, Sumpfgebiet im offenen Busch innerhalb der CDC-Gummiplantage in Ekona, etwa 1 km nördlich von Bolifamba bzw. 5,6 km nördlich der Straßenverbindung Edéa–Douala–Viktoria in Richtung Kumba.

Die Art war bei mir im kleinen 12-l-Aquarium (sogenanntes DKG-Becken) empfänglich für *Oodinium*-Parasiten.. Allgemein gilt sie in Haltung und Zucht als schwierig. Vielleicht liegt es aber auch nur an den ungenügenden Kenntnissen über diese Spezies, denn sie ist lediglich sporadisch in unseren Aquarien zu finden.

Art: *Fundulopanchax (Paludopanchax) rubrolabialis* (RADDA, 1973)

Terra typica: Kamerun, lehmige Restwasserpfützen eines Sumpfgebiets 19 km nordwestlich von Mbongo.

Die Art benötigt eine Entwicklungszeit von etwa drei Monaten. Seit ihrer Einführung in die Aquaristik gilt sie in der Zucht als schwierig. Deshalb konnte sie sich im Bestand nicht ähnlich wie *Fundulopanchax (Paludopanchax) filamentosus* etablieren.

Abb. 9.2.2.2: *Fundulopanchax (Paludopanchax) rubrolabialis.*

9.2.3 Untergattung *Paraphyosemion* KOTTELAT, 1976

Art: *Fundulopanchax (Paraphyosemion) amieti* (RADDA, 1976)

Terra typica: Kamerun, Bach im Regenwald an der Straße von Koupongo, 500 m westlich von Somakak (Songmakak), Sanaga-System im südwestlichen Kamerun (3°57′0.0″N 10°10′0.0″O).

Die Terra typica dieser Art liegt nördlich des Sanaga. Allgemein wurde angenommen, dass große Flüsse für die weniger guten Schwimmer wie *Aphyosemion* s. l. ein Verbreitungshindernis darstellen. Doch dann fanden AMIET (1987) und später AGNÈSE (2013) Tiere südlich dieses Stroms.

Diese Art begeisterte mich so sehr, dass ich vor vielen Jahren beschloss, mich intensiver mit Killifischen zu befassen. Zuchterfolge ließen nicht lange auf sich warten. Dabei habe ich den Torf nach dem Ansatz nur ausgedrückt und kurze Zeit antrocknen lassen. Die besten Zuchterfolge hatte ich bei einer Torflagerung von zehn bis zwölf Wochen.

Art: *Fundulopanchax (Paraphyosemion) avichang* Malumbres & Castelo, 2001

Terra typica: Republik Äquatorialguinea, kleine temporäre Teiche im Einzug des Ecucu-Flusses, Nguba II (Bata) (1º45′39.1″N 9º49′26.6″O).

Die Art wurde im Dezember 2000 von Francisco Javier Malumbres Viscarret und Francisco García Lora in einer Höhe von 42 m ü. M. gefunden.

Art: *Fundulopanchax (Paraphyosemion) cinnamomeus* (Clausen, 1963)

Terra typica: Kamerun, kleiner Fluss im flachen Bergland, 70 km von Kumba (etwa 5°14′0.0″N 9°24′0.0″O).

Mit den breiten gelben Flossenrändern in Schwanz- und Afterflosse fallen diese Fische dem Betrachter sofort auf. Im Fischbestand der DKG hat sich diese Art behaupten können. Dies spricht für eine gute Züchtbarkeit.

Abb. 9.2.3.1: *Fundulopanchax (Paraphyosemion) cinnamomeus.*

Art: *Fundulopanchax (Paraphyosemion) gardneri gardneri* (Boulenger, 1911)

Terra typica: Südöstliches Nigeria, Okwoga, Oberlauf des Cross River.

Scheel hat 1963 darauf hingewiesen, dass die von Meinken als *Aphyosemion gardneri* bestimmten Fische aus der Elfenbeinküste *Aphyosemion walkeri* (jetzt *Fundulopanchax walkeri*) darstellen. Es waren Fänge von Sheljuzko im Auftrag der Firma Andreas Werner, München.

Vergleicht man Bilder von Tieren, die vor Jahren in die Aquaristik eingeführt wurden, mit Fotos aktueller Stämme, fallen erhebliche Farbunterschiede auf (z. B. Huber & Wrigt 1975). Allerdings finden wir unter einer Ortsbezeichnung mehrere Formen. So ist der heutige Stamm »Makurdi« wesentlich intensiver rot gepunktet. In der Afterflosse fehlt das breite, äußere gelbe Band. Diese Zeichnung würde die Unterart zu *Fundulopanchax (Paraphyosemion) gardneri nigerianus* stellen (siehe dort). Auch die von Huber & Wrigt (1975) genannte Entwicklungszeit der Eier wäre dafür ein Kriterium. Es spricht einiges dafür, dass hier möglicherweise Fundortformen vermischt oder verwechselt wurden.

Art: *Fundulopanchax (Paraphyosemion) gardneri lacustris* (Radda, 1974)

Terra typica: Kamerun, Wasserpfützen eines austrocknenden Abflusses des Ejagham-Sees.

Diese Form unterscheidet sich von den anderen Unterarten durch eine gleichförmige grünlichgelbe bis orange Färbung der Afterflosse. Die Unterart gilt in der Zucht von allen *Fundulopanchax-gardneri*-Arten als die schwierigste (Wildekamp 1996).

Art: *Fundulopanchax (Paraphyosemion) gardneri mamfensis* (Radda, 1974)

Terra typica: Kamerun, Bach nahe seiner Mündung in einen größeren Fluss, 3 km südlich von Bachou Akagbe an der Straße nach Manyémen.

Abb. 9.2.3.2: Innerhalb von vier Wochen entwickeln sich die Eier von *Fundulopanchax (Paraphyosemion) gardneri mamfensis* »Mile 5 CB3SR 2007-19« im Wasser.

Art: *Fundulopanchax (Paraphyosemion) gardneri nigerianus* (Clausen, 1963)

Terra typica: Nigeria, Sumpf nahe Arum an den südlichen Abhängen des Jos-Plateaus.

Radda stellte 1973 *Aphyosemion nigerianum* in den Status einer Unterart. Diese Einordnung hat bis heute bei vielen Autoren Bestand (Wildekamp 1996). In ihrem Artenschlüssel rechnen Van der Zee et al. (2007) alle Formen mit einem roten Band durch die Mitte der Afterflosse zu dieser Unterart.

Fundulopanchax (Paraphyosemion) gardneri nigerianus zeigen die größten Unterschiede in den Entwicklungszeiten. Fundortformen aus dem Gebiet nördlich des Niger und des Benue-Flusses tendieren zu einer verlängerten Zeit von 6 bis 8 Wochen. Jene aus den jeweils südlichen Gebieten entwickeln sich in der als normal angesehenen Zeit von 15 bis 20 Tagen (Wildekamp 1996).

Abb. 9.2.3.3: Diesem Fisch fehlt die für *Fundulopanchax (Paraphyosemion) gardneri nigerianus* typische Afterflossenzeichnung.

Abb. 9.2.3.4: *Fundulopanchax (Paraphyosemion) gardneri nigerianus* »Makurdi« der früheren Form.

Art: *Fundulopanchax (Paraphyosemion) gresensi* Berkenkamp, 2003

Terra typica: Kamerun, (5°34′0.0″N 9°50′0.0″O).

In der Erstbeschreibung sind für die Terra typica lediglich die Koordinaten genannt. Die Verbreitung wird mit kleinen Bächen bei den Ortschaften Takwai I und II, bei Atebong Wire sowie Edjuingan angegeben. Die Bäche gehören zum System des Bagwor- und Mack-Flusses.

Huber (2017b) erkennt die Art als gültig an. Im Internet setzen sie einige Autoren inzwischen in den Status einer Unterart zu *Fundulopanchax mirabilis* (z. B. Pohlmann 2017). Mir erscheint es sinnvoller, zunächst weitere Untersuchungen abzuwarten und bis dahin den eingeführten Namen zu verwenden.

Mit der Diskussion zu den Unterarten von *Fundulopanchax mirabilis* setzt sich Berkenkamp in seiner Erstbeschreibung nicht auseinander. Vielmehr erhebt er alle beschriebenen Unterarten in den Gattungsrang. Er begründet dies mit der konstanten Lebendfärbung der Stamm- und der Unterarten sowie den Kreuzungsergebnissen. Gresens und seine Mitreisenden hätten zwei dieser Formen an einem Fundort vermischt gefunden. Van der Zee et al. (2007) führen die Art ebenfalls und folgen Berkenkamp im Status der Unterarten. Sie erinnern aber daran, dass die Kreuzungen der bisher zu *Fundulopanchax mirabilis* beschriebenen Unterarten bis in die F3 dafür sprechen, dass es sich um eine einzige biologische Art handelt.

Art: *Fundulopanchax (Paraphyosemion) intermittens* (Radda, 1974)

Siehe Anmerkungen zu *Fundulopanchax (Paraphyosemion) mirabilis* sowie *gresensi*.

Art: *Fundulopanchax (Paraphyosemion) mirabilis* (Radda, 1970)

Terra typica: Kamerun, kleiner Bach nahe der Ortschaft Mbio an der Straße von Mamfé nach Kumba.

Ebenso wie bei *Fundulopanchax gardneri* fanden sich bei *Fundulopanchax mirabilis* blaue und gelbe (*Fundulopanchax moensis*) Farbmorphen. Doch anders als bei *Fundulopanchax gardneri* scheinen diese Unterarten allopatrisch verbreitet zu sein. Scheel (1990) weist darauf hin, dass Radda ein Jahr nach der Beschreibung von *Fundulopanchax moensis* (Radda, 1970) die angegebene geografische Verbreitung aufgrund eines Fundes bei Manyémen (55 km südlich von Mbio) revidierte. Dieser neue Fund wurde als *Fundulopanchax mirabilis traudeae* (Radda, 1971) beschrieben. Als vierte Form beschrieb Radda schließlich *Fundulopanchax mirabilis intermittens* (Radda, 1974). Scheel hebt hervor, dass *Fundulopanchax intermittens, moensis* sowie *traudeae* lediglich durch wenige Feinheiten ihrer Farbmuster unterschieden werden. Er erkennt deshalb nur die Stammform sowie *Fundulopanchax moensis* (Radda, 1970) an. Dem schließt sich Wildekamp (1996) an.

Zum fraglichen Artstatus der Unterarten siehe bei *Fundulopanchax gresensi*.

Art: *Fundulopanchax (Paraphyosemion) moensis* (Radda, 1970)

Terra typica: Kamerun, ein großer Zufluss des Mo-Flusses (an der Straße von Bamenda nach Mamfé, zwischen Kendem und Noumba).

Siehe Anmerkungen zu *Fundulopanchax mirabilis* sowie *gresensi*.

Art: *Fundulopanchax (Paraphyosemion) ndianus* (Scheel, 1968)

Terra typica: Nigeria, nahe Osomba im südlichen Teil der Straße Mamfé–Eyomoyok–Calabar.

Mit dieser Art lässt sich gut züchten. Leider ist sie inzwischen selten geworden.

Art: *Fundulopanchax (Paraphyosemion) puerzli* (Radda & Scheel, 1974)

Terra typica: Westliches Kamerun, kleiner Bach nahe dessen Einmündung in einen größeren Zufluss des Wouri, 27 km nordöstlich der Straßenkreuzung der Straßen Douala–Edéa–Yabassi in Richtung Yabassi.

Die Art wurde zusammen mit *Aphyosemion (Chromaphyosemion) riggenbachi* gefangen.

Art: *Fundulopanchax (Paraphyosemion) spoorenbergi* (Berkenkamp, 1976)

Terra typica: Aus dem Grenzbereich Ostnigeria/Westkamerun, es wird vermutet, dass es sich um das Gebiet zwischen Calabar und Mamfe handelt.

Diese Art brachte im März 1974 der niederländische Aquarianer Boelen (angestellt bei der Fa. Roelofs, Amsterdam) als Beifang zu *Fundulopanchax ndianus* mit. Die Tiere stammten von einem kamerunischen Fänger, der an mehreren Stellen im Grenzgebiet von Nigeria zu Westkamerun Fische fing und sie nach Amsterdam sandte.

Abb. 9.2.3.5: *Fundulopanchax (Paraphyosemion) spoorenbergi.*

Art: *Fundulopanchax (Paraphyosemion) traudeae* (Radda, 1971)

Terra typica: Kamerun, Bach am Südrand von Manyémen (oberstes südliches Cross-System).

Siehe Anmerkungen zu *Fundulopanchax mirabilis* sowie *gresensi*.

Im Gegensatz zu Wildekamp (1996) sehen Van der Zee et al. (2007) sie als gültige Art.

Art: *Fundulopanchax (Paraphyosemion) walkeri* (Boulenger, 1911)

Terra typica: Ghana, Bokitsi Mine, Bezirk Wasa. Scheel (1990) wies auf die unzutreffende Typenfundort-Bezeichnung »Bokitsa« hin.

Die sehr variable Art ist in den bewaldeten Gebieten von Ghana bis zur Elfenbeinküste zu finden. Berkenkamp & Etzel (1980) haben sich der Mühe unterzogen, zehn bekannte Fundortformen zusammen- und in eine Verbreitungskarte einzutragen. Wildekamp steuerte Zeichnungen dieser Fische bei. Berkenkamp & Etzel (1981) veröffentlichten Kreuzungsexperimente mit Fundortformen und zogen daraus den Schluss, dass die Unterart *Fundulopanchax walkeri spurelli* berechtigt sei. Mir erscheint bei einer Unterart der Verweis auf den biologischen Artbegriff von Mayr (1967) mit seiner natürlichen Fortpflanzungsgemeinschaft nicht schlüssig.

Scheel (1968) synonymisierte die Unterart *Fundulopanchax walkeri spurelli* mit *Fundulopanchax walkeri*. Später (1990) bestätigte er seine Einschätzung und verwies darauf, dass das Färbungsmuster der wirklichen *walkeri*-Männchen unbekannt sei, weil die Art nach drei schlecht konservierten Weibchen beschrieben wurde. Den von Kottelat erwähnten Fund von Blair an der Bokitsa Mine (sic) in Ghana hält Scheel für unerheblich für diese Diskussion, weil die von Blair veröffentlichte Karte eine Position aufzeigt, die mit dem Typenfundort nichts zu tun hat und dieser Fisch damit eine weitere Fundortform zeigt. Er verweist auf die vorhandene Bänderzeichnung der Form von Kumasi. Berkenkamp & Etzel (1981) sowie Wildekamp (1996) bilden sie ohne diese Bänder ab.

Radda (1976) beschrieb aus Ghana *Aphyosemion litoriseboris*. Hierüber entbrannte eine Diskussion, die letztlich auch diese Form zu *Fundulopanchax walkeri* stellt.

Huber (1981a) betrachtet die Unterarten zu *Fundulopanchax walkeri* als Synonyme der Stammart, weil eine geografische Abgrenzung nicht möglich ist, wie sie von Berkenkamp oder Radda angenommen wurde.

9.2.4 Untergattung *Pauciradius* Wildekamp & van der Zee, 2005

Art: *Fundulopanchax (Pauciradius) marmoratus* (Radda, 1973)

Terra typica: Kamerun, Bach 16 km nordöstlich von Mbonge an der Straße nach Kumba.

Leider bleibt die Art oft unbeachtet, weil sie nicht so farbig erscheint. Da wird ihr Potenzial völlig unterschätzt. Eingewöhnt, zeigt sie ein kräftiges Farbmuster, das begeistert. Sie ist einfach zu züchten und eignet sich deshalb für Aquarianer, die sich an Killifischen versuchen möchten.

Abb. 9.2.4.1: *Fundulopanchax (Pauciradius) marmoratus.*

Art: *Fundulopanchax (Pauciradius) oeseri* (Schmidt, 1928)

Terra typica: Aquarienmaterial unbekannter Herkunft.

Inzwischen wurden Fische auf der Insel Bioko (ehemals Fernando Poo), Republik Äquatorialguinea, gefunden.

Art: *Fundulopanchax (Pauciradius) scheeli* (Radda, 1970)

Terra typica: Aquarienmaterial unbekannter Herkunft.

Die Art wurde im südöstlichen Nigeria nahe Akamkpa gefunden. Die beschriebene Form *Aphyosemion scheeli akamkpaense* Radda, 1975 wird als Synonym der Stammart betrachtet.

Abb. 9.2.4.2: *Fundulopanchax (Pauciradius) scheeli.*

9.2.5 Ohne Zuordnung zu einer Untergattung

Art: *Fundulopanchax kamdemi* Akum, Sonnenberg, Van der Zee & Wildekamp, 2007

Terra typica: Kamerun, Korup Nationalpark, kleine Wasseransammlungen unter Waldbedeckung (5°05′0.0″N 8°52′0.0″O).

Die Art wurde keiner Untergattung zugeordnet. Es fanden sich wie bereits für *Fundulopanchax ndianus, Fundulopanchax puerzli* und *Fundulopanchax amieti* als »Kontaktorgane« bezeichnete Strukturen auf den Schuppen, die über der Afterflosse begannen. Sie zeigten sich allerdings nicht bei allen untersuchten Exemplaren.

Die Art lebt unter dem Regenwalddach in beschatteten sumpfigen Teichen am Rand kleiner Buchten. Sie ist auch in kleinen Waldbächen zu finden, die mit solchen Gewässern verbunden sind. Solche bis zu 35 cm tiefen Teiche sind teilweise mit Schichten von herabgefallenem Laub bedeckt, in denen die Fische Schutz suchen. Das klare Wasser besaß folgende Eigenschaften: Temperatur zwischen 20,9 und 23,8 °C, pH-Wert zwischen 5,0 und 7,5, Wasserhärte 0,6 und 1 dGH, Leitfähigkeit zwischen 10 und 21 µS/cm.

Art: *Fundulopanchax powelli* Van der Zee & Wildekamp, 1994

Terra typica: Nigeria, Nigerdelta im Delta State, nordwestlich von Bakakodia oder der Ortschaft Okokodiagbene, etwa 20 km nordöstlich der Mündung des Encravos-Flusses und 55 km westnordwestlich von Warri (5°40′20″N 5°19′30″O).

Fundulopanchax powelli wurde von den Erstbeschreibern keiner Untergattung zugeordnet. Die Erstbeschreiber erläutern, dass die Stellung innerhalb der Gattung unklar erscheint. Zur Bestimmung lagen nur jugendliche, noch nicht geschlechtsreife Exemplare vor.

Abb. 9.3.1: Die Spuren des Kampfes sind bei diesem *Scriptaphyosemion geryi* »GAM 12/1« deutlich abzulesen.

9.3 Tribus Callopanchini Huber, 2000

Mit der Beschreibung von *Haplochilus petersi* durch Sauvage im Jahr 1882 begann die bewegte Geschichte dieses taxonomischen Gebildes, das der Unterfamilie unter- und der Gattung übergeordnet ist. Ich greife hier auf die Kategorie Tribus als Überschrift zurück, weil um die zutreffende Bezeichnung der versammelten Gattungen jahrelang gerungen wurde. Und in der Tat umfasste die inzwischen als ungültig erklärte Gattung *Roloffia* alle Arten der heutigen Tribus Callopanchini.

Im Jahr 1924 beschrieb Myers die Gattung *Aphyosemion* mit den Untergattungen *Aphyosemion* sowie *Fundulopanchax*. Damit sollten die bis zu diesem Zeitpunkt bekannten Arten von Pflanzenlaichern der Untergattung *Aphyosemion* zugeordnet werden und in *Fundulopanchax* die Bodenlaicher (Murphy et al. 1999), die zudem meist größer waren. Schließlich erkannte Myers eine bodenlaichende westafrikanische Art als abweichende Form und erschuf die Untergattung *Callopanchax* (1933). Doch hier beging er einen folgenschweren Irrtum. Die einzige Art und mithin den Typus aus Sierra Leone bezeichnete er unzutreffend als *Aphyosemion sjoestedti* (heute *Fundulopanchax sjostedti*), die vom Schweden Lönnberg bereits 1895 anhand von Typusmaterial beschrieben wurde, das aus einem kleinen Bach in der Nähe des Wasserfalls des Ndian-Flusses in Kamerun stammte. Diese Zuordnung beruhte auf einer Fehlbestimmung durch Boulenger.

Die Gattung *Aphyosemion* wurde bis 1966 als Sammelgattung für alle Callopanchini und andere *Aphyosemion*-artigen Fische genutzt. Hierzu zählten auch Fische der ehemaligen Untergattung *Callopanchax*. Clausen (1966) verglich den Typus von *Callopanchax* mit dem Typus von *Fundulus sjoestedti* Lönnberg, 1895 (heute *Fundulopanchax sjostedti*) aus Kamerun und erkannte, dass es eine unbenannte Art war. Er beschrieb sie unter *Aphyosemion occidentale* Clausen, 1966. Zudem hielt er die westlich der Dahomey-Lücke lebenden Arten für ausreichend von den östlich lebenden *Aphyosemion* unterschieden, um sie in eine eigene Gattung zu überführen. In der gleichen Arbeit definierte Clausen (1966) deshalb die Gattung *Roloffia*.

Der Einordnung bei *Roloffia* wurde von allen Erstbeschreibern weiterer Arten zwischen 1971 und 1982 gefolgt, obwohl die International Commission of Zoological Nomenclature die Gattung *Roloffia* auf Antrag von Myers 1974 für ungültig erklärt hatte. Hier war trotz der Fehlbestimmung bedeutsam, dass sowohl für *Callopanchax* als auch für *Roloffia* die gleiche Fischart als Typus bestimmt wurde. Zwischen 1982 und 1995 wurden die callopanchinen Arten wieder bei *Aphyosemion* eingeordnet.

Radda (1977) sah in den callopanchinen Arten keine Angehörigen einer Gattung und beschrieb deshalb die Untergattung *Archiaphyosemion*.

Die Monophylie der Callopanchinen wurde von Parenti (1981) nicht anerkannt. Sie stellte *Callopanchax* als Untergattung zu *Fundulopanchax* und *Archiaphyosemion* als Untergattung zu *Aphyosemion*. Radda & Pürzl (1987b) hingegen führten *Archiaphyosemion, Callopanchax* und *Fundulopanchax* als Untergattungen zu *Aphyosemion* und beschrieben zusätzlich *Scriptaphyosemion* neu.

Die erste molekulargenetische Untersuchung von aplocheiloiden Killifischen durch Murphy & Collier (1997) stützte die Monophylie der Callopanchinen. Als Basis dienten mitochondriale DNA-Sequenzen von 23 Arten. Weitere Untersuchungen durch Murphy et al. (1999) an 19 der vermeintlich 22 Arten unterstrichen die Monophylie von *Callopanchax* und *Scriptaphyosemion* in hohem Maße. Es zeigten sich jedoch Diskrepanzen bei *Archiaphyosemion*. Danach wäre *Archiaphyosemion guineense* stärker mit *Callopanchax* und *Scriptaphyosemion* verwandt als mit den anderen in *Archiaphyosemion* gestellten Arten (Radda 1977). Besondere Beachtung fand bei den Systematikern ihre Anerkennung der bisherigen Untergattungen *Archiaphyosemion, Callopanchax* und *Scriptaphyosemion* als volle Gattungen. Im Gegensatz dazu scheint mir, dass sie das als paraphyletisch gesehene Taxon *Archiaphyosemion* mit ihrem Vorschlag nicht meinten. Nach der Beschreibung von *Nimbapanchax* haben sich diese Vorbehalte jedoch zerstreut.

Auf Basis dieser Studie (Murphy et al. 1999) benannte Huber (2000) formell die Tribus Callopanchini, um diese drei Gattungen einzubeziehen. Weitere molekulargenetische Daten für die Gattungen *Callopanchax* und *Scriptaphyosemion* steuerten Sonnenberg & Busch (2010, 2012) bei. Costa (2015) erkennt die inzwischen vier Gattungen ebenfalls an. Er hält weitere molekulargenetischen Untersuchungen für erforderlich.

Abb. 9.3.2: *Scriptaphyosemion geryi* »Abuko«.

Ich fasse das Ergebnis nach dem derzeitigen Stand zusammen:

Tribus Callopanchini

Archiaphyosemion

Callopanchax

Nimbapanchax

Scriptaphyosemion

Huber sieht *Nimbapanchax* allerdings als Untergattung zu *Archiaphyosemion*. Ich habe sie im Status einer Gattung in die im Kapitel 2 eingefügte Übersicht aufgenommen. Als Folge der in den Internationalen Code eingeführten Artikel 29.4 and 29.5 verbleibt es bei den bis 2000 vergebenen Taxons für Tribus und Subtribus (z. B. Callopanchini statt Callopanchacini bei Costa 2015).

Die hier behandelten Arten sind zwischen Senegal und Ghana zu finden. Funde in Mali und Burkina Faso dehnen die Verbreitung ins Innere des afrikanischen Kontinents aus.

Abb. 9.3.1.1: *Archiaphyosemion guineense* »GF 06/11«.

9.3.1 Gattung *Archiaphyosemion* Radda, 1977

Die von Radda für die ehemalige *Aphyosemion-maeseni*-Gruppe geschaffene Gattung ist inzwischen monotypisch, umfasst also nur eine einzige Art. Die weiteren Vertreter dieser Gruppe sind in die Gattung *Nimbapanchax* überführt worden (siehe dort).

Die Art wird in den Republiken Liberia, Sierra Leone und Guinea gefunden. Es handelt sich um einen robusten Fisch, der sich leicht züchten lässt.

Art: *Archiaphyosemion guineense* Daget, 1954

Terra typica: Republik Guinea, Dabola, Wasserfälle von Tinkisso, Banian, Simandou, Banamana, umliegend von Kissidougou, oberes Niger-Flusssystem.

Die Art wird im Hochland gefunden. Weil die Biotope teilweise offen liegen, die Sonne einfällt und das Wasser erwärmt, verträgt sie Temperaturen um 24 °C (Cauvet 2012).

Abb. 9.3.1.2: *Archiaphyosemion guineense* »Lenghe Curoh SL 93/37«.

9.3.2 Gattung *Callopanchax* Myers, 1933

Die Geschichte der Gattung *Callopanchax* wurde bereits im einleitenden Kapitel zu Callopanchini besprochen.

Auch für Aquarianer sind Fische dieser Gattung durch die hohe Zahl von Afterflossen- und Rückenflossenstrahlen gut gegenüber verwandten Arten abzugrenzen. Ihre Einordnung zusammen mit ihrer Geschwistergruppe *Scriptaphyosemion* bei den Epiplatinae wird durch molekulargenetische Untersuchungen gestützt (Murphy & Collier 1997; Murphy et al. 1999; Sonnenberg & Busch 2009).

Die Verbreitung der annuellen Gattung erstreckt sich über Guinea, Sierra Leone bis nach Liberia. Diese Fische erreichen mit fast 90 mm eine beeindruckende Gesamtlänge.

Die Zucht aller Arten ist aufgrund der bei der Eientwicklung eingelegten Diapausen und der dadurch breit streuenden Entwicklungszeit von zwei bis neun Monaten nicht einfach. Sie erfordert wiederholte Kontrollen oder/und Aufgussversuche. Es werden Wassertemperaturen von etwa 23 °C empfohlen.

Bei der Haltung ist auffällig, dass die Tiere meist sehr schnell altern. Anscheinend darf diese Beobachtung aber nicht zu sehr verallgemeinert werden. Busch sammelte *Callopanchax sidibeorum* in den Jahren 1997, 2008 und 2009. Die lokale Bevölkerung berichtete, dass einige erwachsene Tiere die Trockenzeit überdauern, weil sie in fließendes Wasser ausweichen.

Art: *Callopanchax huwaldi* (Berkenkamp & Etzel, 1980)

Terra typica: Sierra Leone, Distrikt Moyamba, 20 km von Moyamba: Ngabu.

Die Art wurde durch Roloff (1976) zunächst als »Etzels Toddi« bezeichnet.

Sie wird von vielen Autoren als jüngeres Synonym zu *Callopanchax occidentalis* gestellt. Sonnenberg & Busch (2010) erläutern, dass den Fischen im Verhältnis zu *Callopanchax occidentalis* in der äußeren Erscheinung lediglich die gelben und orangefarbenen Pigmente fehlen und verweisen auf eine Abbildung von Roloff (1976: 523). Die elektrophoretischen Untersuchungen und Kreuzungsexperimente durch Berkenkamp & Etzel (2003), Etzel & Berkenkamp (1981) zeigen Unterschiede zwischen zwei Arten auf. Die elektrophoretischen Daten, die durch Romand (1985) erhoben wurden, unterscheiden sich jedoch nicht. Und schließlich platziert die DNA-Untersuchung von Murphy et al. (1999) *Callopanchax huwaldi* nahe bei *Callopanchax occidentalis*. Sonnenberg & Busch (2010) heben hervor, dass der Datensatz für weitere Schlüsse zu begrenzt erscheint.

Art: *Callopanchax monroviae* (Roloff & Ladiges, 1972)

Terra typica: Liberia, 25 Meilen von Monrovia Richtung Tototа.

In den Nachzuchten zeigte sich, dass die Art sowohl vom gleichen Fundort als auch aus verschiedenen Fundorten in der Grundfärbung der Männchen zu Grün, Blau und Rot neigen kann.

Art: *Callopanchax occidentalis* (CLAUSEN, 1966)

Terra typica: Sierra Leone, Blama.

Hier handelt es sich um die Typusart der Gattung. Sie wurde neben Sierra Leone auch in Nordwest-Liberia sowie Guinea gefangen.

Abb. 9.3.2.1: *Callopanchax occidentalis* »Malai SL 03/11«.

Abb. 9.3.2.2: *Callopanchax occidentalis.*

Art: *Callopanchax sidibeorum* Sonnenberg & Busch, 2010

Terra typica: Guinea, Region Kindia, kleiner Bach und benachbarte Teiche und Gräben im Sekundärwald (9°32'42.6"N 13°14'30.6"W) nahe der kleinen Ortschaft Bombokoré, ungefähr 3 km von der nächsten näheren Stadt Fandi entfernt.

Der Typusfundort trägt den Code »GM 08/2«. Dieser Fisch wurde zunächst als *Callopanchax sidibei* beschrieben. Dies wurde 2011 korrigiert (Sonnenberg & Busch 2011).

Abb. 9.3.2.3: *Callopanchax sidibeorum* »GM 08/2 Bombokoré«

Art: *Callopanchax toddi* (Clausen, 1966)

Terra typica: Sierra Leone, Distrikt Kambia, Barmoi.

Dieser Fisch wurde von Clausen 1966 zunächst als Unterart zu *Callopanchax occidentalis* beschrieben.

Abb. 9.3.3.1: *Nimbapanchax leucopterygius* »Lola GRC 90/174«.

9.3.3 Gattung *Nimbapanchax* Sonnenberg & Busch, 2009

Alle hier behandelten Arten mit Ausnahme der von Sonnenberg & Busch 2009 neu beschriebenen Spezies wurden von Radda (1977) zunächst in die damalige Untergattung *Archiaphyosemion* gestellt (Näheres siehe Callopanchini am Anfang dieses Kapitels). Die molekulargenetische Untersuchung von Murphy et al. (1999) zeigte Diskrepanzen in den verwandtschaftlichen Beziehungen dieser Arten auf. Sonnenberg & Busch trennten die Arten aufgrund ihrer Untersuchungen, weil dies die molekulargenetischen und morphologischen Ergebnisse zuließen. Gleichzeitig beschrieben sie die unten angeführten zwei neuen Arten und kombinierten die lange als *Archiaphyosemion maeseni* geführte Spezies in *Epiplatys maeseni* (Poll, 1941) um.

Die Arten dieser Gattung werden bis auf *Nimbapanchax petersi* in der Mount-Nimba-Region des südöstlichen Guinea, des nördlichen Liberia und der westlichen Elfenbeinküste im Oberlauf der zur Küste entwässernden Flusssysteme gefunden. *Nimbapanchax petersi* wird in der Küstenebene der südöstlichen Elfenbeinküste sowie im südwestlichen Ghana angetroffen.

Art: *Nimbapanchax jeanpoli* (Berkenkamp & Etzel, 1979)

Terra typica: Republik Liberia, ca. 26 km von Voinjama entfernt in Richtung Zor Zor.

Die Art wird leider nur sehr selten im Aquarium gepflegt. Ihre von mir zunächst als etwas schwierig eingeschätzte Zucht erwies sich als unproblematisch. Allerdings bewahrheitete sich ihr Ruf, der in der Nachzucht einseitige Geschlechterverhältnisse verheißt.

Abb. 9.3.3.2: *Nimbapanchax jeanpoli* »Daro GF 06/11«.

Art: *Nimbapanchax leucopterygius* Sonnenberg & Busch, 2009

Terra typica: Republik Guinea, Forêt classée de Diéké (7°28′42.0″N 8°50′27.0″W).

Die Art wurde nach einem Fisch beschrieben, der zunächst unzutreffend als *Archiaphyosemion maeseni* (Poll, 1941) bestimmt wurde.

Der Typenfundort lag an einem kleinen, langsam fließenden Bach, der vom Regenwald beschattet wurde. Das Wasser war leicht bräunlich bei einer Temperatur von 20 °C und einer Tiefe von höchstens 40 cm.

Art: *Nimbapanchax melanopterygius* Sonnenberg & Busch, 2009

Terra typica: Republik Guinea, Cavally-Fluss im südöstlichen Teil des Landes (7°41′49.8″N 8°26′28.8″W).

Die Art ist nur von zwei Fundorten in der Nimba-Bergregion bekannt. Der Typenfundort lag an einer kleinen Pfütze auf dem Ufer des Cavally-Flusses nahe einer natürlichen Granitbrücke (Wassertemperatur 24 °C). Der Fluss wies zwischen den Geröllbrocken eine starke Strömung auf und war bis zu einem Meter tief. Der zweite Fundort bestand aus einem kleinen, langsam fließenden Bach mit leicht bräunlichem Wasser einer maximalen Tiefe von 60 cm (Wassertemperatur 25 °C), der von kleinen Bäumen und Büschen überdeckt war. Das Ufer säumten krautige Pflanzen.

Art: *Nimbapanchax petersi* (Sauvage, 1882)

Terra typica: Côte d'Ivoire, Couacrou (heute: Kouakoukron) im Südosten des Landes (zählte früher zu Ghana).

Die Art wurde bei Couacrou an der Lagune von Assinie im Süßwasser gleichzeitig mit *Epiplatys chaperi* bei einer Wassertemperatur von 30 bis 31 °C gefangen.

Für drei Monate führte Sheljuzko 1952 eine Fangreise im Auftrag der Firma Andreas Werner, München, in die Elfenbeinküste (Côte d'Ivoire, bis 1960 Französisch-Westafrika). Er importierte *Nimbapanchax petersi* zum ersten Mal nach Deutschland.

Sheljuzko berichtete 1953 sehr ausführlich über den Fangort und Foersch (1953) ergänzte die Angaben. Die Tiere wurden im August 1952 in kleinen Wasserpfützen von nur 30 bis 40 cm Durchmesser und 2 bis 5 cm Wassertiefe in einem schmalen Graben am Rande der Straße durch den Wald Banco 6 km nördlich der Stadt Abidjan gefunden. Diese spärlichen Ansammlungen sollen eher Schlamm als Wasser gewesen sein. Die Tiere wurden mit den Händen gefangen. Sonnenlicht gelangte nur an wenigen Stellen auf den Waldboden. In einem weiteren Biotop 30 km westlich von Abidjan wurden syntop als *Epiplatys macrostigma* bezeichnete Killis erbeutet. Die Fische versteckten sich geschickt unter abgefallenen Blättern. Während des dreimonatigen Aufenthaltes der Fangreisenden veränderte sich die Wassertemperatur im Wassergraben auch bei stärkeren Regenfällen nicht. Sie bewegte sich zwischen 24 und 25 °C, weil die Lufttemperatur typischerweise für das äquatoriale Klima im Süden des Landes auch nachts kaum absank. Eine Untersuchung des Wassers aus dem *Nimbapanchax-petersi*-Graben ergab 8,4 dH, es wies einen ziemlich hohen Chloridgehalt auf. Foersch (1953) hielt es für möglich, dass durch die Nähe des Meeres entsprechendes Wasser eingetragen worden sein könnte.

In den Nachzuchten finden sich gelegentlich Tiere mit rotbraunen Flossensäumen von After- und Schwanzflosse. Diese Farbformen sollen auch in der Natur gemeinsam vorkommen (Milkuhn 2012).

Abb. 9.3.3.3: *Nimbapanchax petersi* »Banco«.

Art: *Nimbapanchax viridis* (Ladiges & Roloff, 1973)

Terra typica: Liberia, Urwald-Bach bei Salayea nahe der Grenze nach Guinea.

Die Art wurde von Roloff im November 1971 in kleinen schattigen Bächen gesammelt, die zu diesem Zeitpunkt nur wenig Wasser führten. Infolge der Höhenlage stieg die Wassertemperatur erst im Laufe des Tages von zunächst 21 °C auf 23 °C (pH 7 bis 7,8; dGH 1 bis 1,5).

Die Art erwies sich bei mir als leicht züchtbar. Leider ist *Nimbapanchax viridis* bei den Killianern sehr wenig verbreitet.

Abb. 9.3.4.1: *Scriptaphyosemion geryi* »CI2012.«.

9.3.4 Gattung *Scriptaphyosemion* Radda & Pürzl, 1987

Diese Gattung stellt viele schöne und sehr beliebte Aquarienfische. Über viele Jahre hat die Diskussion um die Gattungs- und die Artzugehörigkeit ihrer Vertreter Aquarianer in aller Welt hin- und hergerissen. Neue Untersuchungen haben inzwischen zu gefestigten Ergebnissen geführt. Die Diskussion ist jedoch noch nicht in allen Teilen beendet. Von 18 nominellen Arten werden je nach Autor etwa 13 als gültig angesehen. Anerkannt ist, dass bei *Scriptaphyosemion* auch die Weibchen-Zeichnung als Merkmal zur Artdiagnose herangezogen werden kann.

Scriptaphyosemion finden wir im Senegal, in Gambia, Guinea-Bissau, Guinea, Mali, Sierra Leone, Liberia, Burkina Faso und in der Elfenbeinküste.

Soweit sich die unterschiedlichen Auffassungen auf die ehemalige Gattung *Roloffia* bezogen, habe ich zu Callopanchini (am Anfang dieses Kapitels) den gegenwärtigen Stand wiedergegeben. An dieser Stelle beschränke ich mich auf die aktuelle Diskussion zu den einzelnen Arten.

Murphy et al. (1999) veröffentlichten die Ergebnisse ihrer molekularbiologischen Untersuchung zur Verwandtschaft einiger westafrikanischer Killifische. Hierfür standen 19 der damals vermeintlich 22 Arten zur Verfügung. Dies brachte auch für *Scriptaphyosemion* neue Erkenntnisse. Die Untersuchungen von Sonnenberg & Busch (2012) fügten weitere Detailinformationen hinzu.

Murphy et al. (1999) konnten zeigen, dass die drei Arten *Scriptaphyosemion banforense, Scriptaphyosemion brueningi* sowie *Scriptaphyosemion guignardi* von einem Vorfahren abstammen und als Geschwistergruppe zu *Scriptaphyosemion chaytori* und *Scriptaphyosemion bertholdi* zu sehen sind. Costa (2015) führte sie als gültige Arten auf, während Etzel & Berkenkamp (1989) sowie Etzel & Vandersmissen

(1984) auf der Grundlage von Kreuzungsexperimenten *Scriptaphyosemion nigrifluvi* und *Scriptaphyosemion banforense* als jüngere Synonyme zu *Scriptaphyosemion guignardi* sahen. Sonnenberg & Busch (2012) erwähnen, dass diese drei Arten bereits durch die Männchen-Färbung einzuordnen sind. Dies würde bedeuten, dass sie nach dem bestehenden International Code gültig beschrieben werden können. Dennoch wirft das Kreuzungsergebnis Bedenken auf, weil es bis zur dritten Generation führte und damit im Sinne der biologischen Art nach der Definition von Mayr auf eine einzige Art schließen ließe. Die von Murphy et al. (1999) gefundenen kurzen Verzweigungen im Stammbaum lassen auf eine enge Verwandtschaft schließen. Die Autoren erläuterten, dass diese kurzen Verzweigungen sowie die fehlenden morphologischen Merkmale zur Unterscheidung dieser drei Arten den Eindruck vermitteln, dass sie sich erst in einem kurzen Zeitfenster gebildet haben.

Costa (2015) erkennt in Anlehnung an Sonnenberg & Busch (2012) die folgenden dreizehn Arten an:

Art: *Scriptaphyosemion banforense* (Seegers, 1982)

Terra typica: Burkina Faso, etwa 15 km nördlich von Banfora, 85 km südwestlich von Bobo Dioulasso im Comoé-Einzug.

Bei Kreuzungsversuchen von Lüke zwischen *Scriptaphyosemion liberiense* und *Scriptaphyosemion banforense* konnte keine F2 erzielt werden. Seegers verweist darauf, dass eine Aufsammlung durch Daget weiter westlich nicht mit dem Typenfundort identisch ist. Es scheint offen, um welche Art es sich dabei handelt.

Radda (1987) bildete *Aphyosemion banforense* von Mamou ab. Er hielt es für denkbar, *Scriptaphyosemion nigrifluvi* sowie *Scriptaphyosemion guignardi* als Unterarten zu *Scriptaphyosemion banforense* zu stellen. Heute wird die Form von Mamou eher zu *Scriptaphyosemion nigrifluvi* gestellt (Murphy et al. 1999).

Abb. 9.3.4.2: Die von D'Aubenton und Arnoult 1959 entdeckte Art *Scriptaphyosemion banforense* wurde von Dr. Burkhard Bauer mehrfach in der Nähe des Typenfundorts in Burkina Faso aufgesammelt und im Aquarium nachgezüchtet.

Wie bereits erwähnt, wird *Scriptaphyosemion nigrifluvi* nach Kreuzungsexperimenten von Etzel & Vandersmissen (1984) als jüngeres Synonym von *Scriptaphyosemion banforense* angesehen. Weitere Kreuzungsexperimente schienen auf ein Synonym von *Scriptaphyosemion banforense* zu *Scriptaphyosemion guignardi* hinzudeuten (Etzel & Berkenkamp 1989). Die molekularbiologische Untersuchung von Murphy et al. (1999) bestätigte dies jedoch nicht. Redinger (2014) hat ergänzende Versuche veranlasst und Material an Agnèse gesandt.

Etzel (1994) fing im Südosten von Mali 35 km östlich von Sikasso in Richtung Grenze zu Burkina Faso im klaren Wasser sowie in einem Bach rechts der Straße kurz vor Loulouni eine *Scriptaphyosemion*-Form, die ihn an *Scriptaphyosemion guignardi* erinnerte. Es könnte sich um *Scriptaphyosemion banforense* gehandelt haben.

Redinger (2014) gelang nach einem vergeblichen Versuch 2012 der Fang am oder in der Nähe des Typenfundorts. Er hat diese Tiere (RBF 2014/3) inzwischen verbreitet. Ebenso wurden neue Fänge durch Bauer, den Sammler des Holotypus, weitergegeben. Fische dieser beiden Funde konnten problemlos nachgezogen werden. Mir reichten die Jungfische, die nach dem Umsetzen der Alttiere im Becken aufkamen.

Die Zucht verläuft häufig abhängig vom verwendeten Wasser unterschiedlich erfolgreich. Bei mir genügte den Tieren für den Ansatz mein relativ weiches Leitungswasser. Es kamen zumindest Gruppen von 10 bis 15 Fischen auf. Erstaunlicherweise entwickelte sich pro Aquarium immer nur ein einziges Männchen.

Art: *Scriptaphyosemion bertholdi* (Roloff, 1965)

Terra typica: Sierra Leone, in einem Urwaldbach 10 km nördlich von Kenema.

Diese Art konnte ich zum ersten Mal 1985 von Günther Wasgindt, Sassenburg, bekommen. Er schrieb mir damals gleich einige seiner Erfahrungen zu dieser und zu anderen *Scriptaphyosemion*-Arten. Der Gedankenaustausch basierte damals auf der inzwischen sogenannten »Schneckenpost«. Heute ist ein solcher Schriftverkehr per E-Mail eine Sache von wenigen Minuten oder Stunden.

Es war lange strittig, ob die Art valide ist. Die oben im Einleitungsteil erwähnten Arbeiten brachten schließlich die wissenschaftliche Bestätigung.

Art: *Scriptaphyosemion brueningi* (Roloff, 1971)

Terra typica: Sierra Leone, in einem mit einem Bachlauf in Verbindung stehenden Tümpel bei Giema.

Das Typenmaterial wurde im Dezember 1963 von Roloff aufgesammelt. Der bei Scheel (1975) abgebildete Fisch, der weiter unten im Abschnitt zu *Scriptaphyosemion roloffi* thematisiert wird, wurde 1971 als neue Art beschrieben. Zur Überlegung Scheels, diese Form als Population von *Scriptaphyosemion roloffi* einzuordnen, weist Roloff (1971) auf abweichende Zahlenwerte und von ihm durchgeführte Kreuzungen hin. Die Ergebnisse sprachen für genetisch verschiedene Arten.

Abb. 9.3.4.3: *Scriptaphyosemion brueningi* »EP82«.

Art: *Scriptaphyosemion cauveti* (Romand & Ozouf, 1995)

Terra typica: Guinea, kleiner Bach hinter einem niedrigen Damm 8 km hinter der Stadt Kindia auf der Straße nach Telim.

Abb. 9.3.4.4: *Scriptaphyosemion cauveti* »Siramoussaya GRCH 93/238«.

Art: *Scriptaphyosemion chaytori* (Roloff, 1971)

Terra typica: Sierra Leone, Ausfluss der Pumpstation von Rokupr.

Zur Abgrenzung der hier behandelten Art weist Roloff u. a. darauf hin, dass *Scriptaphyosemion roloffi* der äußere gelbe Saum in der Rückenflosse und der Afterflosse fehlt. Scheel (1990) und Radda (1976) sehen *Scriptaphyosemion chaytori* als Synonym zu *Scriptaphyosemion roloffi*. Diese Auffassung wird von den Untersuchungen durch Murphy et al. (1999) nicht unterstützt, obwohl sich eine nahe Verwandtschaft zeigt.

Bei seinen Fängen bemerkte Roloff, dass die Art kleine fließende Gewässer in Quellnähe bevorzugt und freie Gewässer mit höheren Temperaturen meidet. Die Art ließ sich bei dGH 8, pH etwa 7 sowie Wassertemperaturen von 22 bis 24 °C vermehren. Die Jungen bewältigen sofort *Artemia*-Nauplien.

Art: *Scriptaphyosemion fredrodi* (Vandersmissen, Etzel & Berkenkamp, 1980)

Terra typica: Sierra Leone, im Südwesten des Landes an der Straße von Pujehun nach Bo, ca. 3,2 km von Goboru (7°25′0.0″N 11°42′0.0″W).

Der Typus wurde von Wright und Mitreisenden im November 1976 in kleinen, zügig austrocknenden Tümpeln in einem Bachbett bei 31 °C Lufttemperatur, 24 °C Wassertemperatur, dGH 2 sowie pH 6,5 gefunden.

Mehm (2003) hat unter dem Namen *Scriptaphyosemion liberiense* einen sehr engagierten Artikel zur Nachzucht der Fundortform von »Matanga SL89« verfasst. Er hat dabei nicht nur auf wichtige Details zur Zucht, sondern auch auf Einzelheiten zur Artdiskussion hingewiesen. Interessant ist an seinem Bericht zudem der Hinweis auf die häufig gelben äußeren Schwanzflossensäume, die genau so oft wie die in der Literatur genannten roten Bänder auftraten, die blau gesäumt sind.

Dieses variable Farbmuster bestätigen im Grunde Sonnenberg & Busch (2012), die zum untersuchten Material Männchen mit dunkelroten Seitenflecken und Schwanzflossenrändern mit weißlicher bis hellblauer oder gelber Färbung sowie weißlichen Brustflossenspitzen kennzeichneten. Ihre molekularbiologischen Untersuchungen lassen eine nähere Verwandtschaft zwischen *Scriptaphyosemion liberiense* und *Scriptaphyosemion brueningi, roloffi* und *geryi* sowie *fredrodi* und einer zum damaligen Zeitpunkt wahrscheinlich unbeschriebenen Art erkennen. Sie erwähnen die unterschiedlichen Auffassungen zur Gültigkeit von *Scriptaphyosemion fredrodi*.

Abb. 9.3.4.5: *Scriptaphyosemion fredrodi* »Matanga SL89«.

Art: *Scriptaphyosemion geryi* (Lambert, 1958)

Terra typica: Guinea, Region von Conakry-Dubréka.

Scriptaphyosemion geryi stellt die Typusart der Gattung dar. Im Laufe der Jahre wurden viele Fundortformen dieser Art eingeführt. Aquarianer beobachten sorgfältig. So war es nicht verwunderlich, dass frühzeitig von mehreren Liebhabern auf Unterschiede der als *Scriptaphyosemion geryi* bezeichneten Fische verwiesen wurde. In einer Arbeit von Agnèse et al. (2013a) wurden diese Diskussionen auf den Punkt gebracht. Es ist deshalb zu erwarten, dass neue Arten von *Scriptaphyosemion geryi* abgetrennt werden.

Die Eigröße könnte ebenfalls als Merkmal für die Unterscheidung dieser Fundortformen dienen. Für Kessel (1975) waren die von Kuschereitz 1967 (siehe Wiefel et al. 1968) etwa 20 km von Conakry in Richtung Kindia in Rinnsalen gefangenen *Scriptaphyosemion geryi* Anlass, die Eigrößen zu einigen damals bekannten Fundorten zu vergleichen. Das Abuko-Ei erwies sich als deutlich größer (1,31 mm, kleinste 1,23 mm) als jene von Conakry (1,15 zu 1,03) sowie Makeni (1,16 zu 1,07). Ähnlich groß wie das Abuko-Ei dürfte die Eigröße der Fische von Battabut einzuordnen sein, die Gerstenberg (1983) in der Feuchtsavanne Gambias gefangen hat.

Cauvet (2009) konnte ein Männchen aus dem Formenkreis dieser Art etwa 10 bis 15 cm vom Wasser entfernt auf dem Trockenen finden. Es war etwas Restfeuchtigkeit vorhanden. Das Tier suchte wohl Schutz vor Räubern.

Nicht immer wurden die aufgesammelten Fische richtig bestimmt. Im Niololo Koba National Park, Senegal, sammelten Blažek et al. (2012) *Scriptaphyosemion geryi* an einem einzigen Fundort, die in früheren Aufsammlungen (Daget 1961) irreführend als *Scriptaphyosemion roloffi* bezeichnet wurden (Scheel 1975).

Die Eier von *Scriptaphyosemion geryi* GAM 12/1 entwickelten sich im klaren Wasser innerhalb von eineinhalb Monaten (22 °C).

Abb. 9.3.4.6: *Scriptaphyosemion geryi* »Abuko«.

Art: *Scriptaphyosemion guignardi* (Romand, 1981)

Terra typica: Guinea, ein Wasserlauf von 2 bis 3 m Länge und von 10 bis 100 cm Tiefe etwa 31 km hinter der Stadt Labé in Richtung Gaoual.

Männchen dieser Art werden von Romand durch die blaugrüne Körperfärbung und das Rot charakterisiert, das die Punkte, Flecken oder Bänder zeichnet. In der Erstbeschreibung wird auf Grundlage der damaligen Kenntnisse davon ausgegangen, dass *Roloffia etzeli* Berkenkamp, 1979 ein Synonym zu *Scriptaphyosemion geryi* darstellt. Der aktuelle Stand dieser Diskussion um *Scriptaphyosemion etzeli* ist unter *Scriptaphyosemion roloffi* näher dargelegt.

Abb. 9.3.4.7: *Scriptaphyosemion guignardi* »Gubi GM 97/13«.

Art: *Scriptaphyosemion liberiense* (Boulenger, 1908)

Terra typica: Liberia, Monrovia.

Die Art wurde nach drei juvenilen Weibchen beschrieben, die Johann Paul Arnold aus einer Lieferung von Monrovia aussortierte. Weil die Färbung der Männchen nicht bekannt war, gab es zahlreiche Fehlbestimmungen. Neumann (1969) bezog sich auf Clausen (1967) und wies zu »*Roloffia calabaricus*« (sic) darauf hin, dass das Typusmaterial in Liberia gesammelt worden wäre. Die sagenumwobenen »*Roloffia calabaricus*« stammen nach seiner Aussage aus stehenden Gewässern und sehr kleinen Wasserläufen 15 bis 30 km von Monrovia entfernt. Nach den Erkenntnissen von Clausen ist die Form als *Roloffia liberiensis* (heute also *Scriptaphyosemion liberiense*) zu bezeichnen.

Zwei Jahre später berichtete Roloff (1971) im Zusammenhang mit Untersuchungen des dänischen Ichthyologen Clausen zu »*Haplochilus liberiense*« vom »Calabaricus«. Clausen suchte nach der Art von Boulenger, fand vier junge Tiere bei Monrovia und sandte sie an Scheel. Dieser hielt die untersuchten Exemplare für diesen »Calabaricus« und meinte, dass er mit *Roloffia liberiensis* identisch sei. Roloff kritisierte, dass er übersehen habe, dass das Weibchen von *Roloffia calabarica* einen ausgeprägten Schwanzwurzelfleck besäße, der den *Roloffia liberiensis* fehle.

Wildekamp (1993) sah in der blauen Morphe von *Scriptaphyosemion liberiense*, die als *Scriptaphyosemion bertholdi* beschrieben wurde, ein jüngeres Synonym. In der verwandtschaftlichen Stellung zeigt sich bei Murphy et al. (1999) in den Ergebnissen jedoch eine gewisse Deckung von *Scriptaphyosemion bertholdi, chaytori, schmitti* und *roloffi* zu einer Geschwistergruppe aus *Scriptaphyosemion etzeli* (siehe jedoch Anmerkungen bei *roloffi*) und *Scriptaphyosemion geryi*.

Scheel (1975) berichtete von Entwicklungsverzögerungen der Eier, die damit annuellen Charakter andeuten.

Abb. 9.3.4.8: *Scriptaphyosemion liberiense* »Firestone«.

Art: *Scriptaphyosemion nigrifluvi* (Romand, 1982)

Terra typica: Guinea, in einem Nebenarm des Bafing im Fouta-Djalon-Massiv, 18 km hinter Mamou in Richtung Dalaba und 3 km von der Straßenabzweigung Dalaba–Mamou auf der Straße der Agrarfakultät.

Zur Gültigkeit der Art siehe oben.

Art: *Scriptaphyosemion roloffi* (Roloff, 1936)

Terra typica: Sierra Leone, 40–50 km landeinwärts von Freetown.

Scriptaphyosemion roloffi wurde versehentlich durch Roloff (1936) beschrieben. Die von Ahl beabsichtigte Erstbeschreibung folgte erst 1937. Beide Autoren gaben die Einzelheiten der Farbmuster wieder. Schwarzweißdarstellungen (z. B. Mayer o. J.) gaben ein optisches Bild der neuen Art. Durch Einbeziehung verschiedener Fundortformen in spätere Untersuchungen, die nicht die von Roloff (1936) und Ahl (1937) diagnostizierten Merkmale aufwiesen, wurde die spätere Identifizierung erschwert. Etzel & Berkenkamp (1980a–c) stellten die Ergebnisse von Kreuzungsexperimenten vor, von denen sie annahmen, dass Tiere der Art *Scriptaphyosemion roloffi* verwendet wurden. Sonnenberg & Busch

(2012) weisen darauf hin, dass beurteilt nach einer in deren Arbeit veröffentlichten Zeichnung höchstwahrscheinlich eine unbeschriebene Art einbezogen wurde. Im Jahr 2003 veröffentlichten Etzel et al. Einzelheiten zu den bereits berichteten Abläufen wie der Festlegung eines Neotypus und die damit verbundene Wiederbeschreibung als Ersatz für Tiere des Typenfundorts. Die Arbeit wurde u. a. mit Abbildungen des Lectotypus (Seegers 1988) von *Scriptaphyosemion roloffi* sowie einer aus dem Nachlass Roloffs stammenden Karte mit Anmerkungen zum Typenfundort versehen. Soweit die Autoren auf die Anmerkung von Seegers (1988) zu den Abbildungen bei Scheel (1968) verweisen, greift diese Argumentation nur teilweise. Vielmehr verzichtet Scheel in der Ausgabe von 1990 auf den auf Seite 365 (Ausgabe 1975) unten abgebildeten Fisch aus Giema (und bildet ihn als *Scriptaphyosemion brueningi* wieder ab). Der darüber abgebildete Fisch aus der Umgebung von Freetown hat eine feine Punktierung und keine Bänderung, wie sie Roloff (1936) sowie sein Schwarzweißfoto wiedergibt, das am deutlichsten in Holly et al. (o. J.) abgebildet ist.

Einem Zuchtbericht in der Wochenschrift 1937 kann entnommen werden, dass *Scriptaphyosemion roloffi* bereits 1936 im Zoohandel zu finden war.

Roloffia hastingsi Roloff, 1971 gilt als nomen nudum. Im Internet ist ein Steckbrief von Wright (1972) veröffentlicht, dem zu entnehmen ist, dass er mit einer entsprechenden Veröffentlichung durch Roloff in der DATZ rechnete. Dieser hatte jedoch nur der Erstbeschreibung von *Roloffia brueningi* ein Foto mit der Bildunterschrift »*Roloffia hastingsi.* Roloff 1971« beigefügt, ohne weiter auf die abgebildeten Tiere einzugehen. Dieses Taxon gilt deshalb ebenfalls als nomen nudum.

Abb. 9.3.4.9: Dieser als *Scriptaphyosemion roloffi* »Brama Town SL 89« geführte Fisch weicht in der Schwanzflossenzeichnung sowie durch seine fehlende Bänderung von der Farbbeschreibung durch Roloff ab.

Abb. 9.3.4.10: Dieses junge Männchen wurde als *Scriptaphyosemion etzeli* verbreitet, zeigt aber die Schwanzflossenzeichnung und die Bänderung von *Scriptaphyosemion roloffi*, wie sie das Foto von Roloff wiedergibt. Die in Ott (1979) von Harvey veröffentlichten Fotos verstärken den Eindruck.

Im Jahr 1979 wurde *Scriptaphyosemion etzeli* durch Berkenkamp beschrieben. Sonnenberg & Busch (2012) heben hervor, dass die Beschreibung auf Fischen fußt, die die gleichen Farbmerkmale zeigen, wie sie für die Beschreibung von *Scriptaphyosemion roloffi* (Ahl, 1937; Mayer o. J.; Roloff 1936) genannt wurden. Die Synonymie von *Scriptaphyosemion etzeli* mit *roloffi* im Sinne von Roloff (1936) und Ahl (1937) wurde von Busch (1995, 1996) und Ott (1997) diskutiert. Sonnenberg & Busch (2012) bekräftigen auf der Grundlage der diagnostizierten Farbmerkmale von Männchen und Weibchen ihre Auffassung, wonach *Scriptaphyosemion etzeli* ein jüngeres Synonym zu *roloffi* darstellt und dass Letzteres im gegenwärtigen Gebrauch wahrscheinlich eine unbeschriebene Art einschließt. Die fehlende Übereinstimmung in der Einordnung von *Scriptaphyosemion roloffi* zwischen ihrer Studie (Abb. 2–3) und Murphy et al. (1999) sei im unterschiedlichen taxonomischen Konzept begründet. Dort sei *Scriptaphyosemion etzeli* aus ihrer Sicht *Scriptaphyosemion roloffi* und die untersuchten *roloffi* höchst wahrscheinlich diese unbeschriebene Art. Aus Ott (1997) sei ergänzt, dass vor Busch bereits Scheel (1990) sowie Radda & Pürzl (1987) *Scriptaphyosemion etzeli* als Synonym zu *Scriptaphyosemion roloffi* betrachtet haben.

Scriptaphyosemion chaytori Roloff, 1971 wurde von Radda (1976) als Synonym zu *Scriptaphyosemion roloffi* betrachtet. Aus den Untersuchungen von Murphy et al. (1999) ist zu schließen, dass diese Art eine Schwesternart zur letztgenannnten ist. Somit zeigte sich nicht nur eine nahe Verwandtschaft zu *Scriptaphyosemion roloffi* (siehe Anmerkung zu *Scriptaphyosemion etzeli*, hier könnte es sich um diese wahrscheinlich unbeschriebene Art im Sinne von Sonnenberg & Busch [2012] handeln), sondern auch zu *Scriptaphyosemion bertholdi*.

Art: *Scriptaphyosemion schmitti* (Romand, 1979)

Terra typica: Liberia, aus der Umgebung von Tchien.

Romand (1979b) erwähnt Kreuzungsexperimente, die weder zwischen Männchen dieser Art sowie Weibchen von *Scriptaphyosemion liberiense* noch mit der umgekehrten Konstellation zu Nachzuchten führte.

Abb 9.3.4.11: *Scriptaphyosemion schmitti* »Juarzon«.

Art: *Scriptaphyosemion wieseae* Sonnenberg & Busch, 2012

Terra typica: Sierra Leone, Lenghe Curoh, Sanghi- oder Sanigi-Fluss (9°28'2.4"N 11°40'34.8"W).

Der Typus wurde im November 2003 von Busch und Wiese gefangen, Fundort-Code SL 03/16. Die Art kennen wir von drei Aufsammlungen im Hochland des nördlichen Sierra Leone. Teilweise wurden die Tiere zusammen mit *Archiaphyosemion guineense* aufgenommen.

Sonnenberg & Busch hielten in der Erstbeschreibung fest, dass die Ergebnisse im Vergleich zu Murphy et al. (1999) weitgehend deckungsgleich sind. Unterschiede in der Zuordnung von *Scriptaphyosemion roloffi* gründen auf abweichenden Auffassungen zur Artgrenze (siehe oben). Fehlende Übereinstimmung in der Diagnose einiger Arten sowie der Stützung einiger Verzweigungen würden auf ungenügendem Informationsgehalt beruhen.

Die Art erwies sich als gut züchtbar.

Glossar

allochron: Eigenschaften einer Art verändern sich über mehrere Generationen, z. B. durch Feinddruck, derart, dass nach einem erdgeschichtlichen Zeitraum eine neue Art entstanden ist.

Allopatrie: vollständige räumliche Trennung der Verbreitungsgebiete von Arten, Unterarten sowie Populationen.

allopatrische Artbildung: Artbildung durch räumliche Trennung.

agonistisches Verhalten, Agonismus: Gesamtheit aller Verhaltensweisen im Zusammenhang mit Rivalität, z. B. Angriff (Aggressivität), Verteidigung, Beharren, Zurückweichen und Flucht, aber auch Imponier- und Drohverhalten sowie Demuts- und Beschwichtigungsgestik.

Annuelle: im Allgemeinen Arten, die ihren Lebenszyklus in einem Jahr oder in noch kürzerer Zeit abschließen. Entwickeln sich die Eier der Fische gleichmäßig, also ohne Diapause, und leben sie über diesen oder weitere Jahreszyklen hinaus, werden sie als **Nichtannuelle** bezeichnet. Als **Semiannuelle** gelten hingegen in einer ungenauen Definition Arten, die sich kontinuierlich entwickeln, deutlich länger als ein Jahr leben, aber schlupfreif von Fall zu Fall in der Lage sind, eine Diapause einzulegen (siehe Kapitel 7). Allerdings wird bei der Embyonalentwicklung der Aphyos keine vorübergehende Hüllschicht aus mehrkernigen, flachen Zellen (englischer Begriff: »enveloping cell layer«, z. B. bei Wourms 1972, übersetzt etwa: einhüllende Zellebene) gebildet, wie sie für annuelle Killifische charakteristisch ist und Autoren zur Definition für die Annuellen dient.

arid: Niederschlag ist geringer als Verdunstung (im 30-jährigen Mittel).

Atresie: regelmäßig auftretender, normaler Prozess der Degeneration von Eizellen, die dem Stoffwechsel des Fisches wieder zugeführt werden.

Blastoderm: Zellschicht, die nach diskoidaler Furchung dem ungefurchten Restdotter aufliegt.

Blastomer: Furchungszellen, d. h. die aus der Mutterzelle bei der Furchung hervorgehenden Tochterzellen.

Blastula: Keimblase, auf die Morula folgendes Entwicklungsstadium.

Blunck'sche Regel: In der Embryonal- und Larvalentwicklung wird die Abhängigkeit des Entwicklungsprozesses von der Umgebungstemperatur wie folgt dargestellt: Tage × Temperatur = konstanter Wert.

Chironomidae: Zuckmücken, Aquarianer bezeichnen diese Mückenlarven pauschal als Rote Mückenlarven.

Chydoridae: Familie, die zu den Wasserflöhen gehört (Linsenkrebse).

Cladocera: Wasserflöhe.

Copepode: Ruderfüßer, Hüpferlinge.

Diapause: Ruhezustand während der Entwicklung.

diskoidale Furchung: Die Knochenfische, also auch unsere Aphyos, zählen zu den Furchungstypen mit stark telolecithaler Verteilung des Dotters, die sich nur im dotterfreien Bezirk zergliedern (partielle Furchung). Diese ersten Furchungen ordnen sich in typischer Weise scheibenförmig (diskoidal) an.

DNA: Desoxyribonukleinsäure, Träger der Erbinformation (Gene).

DNA, mitochondriale: aus den Mitochondrien stammende Desoxyribonukleinsäure.

DNA-Sequenz: Abfolge der vier Basen Adenin, Guanin, Cytosin und Thymin der DNA.

DNA-Sequenzierung: Bestimmung der Nukleotidabfolge in einem DNA-Molekül.

Ektoderm: siehe Gastrula.

Embryogenese: unscharf »Keimesentwicklung« genannt.

Entoderm: siehe Gastrula.

Epibolie: Umwachsung einer Zellgruppe durch eine andere.

Epithel: bezeichnet die Zelllage, die die innere und äußere Oberfläche überzieht.

Ethologie: Verhaltenslehre.

Filamente: kleine Fäden an der Eihülle, die das Ei an seinem Platz halten.

Gamet(en) (auch Geschlechtszellen oder Keimzellen): Bei der sexuellen Fortpflanzung vereinigen sich die Zellen aus beiderlei Geschlecht mit jeweils einem Chromosomensatz durch Befruchtung zu einer Zygote mit zwei Chromosomensätzen.

Gastrula: Becherkeim, Entwicklungsstadium der vielzelligen Tiere. Die Gastrula geht aus der Blastula hervor und ist in ihrer typischen Form ein doppelwandiger Becher. Die äußere Wand wird als Ektoderm, die innere als Entoderm bezeichnet. Die Mündung der Gastrula nennt man Urmund, den inneren Hohlraum Urdarm.

Gastrulation: Gesamtheit aller Vorgänge, die zur Keimblattbildung (Ekto-, Ento- und Mesoderm) führen. Sie ist vollendet, wenn die Dotterkugel vollständig von Zellen eingeschlossen ist.

Gen: Erbfaktor.

Gesamtlänge: Länge von Schnauzenspitze bis zum Schwanzende.

Holotypus: Belegexemplar, das für die beschriebene Art typisch sein sollte.

Karyotyp: Der Karyotyp bezeichnet in der Zytogenetik (Lehre über die Zusammenhänge zwischen Vererbung und Zellaufbau) die Gesamtheit aller zytologisch (den Zellaufbau betreffend) erkennbaren Chromosomeneigenschaften eines Individuums oder einer Gruppe genetisch verwandter Individuen.

Klade: Begriff aus dem Englischen, bezeichnet im Stammbaum einen Zweig oder eine Verzweigung.

Kollagen: faseriger Hauptbestandteil des menschlichen und tierischen Stütz- und Bindegewebes.

Konspezifität: bezeichnet Zugehörigkeit verschiedener Individuen oder Populationen zur selben biologischen Art.

Kryptische Arten: Formen, die sich zwar genetisch unterscheiden, morphologisch aber kaum zu differenzieren sind.

Lecanora: Gattung der Krustenflechten.

Lectotypus: ein im Gegensatz zum Holotypus erst nachträglich (bisweilen mehrere Jahrzehnte nach der ursprünglichen Namensgebung und Erstbeschreibung einer Art) festgelegter Typus. Dies ist nur möglich, wenn dieser aus dem Material gewählt wird, das dem Erstbeschreiber des betreffenden Taxons vorlag (Typenserie).

marigot: französisch = Sumpfgebiet. Der Begriff wird teilweise im Sinne von stagnierender Tümpel oder kleiner Wasserlauf gebraucht.

Mikropyle: Eintrittsöffnung für das männliche Spermatozoon in die Eizelle.

mtDNA-Sequenzen: siehe DNA mitochondrial.

Mitose: einfache Zellkernteilung, bei der am Schluss aus einer Zelle zwei identische Tochterzellen entstehen.

monophyletisch: Bezeichnung für ein Taxon, das sämtliche Nachkommen einer (im allgemeinen hypothetischen) Stammart umfasst.

Monophylie: die auf einem Vorfahren beruhende Verwandtschaft.

Morphospezies: eine über äußere morphologische Merkmale – gewöhnlich einschließlich der Färbung – definierte zoologische Art.

Ökologie: Lehre von den Wechselbeziehungen der Organismen untereinander und mit ihrer Umwelt.

Oesophagus: Speiseröhre.

Ontogenese: Individualentwicklung.

Organogenese: Abschnitt der Individualentwicklung, der durch die weitere Herausbildung der Anlagen der Organe und Körperteile gekennzeichnet ist.

paraphyletisch: Bezeichnung für ein Taxon, in dem es Arten gibt, die einen gemeinsamen Vorfahren mit nicht zu diesem Taxon gehörigen Arten haben.

Parthenogenese: Jungfernzeugung.

Periblast: an die Keimscheibe angrenzende Plasmaschicht, die einen Dotter bei frühen Stadien extrem dotterreicher Eier – wie bei unseren Aphyos – mit scheibenförmiger Furchung umgibt. Der Periblast versorgt den Keim mit Nahrungs- und Baustoffen aus dem Dotter.

perivitelliner Raum: Spalt zwischen Eiinhalt und Eihülle.

Phylogenie: Stammesgeschichte. Die Wissenschaft von der historischen Entwicklung der einzelnen Evolutionslinien in einer Gruppe von Lebewesen.

Potenz, ökologische: natürliche Anpassungsfähigkeit von Arten.

Reliktform: in der Evolution »zurückgelassene« Art.

Somit: Ursegment.

Spermatozoon: das »Samentierchen«, das Spermium.

Standardlänge: Länge von Schnauzenspitze bis zum Schwanzwurzelansatz.

sympatrisch: Bezeichnung für Arten, die in einem gemeinsamen oder sich teilweise überlappenden Verbreitungsgebiet vorkommen.

sympatrische Artbildung: Entstehung neuer Arten im Gebiet der Ursprungsart(en).

Synonymie: Beziehung zwischen verschiedenen Namen, die das gleiche Taxon bezeichnen.

syntop, Syntopie: gemeinsames Vorkommen in einem Biotop.

Systematik: behandelt die Verwandtschaftsverhältnisse der Lebewesentaxa.

Taxon (pl. **Taxa**): eine nomenklatorische Einheit (Familie, Gattung, Art).

Taxonomie: beschäftigt sich mit der Benennung von Lebewesen entsprechend den Nomenklaturregeln.

telolecithal: bedeutet, dass sich der Dotter an einem Eipol anhäuft.

Tribus: erste Kategorie der Familiengruppe, die der Unterfamilie unter- und der Gattung übergeordnet ist.

Van't Hoff'sche Regel (auch RGT-Regel – Reaktionsgeschwindigkeit-Temperatur-Regel): Bei biologischen Abläufen gilt für chemische Prozesse grundsätzlich, dass eine Temperaturerhöhung um 10 °C eine chemische Reaktion um etwa das Zwei- bis Dreifache beschleunigt (einige Erläuterungen nennen sogar das Vierfache).

Urmund: siehe Gastrula.

Urdarm: siehe Gastrula.

Zygote: befruchtete Eizelle nach Verschmelzung zweier Gameten.

Abkürzungen

AKFB – Association Killiphile Francophone de Belgique.

AM – Aquarien-Magazin.

AT – Aquarien Terrarien. Monatsschrift für Vivarienkunde und Zierfischzucht, Kulturbund der DDR, Zentrale Kommission Vivaristik.

Blätter – Blätter für Aquarien- und Terrarienkunde. Ill. Wochenschrift für die Interessen die Aquarien- und Terrarienkunde.

DA – Das Aquarium. Monatsmagazin für Vivaristik.

DATZ – Die Aquarien- und Terrarien-Zeitschrift. Ehemals etabliert als Organ des Verbandes Deutscher Vereine für Aquarien- und Terrarienkunde <VDA>, gegr. 1911, des Verbandes der Österreichischen Aquarien- und Terrarienvereine, sowie des »Salamander«, Vereinigung der Terrarienfreunde. Aktuell: DATZ. Die Aquarienzeitschrift.

DDA – Du und Dein Aquarium. Aquarien- und Terrarienmagazin des Österreichischen Verbands für Vivaristik und Ökologie.

DKG-J. – DKG-Journal. Zeitschrift der Deutschen Killifisch-Gemeinschaft e. V.

IEF – Ichthyological Exploration of Freshwaters.

J. – Journal.

JAKA – The Journal of the American Killifish Association.

JEZ – The Journal of Experimental Zoology.

KR – Killi Revue. Zeitschrift des Killi Club de France.

o. J. – ohne Jahr.

RfA – Revue française d'Aquariologie.

W., Wochenschrift – Wochenschrift für Aquarien- und Terrarienkunde.

Z. – Zeitschrift.

Literatur

AARN & SHEPHERD, M. A. (2001): Descriptive anatomy of *Epiplatys sexfasciatus* (Cyprinodontiformes: Aplocheilidae) and a phylogenetic analysis of Epiplatina. – Cybium 25 (3): 209–225.

AGNÈSE, J.-F. (2009): Les explorations killiphiles ont encore beaux jours devant elles: quelques points intéressants des expéditions au Cameroun ABC-05, ABC-06, ABK-07 et ABL-08. – KR 5: 20–31.

AGNÈSE, J.-F. (2010): A propos de *Fundulopanchax kribianus* et de sa population ADK 09/301. – KR 3: 13–16.

AGNÈSE, J.-F. (2014): Killiportrait: *Aphyosemion poliaki* AMIET, 1991. – KR 2: 19–20.

AGNÈSE, J.-F., CAUVET, C. & ROMAND, R. (2013a): Genetic differentiation in *Scriptaphyosemion geryi* (LAMBERT, 1958) suggests the existence of a species complex. – Cybium 37 (3): 165–169.

AGNÈSE, J.-F., LEGROS, O., CAZAUX, B. & ESTIVALS, G. (2013b): *Aphyosemion pamaense*, a new killifish species (Cyprinodontiformes: Nothobranchiidae) from Cameroon. – Zootaxa 3670 (4): 516–530.

AGNÈSE, J.-F., ZENTZ, F., LEGROS, O. & SELLOS, D. (2006): Phylogenetic relationships and phylogeography of the Killifish species of the subgenus *Chromaphyosemion* (RADDA, 1971) in West Africa, inferred from mitochondrial DNA sequences. – Molecular Phylogenetics and Evolution 40 (2): 332–346.

AGNÈSE, J.-F., BRUMMETT, R. E., CAMINADE, P., CATALAN, J., KORNOBIS, E. (2009): Genetic characterization of the *Aphyosemion calliurum* species group and description of a new species from this assemblage: *A. campomaanense* (Cyprinodontiformes: Aplocheiloidei: Nothobranchiidae) from southern Cameroon. – Zootaxa 2045: 43–59.

AGNÈSE, J.-F., CHIRIO, L., LEGROS, O., OSLISLY, R. & MVÉ BHÉ, H. (2018): Unexpected discovery of six new species of *Aphyosemion* (Cyprinodontiformes, Aplocheilidae) in the Wonga-Wongué Presidential Reserve in Gabon. – European J. of Taxonomy 471: 1–28.

AKPAN, B. E., KING, R. P., JONATHAN, G. E. (2006): Diet of African killifish *Aphyosemion gardneri* (Aplocheilidae) in a Nigerian rainforest pond. – Acta Zoologica Sinica 52 (4): 668–675.

AMADOR, S. E. (1991): Comportamiento sexual y agresivo de los peces *Aphyosemion* y *Rivulus* (Pisces: Cyprinodontes). – Revista de Biología Tropical 39 (1): 53–61.

AMIET, J. L. (1987): Faune du Cameroun. Fauna of Cameroon. Vol. 2: Le genre *Aphyosemion* MYERS. The genus *Aphyosemion* MYERS (Pisces, Teleostei, Cyprinodontiformes). – Sciences Nationales, Compiègne, 257 S.

AMIET, J. L. (1991): Diagnose de deux espèces nouvelles d'*Aphyosemion* du Cameroun (Teleostei: Aplocheilidae). – IEF 2 (1): 83–95.

BALON, E. K. (1960): Über die Entwicklungsstufen des Lebens der Fische und ihre Terminologie. – Z. für wissenschaftliche Zoologie 164: 7–26 (zitiert nach ODERMATT 1982).

BAUER, R. (1991): Erkrankungen der Aquarienfische. Tierärztliche Heimtierpraxis 4. – Paul Parey, Berlin/Hamburg, 216 S.

BAUS, W.-R. (1991): Fische ohne Magen – oder sind Killis eine Fehlkonstruktion? – DKG-J. 23 (5): 79–80.

BECH, R. (1973): Ethologische Beobachtungen bei Eierlegenden Zahnkarpfen. – AT 20 (9): 316–319.

BECH, R. (1974): Eine alte Methode neu entdeckt: Durchlüftung von Laichschalen. – AT 21 (12): 424.

BECH, R. (1979): Geschlechtervererbung bei unterschiedlichem pH-Wert. – DKG-J. 11 (4): 59–61.

BECH, R. (1980): Die Zucht nicht-annueller Eierlegender Zahnkarpfen. – AT 27 (2): 65–68.

BECH, R. (1989): Eierlegende Zahnkarpfen. 2. Aufl. – Neumann Verlag, Leipzig/Radebeul, 132 S.

BELA, H. (1982): Störungen während der Eientwicklung und des Schlupfes. – DKG-J. 14 (5): 77–83.

BERKENKAMP, H. O. & ETZEL, V. (1980): Aquarienfische aus der Elfenbeinküste. Teil 2. 7: Die Formen von *Aphyosemion walkeri* (BLGR., 1911) aus der Elfenbeinküste und Ghana. – DKG-J. 12 (4): 51–58.

BERKENKAMP, H. O. & ETZEL, V. (1981): Aquarienfische aus der Elfenbeinküste. 8: Kreuzungen mit Formen von *Aphyosemion walkeri* (BLGR., 1911). – DKG-J. 13 (5): 71–81.

BERKENKAMP, H. O. & ETZEL, V. (2003): Informationen über die vier Arten der Gattung *Callopanchax* MYERS, 1933 der ehemaligen Gattung *Roloffia* CLAUSEN, 1966. – DKG-J. 35 (6): 205–214.

Bitter, F. (2003): *Diapteron*, beobachtet in der Natur und im Aquarium. – DKG-J. 35 (6): 197–203.

Blažek, R., Ondracková, M., Bímová Vošlajerová, B., Vetešník, L., Petrášová, I. & Reichard, M. (2012): Fisch diversity in the Niokolo Koba National Park, middle Gambia River basin, Senegal. – IEF 23 (3): 263–272.

Böhm, O. (1974): Vom Aussterben bedroht? *Aphyosemion riggenbachi* und *Aphyosemion franzwerneri*. – DA 8 (Mai): 207–209.

Bone, Q. & Marshall, N. B. (1985): Biologie der Fische. – Fischer, Stuttgart/New York, 236 S.

Bremer, H. (1982): Zu einigen Fragen der Nahrungsbiologie und Fütterungstechnologie der Fische. Möglichkeiten der Optimierung. – AT 29 (6): 205–208.

Bremer, H. (1984): Die Diagnose früher Stadien der Individualentwicklung bei Knochenfischen (Teleostei) – ein Hilfsmittel bei Pflege und Zucht. – AT 31 (4): 129–132.

Bremer, H. (1985): Entdeckung bei *Serrasalmo*. – AT 32 (1): 20–22.

Bremer, H. (1989): Zur Fütterung und Ernährung von Fischen – einige Antworten auf viele Fragen. – AT 36 (6): 198–200.

Bremer, H. (1991): Optimale Ernährung der Aquarienfische durch geeignete Fütterung unter besonderer Berücksichtigung der Killifische. – DKG-J. 23 (8): 123–127.

Bremer, H. (1995): Artenvielfalt und geographische Verbreitung der Cichliden. – DISKUS-Jahrbuch: 14–24.

Bremer, H. (1996): Fütterung von Aquarienfischen. Ein öko-phyosiologischer Kompromiß. – DA 319: 2–5.

Bremer, H. (1997): Aquarienfische gesund ernähren. – Ulmer, Stuttgart, 191 S.

Brosset, A. (1982): Le peuplement de Cyprinodontes du Bassin de l'Ivindo, Gabon. – Revue d'Écologie (La terre et la vie) 36 (2): 233–292.

Bruyn, H. de (2015): Über die Zucht von *Episemion callipteron*. – DKG-J. 47 (6): 143–147.

Bühlmann, E., Guggenbühl, R. & Näf, M. (2006): Keimzahlbelastung im Aquarium. – DATZ 59 (5): 66–68.

Busch, E. (1995): Systematikken hos *Roloffia* – Sierra Leones Fauna, 1. Del. *Roloffia etzeli* – den ægte *Roloffia roloffi*. – SKS Killibladet (3): 22–28.

Busch, E. (1996): On the systematics of the *Roloffia*-fauna of Sierra Leone. 1. – Killi News 365: 16–20.

Busch, E. (1999): Einige Bemerkungen zur Freilandbiologie von *Aphyosemion geryi* am Fundort »Rotain« in Sierra Leone. – DKG-J. 31 (4): 100–104.

Carcraft, J. (1983): Species concepts and speciation analysis. – Current Ornithology 1: 159–187.

Cauvet, C. (2009): GCLR 06. Guinée Cauvet Laird Romand 2006. Souvenirs de voyage de collecte de killies. Suite – Partie 2/4. – KR 1: 12–25.

Cauvet, C. (2012): Die Gattungen *Archiaphyosemion* Radda, 1977 und *Nimbapanchax* Sonnenberg & Busch, 2009. – DKG-J. 44 (3): 80–90.

Chauche, M. & Huber, J. H. (1985): *Aphyosemion schwoiseri* Scheel et Radda. – RfA 12 (1) Supplement Fische Nr. 286, 2 S.

Clausen, H. S. (1966): Definition of a new cyprinodont genus and description of a »new« but well-known West African cyprinodont, with clarification of the term »*sjöstedti*«, *Aphyosemion sjöstedti* (Lönnberg) and *Aphyosemion coeruleum* (Boulenger). – Revue de Zoologie et de Botanique Africaines 74 (3–4): 331–341.

Clausen, H. S. (1967): Tropical old world cyprinodonts. Reflections on the taxonomy of tropical old world cyprinodonts, with remarks on their biology and distribution. – Akademisk Forlag, København, 64 S. (nicht eingesehen).

Collier, G. E. (2007): The genus *Aphyosemion*: Taxonomic history and molecular phylogeny. – JAKA 39 (5–6): 147–168.

Costa, W. J. E. M. (2015): Comparative morphology, phylogeny, and classification of West African of callopanchacine killifishes (Teleostei: Cyprinodontiformes: Nothobranchiidae). – Zoological J. of the Linnean Society 175 (1): 134–149.

Cuvier, G. L. & Valenciennes, A. (1846): Histoire naturelle des poissons. 18. – Bertrand, Paris, 505 S. (nicht eingesehen).

Dadaniak, N., Lütje, R. & Eberl, W. (1995): Faszination Killifische. Die *Aphyosemion cameronense*-Gruppe. Selbstverlag, 480 S.

Das, J. (1989): Incubation of eggs from tropical killifishes on agar plates. – Laboratory Animal Science 39 (3): 264–265.

Dreyer, S. (1995): Zierfische richtig füttern. – bede-Verlag, Ruhmannsfelden, 95 S.

Dreyer, S. (1998/1999): Frostfutter. – DATZ Aquarienpraxis Folge I: 51 (9): 67–69; Folge II: 51 (10): 76–78; Folge III: 52 (3): 7–8; Folge IV: 52 (5): 7–8.

DUBIOS, A. (1988): The genus in zoology: a contribution to the theory of evolutionary systematics. – Mémoires du Museum National d'Histoire Naturelle, Zoologie 140: 122 S. (nicht eingesehen).

DUFFY, E. F. (1963): Die »American Killifish Association« ist jetzt international. – DATZ 16: 318.

EBERL, W. (1988): *Aphyosemion volcanum* Mbonge. – DKG-J. 29 (5): 117–119.

EBERL, W. (2003): Fundort *Aphyosemion pascheni festivum*. – In: NEUMANN (2003) (siehe unten).

EBERL, W. (2010): Ein Beitrag zur Klärung der Identität der *Aphyosemion*-Population von Bodi. – DKG-J. 42 (1): 19–22.

EBERL, W. (2013): A propos de la variabilité et de l'identité des *Aphyosemion* de sud-ouest de Yaoundé. – KR 4: 7–20.

EBERL, W. (2016): Die »*Aphyosemion herzogi*«-Artengruppe. – DKG-J. 48 (1): 1–60.

EBERL, W. & FELLMANN, E. (2014): COFE 2010. Beitrag zur Kenntnis hinsichtlich der Cyprinodontiden von Kongo-Brazzaville. – DKG Supplementheft Nr. 12.

EBERL, W., LÜTJE, R. & DADANIAK, N. (1997): Die Arten der »*Aphyosemion cameronense*«-Gruppe. – Aquarium spezial 7 (1): 94–98.

EIBL-EIBESFELDT, I. (1978): Grundriss der vergleichenden Verhaltensforschung. Ethologie. – Piper, München/ Zürich, 780 S.

EIGELSHOFEN, W. (1994): *Aphyosemion poliaki* AMIET, 1991. – DKG-J. 26 (5): 92–93.

ESCHMEYER, W. N. (1990): Catalog of the genera of recent fishes. – California Academy of Sciences, San Francisco, 697 S.

ETSCHEIDT, J. (1990): Die tierhygienischen Grundlagen der Süßwasseraquaristik sowie Untersuchungen über ihre Beachtung in der Zierfischhaltung. – Dissertation Justus-Liebig-Universität Gießen, Ferber, Gießen, 175 S.

ETZEL V. (1978): *Roloffia roloffi*-Populationen der West-Region von Sierra Leone. – DKG-J. 10: 143–151.

ETZEL, V. (1994): Ichthyologische Exkursion ins Land der Senoufo im Südosten Malis. – DKG-J. 26 (5): 87–91.

ETZEL V. & BERKENKAMP, H. O. (1980a): Kreuzungsexperimente mit *Roloffia roloffi*-Populationen der Westregion Sierra Leones I. – DKG-J. 12 (8): 113–127.

ETZEL V. & BERKENKAMP, H. O. (1980b): Kreuzungsexperimente zur Identifizierung eines *Roloffia*-Wildfangs und von *Roloffia* »caldal«. – DKG-J. 12 (5): 65–72.

ETZEL V. & BERKENKAMP, H. O. (1980c): Kreuzungsexperimente mit *Roloffia roloffi*-Populationen der Westregion Sierra Leones II. DKG-J. 12 (9): 137–144.

ETZEL, V. & BERKENKAMP, H. O. (1981): Études biochimiques sur le groupe *Roloffia occidentalis*. Comment distinguer les quatre grandes espèces de *Roloffia* à l'aide d'expériences de croisement, d'électrophorèse sur disque de gel et de focalisation isoélectrique des protéines sarcoplasmiques. – AKFB 9 (6): 17 S. (nicht eingesehen).

ETZEL, V. & BERKENKAMP, H. O. (1989): Kreuzungsexperimente zur Klärung der systematischen Einordnung von *Roloffia banforensis* und *Roloffia guignardi*. – DKG-J. 21 (2): 23–30; (3): 33–40.

ETZEL, V. & VANDERSMISSEN, J. P. (1984): *Roloffia nigrifluvi* = *Roloffia banforensis*. – Der Hüpferling 1984 (4): 59, 62.

ETZEL, V., BERKENKAMP, H. O., EFFKEMANN, S. & SCHLEGEL, M. (2003): Bemerkungen zur Identität von *Roloffia roloffi* zum 100. Geburtstag von ERHARD ROLOFF. – Cuxhavener Aquaristische Mitteilungen 1 (1): 5–24.

EWING, A. W. (1975): Studies on the behaviour of cyprinodont fish. II: The evolution of aggressive behaviour in Old World rivulins. – Behaviour 52: 172–195.

EWING, A. W. & EVANS, V. (1973): Studies on the behaviour of cyprinodont fish. I: The agonistic and sexual behaviour of *Aphyosemion bivittatum* (LÖNNBERG 1895). – Behaviour 46: 264–278.

FELLMANN, E. (2013): *Aphyosemion ogoense ogoense* FCO 2011-10. Un phénotype très particulier. – KR 1: 3–9.

FIEDLER, K. (1991): Fische. – In: STARCK, D. (Hrsg.): Lehrbuch der speziellen Zoologie. Band 2: Wirbeltiere, Teil 2: Fische. – Gustav Fischer Verlag, Jena, 498 S.

FOERSCH, W. (1953): Nochmals: *Aphyosemion petersii*. – DATZ 6 (4): 89–92.

FOERSCH, W. (1956): Beobachtungen beim Verhalten und bei der Eientwicklung bodenlaichender Fische. – Z. für Vivaristik 2: 8–13, 39–45, 113–117, 177–184.

FOERSCH, W. (1968): Neue *Aphyosemion*-Arten aus Kamerun. – DATZ 21 (1): 365–369.

FRANCK, D. (1997): Verhaltensbiologie. – Georg Thieme Verlag, Stuttgart/New York, 225 S.

GARTNER, O. (1999): *Aphyosemion elberti* vom Hochland Mittelkameruns. – DDA (Mai): 3–7.

GEISLER, R. & ANNIBAL, S. R. (1984): Ökologie des Cardinal-Tetra *Paracheirodon axelrodi* (Pisces, Characoidea) im Stromgebiet des Rio Negro/Brasilien sowie zuchtrelevante Faktoren. – Amazonia 9 (1): 53–86.

George, M. R. (1995): Intraovarielle Aspekte und Laichstrategien von Knochenfischen. – In: Greven, H. & Riehl, R. (Hrsg.): Fortpflanzungsbiologie der Aquarienfische (1). – Birgit Schmettkamp Verlag, Bornheim: 27–32.

George, M. R. (1999): Atresie – ein interessantes Phänomen bei Knochenfischen. – In: Greven, H. & Riehl, R. (Hrsg.) (1995): Fortpflanzungsbiologie der Aquarienfische (1) [Symposiumsband]. –Birgit Schmettkamp Verlag, Bornheim.

Greven, H. & Riehl, R. (Hrsg.) (1999): Fortpflanzungsbiologie der Aquarienfische (2) [Symposiumsband]. – Birgit Schmettkamp Verlag, Bornheim.

Gerstenberg, B. (1983): In Gambia leben *Roloffia geryi* und *Aplocheilichthys spilauchen*. – DA 172: 514–517.

Geyer, W. (1890): Wünsche und Ziele der Aquarien-Liebhaberei. – Blätter 1 (3): 21–22.

Guguen-Douchement, J. (1983): Contribution à l'étude de la systématique du genre *Aphyosemion* Myers,1924 (Pisces, Teleostei, Cyprinodontidae). Études Cytogénétique, Génétique comportamentale. These 3ème cycle, U.S.T.L., Montpellier, Frankreich, 175 S.

Hagenmaier, H. E. (1985): Fische schlüpfen chemisch aus dem Ei. – AM 19 (8): 349–353.

Hagenmaier, H. E. (1995): Das enzymatische Schlüpfen von Fischen. – In: Greven, H. & Riehl, R. (Hrsg.): Fortpflanzungsbiologie der Aquarienfische (1) [Symposiumsband]. –Birgit Schmettkamp Verlag, Bornheim: 101–113.

Herrmann, K. (1986): Wie kommt der Fisch ins Ei? – DA Teil I: Nr. 203: 248–252, Teil II: Nr. 204: 309–312; Teil III: Nr. 205: 264–367.

Hesse, U. (1967): Viermal *Aphyosemion*. – DATZ 20 (1): 1–4.

Hjerresen, G. (1954): *Aphyosemion australe (Rachow) var. hjerresensii*. – DATZ 7 (3): 59–60.

Holly, M., Meinken, H. & Rachow, A. (o. J.): Die Aquarienfische in Wort und Bild. Blatt 600/01. – Alfred Kernen Verlag, Stuttgart.

Horsfall, B. (1988): *Diapteron* – their care, breeding & rearing. – Killi-News 1988 (271/ march): 34–42.

Hrbek, T. & Larson, A. (1999): The evolution of diapause in the killfish family Rivulidae (Atherinomorpha, Cyprinodontiformes): A molecular phylogenetic and biogeographic perspective. – Evolution 53 (4): 1200–1216.

Huber, J. H. (1976): Un nouveau Killi du Gabon Nord Oriental *Aphyosemion abacinum* nov. sp. – RfA 3 (3): 79–82.

Huber, J. H. (1977): Une chaîne de deux *Aphyosemion* sympatriques dans les Monts de Cristal, Gabon, avec description d'une espèce nouvelle: *A. mimbon* n. sp. – RfA 4: 3–10.

Huber, J. H. (1978): Contribution à la connaissance des Cyprinodontidés de l'Afrique Occidentale: caractères taxonomiques et tentative de regroupement des espèces du Genre *Aphyosemion*. – RfA 5: 1– 29.

Huber, J. H. (1979): Cyprinodontidés de la cuvette congolaise. *Adamas formosus* n. gen., n. sp. et nouvelle description de *Aphyosemion splendidum*. – RfA 6 (1): 5–9.

Huber, J. H. (1980): Rapport sur la deuxième expédition au Gabon (Août 79). Étude des Cyprinodontidés récoltés. – RfA 7: 37–42.

Huber, J. H. (1981a): *Fundulopanchax walkeri* Boul. (I). – Supplement RfA 8 (1) Fiche Nr. 205.

Huber, J. H. (1981b): *Aphyosemion lamberti* Radda & Huber. – Supplement RfA 8 (2) Fiche Nr. 212.

Huber, J. H. (1981c): Die Überart *Aphyosemion ogoense.* Eine systematische Übersicht sowie die Darstellung von hypothetischen Artbildungsmodellen. – DKG-J. 13 (9): 133–148.

Huber, J. H. (1982): Cyprinodontidés récoltés en Côte d'Ivoire (1974-1978). – Cybium 3e série, 6 (2): 49–74.

Huber, J. H. (1996): Killi-Data 1996. Updated checklist of taxonomic names, collecting localities and bibliographic references of oviparous Cyprinodont fishes (Atherinomorpha, Pisces). – Société Française d'Ichthyologie, Paris, 399 S. (nicht eingesehen).

Huber, J. H. (1998a): A new Cyprinodont species with a uniquely-colored female, *Aphyosemion hera* n. sp. (Cyprinodontiformes, Pisces) from northwestern Gabon. – Revue suisse de Zoologie 105 (2): 331–338.

Huber, J. H. (1998b): Miscellaneous notes on some systematic difficulties regarding old world Cyprinodonts. – JAKA 31 (1): 3–17, 28–32.

Huber, J. H. (1999): A new species of cyprinodont fish, *Aphyosemion tirbaki* n. sp. (Cyprinodontiformes: Aplocheilidae) from Gabon, with further evidence of the frontier species concept. – Freshwater & Marine Aquarium 22 (4): 104–118.

Huber, J. H. (2000): Killi-Data 2000. Updated checklist of taxonomic names, collecting localities and bibliographic references of oviparous Cyprinodont fishes (Cyprinodontiformes). – Cybium, Société française d'Ichtyologie, Paris, 538 S. (nicht eingesehen).

Huber, J. H. (2006): The Case of fallax-gularis-deltaensis-schwoiseri-kribianus reviewed, after two visits at the Natural History Museum (London). – British Killifish Association, Killi News, Special Edition 489 (June): 65–80.

HUBER, J. H. (2013): Reappraisal of the phylogeny of the African genus *Aphyosemion* (Cyprinodontiformes) focused on external characters, in line with molecular data, with new and redefined subgenera. – Killi-Data Series, 4–20 (nicht eingesehen).

HUBER, J. H. (2016a): Killi-Data [Online]. – http://www.killi-data.org/zz-Mesoaphyosem.php; URL besucht am 31.07.2016.

HUBER, J. H. (2016b): Killi-Data [Online]. – http://www.killi-data.org/zz-lefinienAphy.php; URL besucht am 18.12.2016.

HUBER, J. H. (2017a): Killi-Data [Online]. – http://www.killi-data.org/zz-polliAphyose.php; URL besucht am 20.01.2017.

HUBER, J. H. (2017b): Killi-Data [Online]. – http://www.killi-data.org/zz-gresensiFund.php; URL besucht am 07.01.2017.

HUBER, J. H. (2017c): Killi-Data [Online]. – http://www.killi-data.org/infoweb16.php; URL besucht am 09.01.2017.

HUBER, J. H. (2017d): Killi-Data [Online]. – http://www.killi-data.org/researchers-huber-pz-family-group-names.php; URL besucht am 22.02.2017.

HUBER, J. H. (2017e): Killi-Data [Online]. – http://www.killi-data.org/researchers-huber-pz-ogoense.php; URL besucht am 01.03.2017.

HUBER, J. H. (2018): Killi-Data [Online]. – http://www.killi-data.org/list-names-familygroup.php; URL besucht am 05.07.2018.

HUBER, J. H. & RADDA, A. C. (1977): Cyprinodontiden-Studien in Gabun. 4: Das Du-Chaillu-Massiv. – Aquaria 24 (6): 99–104.

HUBER, J. H. & RADDA, A. C. (1979): Die Rivulinae des südlichen Kongo (Brazzaville). 2: Der *Aphyosemion-lujae*-Komplex. – Aquaria 26 (11): 175–185.

HUBER, J. H. & SCHEEL, J. J. (1981): Revue systématique de la super-espèce *Aphyosemion elegans*. Description de *A. chauchei* et *A. schioetzi* n. sp. – RfA 8 (2): 33–42.

HUBER, J. H. & SEEGERS, L. (1977): Vorläufige Beschreibung von *Diapteron* nov. subgen. – DKG-J. 9 (9): 146–148.

HUBER, J. H. & SEEGERS, L. (1978): *Diapteron*, nouveau sous genre de *Aphyosemion*, MYERS. – RfA 4 (4): 115–116.

HUBER, J. H. & WRIGT, A. J. (1975): Une revue de l'espèce polytypique *Aphyosemion gardneri* BOUL. – RfA 1 (1): 2–7 (Anmerkung: Der Autor wurde im Original falsch geschrieben, richtig: WRIGHT).

HÜCKSTEDT, G. (1968): Aquarienchemie. – Franckh'sche Verlagshandlung, W. Keller & Co., Stuttgart, 91 S.

HÜCKSTEDT, G. (1971): Aquarientechnik. – Franckh'sche Verlagshandlung, W. Keller & Co., Stuttgart, 96 S.

IMMELMANN, K., PRÖVE, E. & SOSSINKA, R. (1996): Einführung in die Verhaltensforschung. – Blackwell Wiss.-Verl., Berlin/Wien, 287 S.

INGLIMA, K., PERLMUTTER, A. & MARKOFSKY, J. (1981): Reversible stage-specific embryonic inhibition mediated by the presence of adults in the annual fish *Nothobranchius guentheri*. – JEZ 215: 23–33 (nicht eingesehen).

KESSEL, W. (1975): *Roloffia geryi* aus Conakry. – AT 22 (9): 319.

KLAMROTH, B. (1997): Satellitenmännchen des Grünen Schwertträgers im Freiland. – In: FRANCK, D. (1997): Verhaltensbiologie. – Georg Thieme Verlag, Stuttgart/New York, 181–183.

KLUGE, K. (1970): *Aphyosemion sjoestedti* im Ashantie-Gebiet von Ghana. – DATZ 23 (12): 359–362.

KNÖPFEL, J. (2006): Noch einmal *Fundulopanchax amieti* – eine kleine Klarstellung. – DKG-J. 38 (5): 155–156.

KONETZKY, A. & WAGNER, M. (2012): Trinkwasser ist kein Aquarienwasser – Polyphosphate im Trinkwasser und im Aquarium. – VDA-aktuell 18 (3): 14–18.

KÖRBER, S. (2009): From sponges to primates: emendation of 30 species nomina dedicated to the Swedish zoologist Einar Lönnberg. – Zootaxa 2201: 63–68.

KOTTELAT, M. (1976): Modifications taxonomiques au sein des super-espèces *Aphyosemion gardneri* (BOULENGER, 1911) et *A. walkeri* (BOULENGER, 1911) avec une espèce et une sous-espèce «Nouvelle» mais connues et un sous-genre nouveau. *Aphyosemion (Fundulopanchax) walkeri* (BOULENGER, 1911). – Aquarama 36: 23–28.

KOTTELAT, M. (1977): Contribution a la révision de la super-espèce *Aphyosemion gardneri* (BOULENGER, 1911) (Osteichthyes, Cyprinodontidae). – Aquarama 37:65–68, 70–75.

KOTTELAT, M. (1997): European freshwater fishes. An heuristic checklist of the freshwater fishes of Europe (exclusive of former USSR), with an introduction for non-systematists and comments on nomenclature and conservation. – Biologia, Bratislava, Sect. Zoology, 52 (Suppl. 5): 1–271 (nicht eingesehen).

KROLL, D. (1999): Unter die Lupe genommen: Die Eientwicklung des Streifenhechtlings. – DKG-J. 31 (1): 1–13.

Kroll, W. (1981): The behavior of the African Killifish, *Aphyosemion gardneri*: normative studies. – Environmental Biology of Fishes 6 (3/4): 277–284.

Kullmann, H. & Klemme, B. (2007): Female mating preference for own males on species and population level in *Chromaphyosemion* killifishes (Cyprinodontiformes, Nothobranchiidae). – Zoology 110 (5): 377–386 (nicht eingesehen).

Labhart, P. & Ziswiler, V. (1979): Vergleichend-morphologische Untersuchungen am Verdauungstrakt verschiedener Zahnkärpflinge. (U.O. Cyprinodontoidei). – Revue suisse de Zoologie 86 (4): 843–854.

Ladiges, W. (1932): Importbericht V. Dies und das. – W. 29 (50): 785–787.

Lambert, J. G. & Géry, J. (1967): Poissons du bassin de l'Ivindo. III: Le genre *Aphyosemion*. – Biologia Gabonica 3 (4): 291–315.

Lederer, G. (1949): Zur Bodengrundfrage in Süßwasseraquarien. – Verlag Gustav Wenzel & Sohn, Braunschweig, 38 S.

Legros, O. & Zentz, F. (2007): *Aphyosemion lividum n. sp.* (Cyprinodontiformes: Nothobranchiidae), une nouvelle espèce originaire de la région d'Edéa au Cameroun. – AKFB Killi-Contact (6, décembre): 1–34.

Leiendecker, U. (1978): Zur Zucht von *Roloffia occidentalis* sowie einige allgemeine Bemerkungen über die Embryonalentwicklung von Bodenlaichern. – DKG-J. 10 (6): 89–93.

Levels, P. J. & Denucé, J. M. (1988): Intrinsic variability in the frequency of embryonic diapauses of the annual fish *Nothobranchius korthausae*, regulated by light: dark cycle and temperature. – Environmental Biology of Fishes 22 (3): 211–223 (nicht eingesehen).

Lieder, U. & Helms, C. (1982): Über die Massenzucht von Chironomidenlarven. – AT 29 (11): 373–375.

Loiselle, P. V. & Blair, D. (1971): A new species of *Aphyosemion* (Teleostomi: Cyprinodontidae: Rivulinae) from Ghana, and a redefinition of subgenus *Fundulopanchax* Myers, 1924. – JAKA 8 (1): 1–11.

Lück, R. (1991): Mückenlarven-Allergie.– DKG-J. 23 (5): 70–71.

Lunkayilakio, W. & Vreven, E. (2010): ›*Haplochromis*‹ *snoeksi*, a new species from the Inkinsi River basin, Lower Congo (Perciformes: Cichlidae). – IEF 21 (3): 279–287.

Magnuson, J. J., Crowder, L. B. & Medvick, P. A. (1979): Temperature as an ecological resource. – American Zoologist 19 (1): 331–343 (nicht eingesehen).

Markofsky, J. & Matias, J. R. (1977): The effects of temperature and season of collection on the onset and duration of diapause in embryos of the annual fish *Nothobranchius guentheri*. – JEZ 202 (1): 49–56 (nicht eingesehen).

Matias, J. R. (1983): The effect of exposure to gaseous ammonia on the duration of diapause II in the embyos of the annual fish *Nothobranchius guentheri*. – Experientia 39 (10): 1148–1150 (nicht eingesehen).

Matias, J. R. & Markofsky, J. (1978): The survival of embryos of the annual fish *Nothobranchius guentheri* exposed to temperatures extremes and the subsequent effects on embryonic diapause. – JEZ 204 (2): 219–227 (nicht eingesehen).

Mayer, F. (o. J.): Zeichnung zu Blatt »*Aphyosemion roloffi*« – In: Loseblattsammlung Holly, M., Meinken, H. & Rachow, A. (o. J.): Die Aquarienfische in Wort und Bild. Blatt 891/92. – Alfred Kernen Verlag, Stuttgart.

Mayr, E. (1967): Artbegriff und Evolution. – Paul Parey, Hamburg/Berlin, 617 S. (nicht eingesehen).

Mayr, E. (1975): Grundlagen der zoologischen Systematik. Theoret. u. prakt. Voraussetzungen für Arbeiten auf systemat. Gebiet. – Paul Parey, Hamburg/Berlin, 370 S.

Meder, E. (1951): Allgemeines über Pflege und Zucht der *Aphyosemion*-Arten. – DATZ 4 (9): 229–234.

Meder, E. (1953): *Cynolebias bellottii* Steindachner (unter Berücksichtigung des *Cynolebias nigripinnis* Regan). – DATZ 6 (8): 197–201.

Mehm, J. (2003): *Scriptaphyosemion liberiensis* »Matanga«, SL 89. – DKG-J. 35 (2): 38–42.

Meinelt, T., Schulz, C., Wirth, M., Kürzinger, H. & Steinberg, C. (1999): Dietary fatty acid composition influences the fertilization rate of zebrafish (*Danio rerio* Hamilton-Buchanan). – Journal of Applied Ichthyology 15: 19–23.

Meinken, H. (1930): Zwei neue *Fundulopanchax*-arten aus Kamerun. – W. 27 (2): 17–20.

Meinken, H. (1953): *Aphyosemion australe* (Rachow) var. *hjerresensii*. – DATZ 6 (12 Vereinsnachrichten): 123.

Menkovic, D. (2014): Ist es, was es ist? Artbestimmung anhand der Eioberflächenstruktur. – DKG-J. 46 (1): 1–11.

Milkuhn, T. (2012): Einige Anmerkungen zu den Gattungen *Archiaphyosemion* und *Nimbapanchax*. – DKG-J. 44 (3): 91–96.

Moelants, T. (2010): *Aphyosemion callipteron* [Online]. – https://www.iucnredlist.org/species/181568/7680870; URL besucht am 25.11.2018.

Moritz, C., Patton, J. L., Schneider, C. J. & Smith, T. B.(2000): Diversification on rainforest faunas; an integrated molecular approach. – Annual Review of Ecology and Systematics 31: 533–563 (nicht eingesehen).

Moriwaki, I. (1910): The mechanism of escape of the fry out of the egg chorion in the dog salmon (in Japanisch). – The 3rd. Rep. Hokkaido Fisheries Res. Stat. (nicht eingesehen, zitiert nach Hagenmaier 1995).

Murphy, W. J. & Collier, G. E. (1996): Phylogenetic relationships within the aplocheiloid fish genus *Rivulus* (Cyprinodontiformes, Rivulidae): Implications for Caribbean and Central American biogeography. – Molecular Biology and Evolution 13 (5): 642–649.

Murphy, W. J. & Collier, G. E. (1997): A molecular phylogeny for aplocheiloid fishes (Atherinomorpha; Cyprinodontiformes): the role of vicariance and the origins of annualism. – Molecular Biology and Evolution 14 (8): 790–799.

Murphy, W. J. & Collier, G. E. (1999): Phylogenetic relationships of African killifishes in the genera *Aphyosemion* and *Fundulopanchax* inferred from Mitochondrial DNA sequences. – Molecular Phylogenetics and Evolution 11 (3): 351–360.

Murphy, W. J., Nguyen, T. N. P., Taylor, E. B. & Collier, G. E. (1999): Mitochondrial DNA phylogeny of West African aplocheiloid killifishes (Cyprinodontiformes, Aplocheilidae). – Molecular Phylogenetics and Evolution 11 (3): 343–350.

Myers, G. S. (1924a): New genera of African poeciliid fishes. – Copeia 129: 41–45 (nicht eingesehen).

Myers, G. S. (1924b): A new poeciliid fish from the Congo, with remarks on funduline genera. – American Museum Novitates 116: 9 S. (nicht eingesehen).

Nachstedt, J. & Tusche, H. (o. J.): Züchterkniffe I. 2. Aufl. – Alfred Kernen Verlag, Stuttgart, 47 S.

Neumann, W. (1969): Zur Namensgebung bei Eierlegenden Zahnkarpfen. – AT 16 (11): 388–389.

Neumann, W. (2003): *Epiplatys zenkeri* oder *Epiplatys baroi*? – DKG-J. 35 (3): 91–94.

Nieuwenhuizen, A. van den (1961): *Aphyosemion*-Plauderei. – DATZ 14 (3): 70–72.

Nitsche, P. (1901): Der Import von lebenden Fischen. Rathschläge und Winke für die Einführung von Reptilien, Amphibien, Seewasserthieren und Wasserpflanzen für Aquarien- und Terrarienzwecke; gleichzeitig eine Anweisung für jeden Seereisenden, sich leicht einen reichlichen Nebenverdienst zu schaffen. – Pfenningstorff, Berlin, 112.

Odermatt, P. (1982): Ontogenetische Untersuchungen an *Aphyosemion australe* (Rivulinae, Cyprinodontidae, Teleostei) – Diss. Universität Basel, 258 S.

Ott, D. (1970): Lebendfutter – Problem Nr. 1. – DATZ 23: 89.

Ott, D. (1985a): Zur Zucht von *Aphyosemion filamentosum* »Ruwenzori«. – DATZ 38 (2): 64–65.

Ott, D. (1985b): *Aphyosemion amieti*. Ein neuer Stern am Killifischhimmel. – DA 19 (2) Nr. 188: 69–71.

Ott, D. (1987): Zur Zucht von *Aphyosemion mirabile traudeae* Radda, 1971. – DKG-J 19 (2): 22–23.

Ott, D. (1989): Ein Liebesnest für Fische: Der Wollmopp. – DATZ 42 (6): 382.

Ott, D. (1991a): Anmerkungen zu »*Aphyosemion cameronense* – schön und heikel« – DKG-J. 23 (4): 61–62.

Ott, D. (1991b): Der Torffilter. Eine Möglichkeit zur Ansäuerung des Aquarienwassers. – DA 25 (10) Nr. 268: 49–50.

Ott, D. (1993a): Fische mit Sommerpause oder: »Die Fabel vom Dauerei«. – DKG-J 25 (5): 75–77.

Ott, D. (1993b): Der Kochsalzzusatz. – DKG-J. 25 (7): 104–106.

Ott, D. (1995): »Anfängerfisch« *Aphyosemion australe* (Rachow, 1921)? – DKG-J. 27 (7): 112–115.

Ott, D. (1997): Zur Validität der Gattung *Roloffia* sowie zur *Roloffia-roloffi/etzeli*-Frage. – DKG-J. 29 (5): 110–119.

Ott, D. (1998): Neue Fische – Neue Namen. *Fundulopanchax powelli* und Neuerungen bei *Fundulopanchax*. – DKG-J. 30 (4): 74–75.

Pandare, D. & Romand, R. (1989): Feeding rates of *Aphyosemion geryi* (Cyprinodontidae) on mosquito larvae in the laboratory and in the field. – Rev. Hydrobiol. Trop. 22 (3): 251–258.

Parenti, L. R. (1981): A phylogenetic and biogeographic analysis of cyprinodontiform fishes (Teleostei; Atherinomorpha). – Bulletin of the American Museum of Natural History 168: 335–557.

Paris, F. (1999): Fortpflanzungsstrategien bei Knochenfischen. – In: Greven, H. & Riehl, R. (Hrsg.): Fortpflanzungsbiologie der Aquarienfische (2) [Symposiumsband]. – Birgit Schmettkamp Verlag, Bornheim: 43–60.

Passaro, G. & Eberl, W. (1998): Eine Killifisch-Reise nach Südgabun. Teil 1.– Aquarium exclusiv: 22–29.

Passaro, G. & Eberl, W. (1999): Zwei interessante Killis aus Nordgabun. – DA 33 (9): 15–20.

Patzner, R. A. & Lahnsteiner, F. (1995): Männliche Keimzellen von Knochenfischen. – In: Greven, H. & Riehl, R. (Hrsg.): Fortpflanzungsbiologie der Aquarienfische (1) [Symposiumsband]. – Birgit Schmettkamp Verlag, Bornheim, 59–68.

Pederzani, H.-A. (1981): Zu Fragen der Fischernährung. – AT 28 (4): 118–119.

Pellegrin, J. (1930): Poissons de l'Ogooué, du Kouilou, de l'Alima et de la Sangha recueillis par M. A. Baudon. Description de cinq espèces et cinq variétés nouvelles. – Bulletin de la Société Zoologique de France 55: 196–210.

Pellegrin, J. (1931): Poissons de la Louessé (Kouilou) recueillis par M. A. Baudon. Description d'une variété nouvelle. – Bulletin de la Société Zoologique de France 56: 219–221.

Péroux, R. (2013): Conduire la reproduction de divers killis non annuels en y investissant peu d'effort et de temps ... – KR 3: 3–22.

Peters, N. (1963): Embryonale Anpassungen oviparer Zahnkarpfen aus periodisch austrocknenden Gewässern. – Internationale Revue der gesamten Hydrobiologie und Hydrographie 48 (2): 257–313.

Peters, N. (1964): Zur Stammesgeschichte bodenlaichender Zahnkarpfen. – DATZ 17 (4): 106–109.

Podrabsky, J. E. (1999): Husbandry of the annual killifish Austrofundulus limnaeus with special emphasis on the collection and rearing of embryos. – Environmental biology of fishes 54: 421–431.

Pohlmann, R. (2017): Killifische.info [Online]. – https://www.killifische.info/west-africa/fundulopanchax/fundulopanchax-mirabilis/; URL eingesehen am 08.01.2017.

Poliak, D. (1991): Les *Chromaphyosemion*. – KR Dezember: 13–20.

Poll, M. (1941): Poissons nouveaux de la Côte d'Ivoire. – Revue de Zoologie et de Botanique Africaines 34 (2): 133–143.

Poll, M. (1951): Notes sur les Cyprinodontidae du Musée du Congo Belge. 1. Teil: Les Rivulini. – Revue de Zoologie et de Botanique Africaines 45 (1–2): 157–171.

Pürzl, E. (1993): *Aphyosemion volcanum* Radda & Wildekamp, 1977. – DKG-J. 25 (1): 11–14.

Radda, A. C. (1969): *Aphyosemion* oder *Roloffia, sjoestedti* oder *occidentalis*? – DATZ 22 (12): 364–367.

Radda, A. C. (1975a): Cyprinodontiden-Studien im südöstlichen Nigeria. – Aquaria 22: 157–166.

Radda, A. C. (1975b): Contribution to the knowledge of the Cyprinodonts of Gabon. With the description of four new species and one new subspecies of the Genus *Aphyosemion* Myers. – BKA-Pub.: 1–20.

Radda, A. C. (1976): Die Cyprinodontiden-Fauna von Sierra Leone. – Aquaria 23: 137–149.

Radda, A. C. (1977): Vorläufige Beschreibung von vier neuen Subgenera der Gattung *Aphyosemion* Myers. – Aquaria 24: 209–216.

Radda, A. C. (1987): Die Cyprinodontiden-Studien in Elfenbeinküste und Ghana. – Aquaria 34 (3): 33–52.

Radda, A. C. (1997): *Aphyosemion volcanum* Radda & Wildekamp (1977). – DKG-J. 29 (5): 106–109.

Radda, A. C. & Huber, J. H. (1978): Die Rivulinae des südlichen Kongo (Brazzaville). 1.: Beschreibung von vier Arten der Gattung *Aphyosemion* Myers. – Aqaria 25:173–187.

Radda, A. C. & Pürzl, E. (1977): Cyprinodontiden-Studien in Gabun. II: Nordgabun. – Aquaria 24 (2): 21–31.

Radda, A. C. & Pürzl, E. (1987a): *Episemion callipteron*, ein neuer Killifisch aus Nordgabun. – DKG-J. 19 (2): 17–22.

Radda, A. C. & Pürzl, E. (1987b): Colour Atlas of Cyprinodonts of the Rain Forests of Tropical Africa. – Hofmann-Verlag, Wien, 160 S.

Radda, A. C. & Wildekamp, R. H. (1977): Die *Aphyosemion bivittatum*-Superspezies. – DKG-J. 9 (9): 133–141.

Ramelow, E. (2009): Grundlagen der Verdauungsphysiologie, Nährstoffbedarf und Fütterungspraxis bei Fischen und Amphibien unter besonderer Berücksichtigung der Versuchstierhaltung. Eine Literaturstudie und Datenerhebung. – Dissertation Freie Universität Berlin, Mensch-und-Buch-Verlag, Berlin, 202 S.

Rauhut (1924): Vereinsnachrichten der Berliner Vivarienfreunde. – W. 21 (3): 46–47.

Redinger, M. (2014): Mehr Killis aus Burkina Faso. – DKG-J. 46 (5): 123–134.

Reichenbach-Klinke, H.-H. (1957): Krankheiten der Aquarienfische. – Alfred Kernen Verlag, Stuttgart, 215 S.

Reichenbach-Klinke, H.-H. (1969): Einige Fälle von Dotterblasensucht bei Warmwasserfischen. – DATZ 22 (3): 95.

Reichenbach-Klinke, H.-H. (1970): Grundzüge der Fischkunde. – Gustav Fischer Verlag, Stuttgart, 120 S.

Reichenbach-Klinke, H.-H. (1957): Krankheiten der Aquarienfische. – Alfred Kernen Verlag, Stuttgart, 215 S.

Riehl, R. (1995): Die Eier und Eihüllen von Knochenfischen. – In: Greven, H. & Riehl, R. (Hrsg.): Fortpflanzungsbiologie der Aquarienfische (1) [Symposiumsband]. – Birgit Schmettkamp Verlag, Bornheim, 11–26.

Rodao, M., Montagne, J., Clivio, G. A., Papa, N. G. & Larrosa, G. C. (2016): Sperm and egg envelope ultrastructure and some considerations on its evolutionary meaning. – In: Berois, N., García, G. & Sá, R. O. de (2016): Annual fishes: life history strategy, diversity, and evolution. – CRC Press, Taylor & Francis Group, Boca Raton/London/New York, 47–61.

Römer, U. (1999): Zum Fortpflanzungspotential einiger *Apistogramma*-Arten (Teleostei: Cichlidae) im Aquarium und im Freiland. – In: Greven, H. & Riehl, R. (Hrsg.): Fortpflanzungsbiologie der Aquarienfische (2) [Symposiumsband]. – Birgit Schmettkamp Verlag, Bornheim, 181–194.

Roloff, E. (1936): Pflege und Zucht von *Aphyosemion roloffi*. – W. 33: 387.

Roloff, E. (1967): Fische, die vom Himmel fallen. – AM 1 (2): 78–82.

Roloff, E. (1971): *Roloffia brueningi* spec. nov. – DATZ 24 (9): 285–287.

Roloff, E. (1976): »Etzels Toddi« – ein Neuer aus dem Füllhorn Westafrikas. – AM 10 (12): 522–524.

Romand, R. (1979a): Vorläufige Beschreibung von *Roloffia schmitti* spec. nov., einem neuen Killfisch aus Liberia. – DATZ 32 (9): 299–300.

Romand, R. (1979b): A Study of *Aphyosemion schmitti* (Romand, 1979) and a survey of the *Aphyosemion* of Liberia (Pisces, Cyprinodontidae). – Zoological J. of the Linnean Society 87: 215–234.

Romand, R. (1980): Die Schutzanpassung von *Aphyosemion walkeri* im Waldgebiet der Elfenbeinküste. – DATZ 33 (8): 262–264.

Romand, R. (1981): Description d'un nouveau *Roloffia* de Guinée: *Roloffia guignardi* n. sp. (Pisces, Cyprinodontidae). – RfA 8 (1): 1–6.

Romand, R. (1985): Feeding biology of *Aplocheilichthys normani*, Ahl, a small Cyprinodontidae from West Africa. – J. of Fish Biology 26 (4): 399–410.

Romand, R. (1992): Cyprinodontidae. – In: Lévêque, C., Paugy, D. & Teugels, G.,G.: aune des poissons d'eaux douces et saumâtres d'Afrique de l'Ouest. Faune tropicale, Band 2. – MRAC/Orstom Tervuren/Paris, 586–654.

Rosen, D. E. & Parenti, L. R. (1981): Relationships of *Oryzias*, and the groups of atherinomorph fishes. – American Museum Novitates 2719: 1–25.

Rosskopf, C. (2016): Deutsche Killifisch Gemeinschaft [Online]. – www.killi.org/diapteron/content/haltung/haltung.php; URL besucht am 14.12.16.

Scheel, J. J. (1968): Zoogeographie und verwandtschaftliche Beziehungen von Rivulinae des atlantischen Afrika. Teil 1–8. – AT 15 (1): 14–16; 15 (2): 52–53; 15 (3): 76–80; 15 (4): 118–122; 15 (5): 156–159;15 (6): 200–201; 15 (7): 226–227; 15 (9): 304–305.

Scheel, J. J. (1974): Eine Übersicht zu *Aphyosemion cameronense*. – AT 21 (9): 306–307.

Scheel, J. J. (1975): Rivulins of the Old World. – T. F. H. Publications, Neptune City, N.J., 480 S.

Scheel, J. J. (1990): Atlas of Killifishes of the Old World. – T.F.H. Publications, Neptune City, N.J., 448 S.

Schermer, E. (1924): Die Gattung *Haplochilus*. – W. 11 (3): 41–43; 5: 94–95; 7: 150–152; (9): 204–206; (12): 276–277; (20): 449–451; (28): 607–609.

Schlegel (1985): Allgemeine Mikrobiologie. – Georg Thieme Verlag, Stuttgart/New York, 431 S. (nicht eingesehen, zitiert nach Bühlmann et al., 2006).

Schoening, K. (1985): Cameroon 1981. – JAKA March/April: 54–55.

Schrey, W. C. (1980): Falsch gepflegt ein »Killi-Killer« – *Aphyosemion batesi*. – AM 14 (4): 234–236.

Schubert, G. (1979): Anatomie und Physiologie der Nutzfische. – Übers. Tierernährung 7: 31–50.

Schwekendiek, A. (2003): Über die Zucht von Killifischen des *Aphyosemion elegans*- Formenkreises. – DKG-J. 35 (3): 67–76.

Seegers, L. (1980): *Diapteron* – Eine neue Killifischgattung aus dem Ivindobecken. – AM 14 (10): 554–561.

Seegers, L. (1986a): Zur Sache. Was ist ein »kompetenter Systematiker«? – Aquarium heute 4 (3): 2–3.

Seegers, L. (1986b): Was ist *Aphyosemion fallax* Ahl, 1935? – DATZ 39 (8): 347–351.

Seegers, L. (1986c): Bemerkungen über die Sammlung der Cyprinodontiformes (Pisces: Teleostei) des Zoologischen Museums Berlin. I: Die Gattungen *Aphyosemion* Myers, 1924 und *Fundulosoma* Ahl, 1924, Teil 1. – Mitt. Zool. Mus. Berlin 62 (2): 303–321.

Seegers, L. (1988): Bemerkungen über die Sammlung der Cyprinodontiformes (Pisces: Teleostei) des Zoologischen Museums Berlin. I: Die Gattungen *Aphyosemion* Myers, 1924 und *Fundulusoma* Ahl, 1924, Teil 2. – Mitt. Zool. Mus. Berlin 64 (1): 3–70.

Seegers, L. (2001): Prachtkärpflinge, Killifische, Eierlegende Zahnkarpfen ... – DATZ 54 (11): 28–32.

Slusarczuk, G. M. J. (1989): In: Langton, R. W. (1979): A numbering system to indicate peat moss wetness. – JAKA 12 (6): 187–188. Nachdruck in JAKA 226 193–194.

Sonnenberg, R. (2000): The distribution of *Chromaphyosemion* Radda, 1971 (Teleostei: Cyprinodontiformes) on the coastal plains of West and Central Africa. – In: Rheinwald, G. (Hrsg.): Isolated Vertebrated Communities in the Tropics. Proceedings of the 4th International Symposium of Zoologisches Forschungsinstitut und Museum Alexander Koenig, Bonn 46: 79–94.

Sonnenberg, R. (2001): Molekulare Phylogenie der Aplocheiloidei (Atherinomorpha, Cyprinodontiformes). – DKG-J. 33 (2): 35–41.

Sonnenberg, R. (2006): Killifische Afrikas – von der Savanne bis zum Regenwald. – DATZ 59 (5): 40–42.

Sonnenberg, R. (2007a): Two new species of *Chromaphyosemion* (Cyprinodontiformes: Nothobranchiidae) from the coastal plain of Equatorial Guinea. – IEF 18 (4): 359–373.

Sonnenberg, R. (2007b): Description of three new species of the genus *Chromaphyosemion* Radda, 1971 (Cyprinodontiformes: Nothobranchiidae) from the coastal plains of Cameroon with a preliminary review of the *Chromaphyosemion splendopleure* complex. – Zootaxa 1591: 1–38.

Sonnenberg, R. & Blum, T. (2005): *Aphyosemion (Mesoaphyosemion) etsamense* (Cyprinodontiformes: Aplocheiloidei: Nothobranchiidae), a new species from the Monts de Cristal, northwestern Gabon. – Bonner Zoologische Beiträge 53 (1/2): 211–220.

Sonnenberg, R. & Busch, E. (2009): Description of a new genus and two new species of killifish (Cyprinodontiformes: Nothobranchiidae) from West Africa, with a discussion of the taxonomic status of *Aphyosemion maeseni* Poll, 1941. – Zootaxa 2294: 1–22.

Sonnenberg, R. & Busch, E. (2010): Description of *Callopanchax sidibei* (Nothobranchiidae: Epiplateinae), a new species of killifish from southwestern Guinea, West Africa. – Bonn Zoological Bulletin 57 (1): 3–14.

Sonnenberg, R. & Busch, E. (2011): Erratum to: Sonnenberg & Busch (2010): Description of *Callopanchax sidibei* (Nothobranchiidae: Epiplateinae), a new species of killifish from southwestern Guinea, West Africa. – Bonn Zoological Bulletin 60 (1): 113.

Sonnenberg, R. & Busch, E. (2012): Description of *Scriptaphyosemion wieseae* (Cyprinodontiformes: Nothobranchiidae), a new species from northern Sierra Leone. – Bonn Zoological Bulletin 61 (1): 13–28.

Sonnenberg, R. & Schunke, A. C. (2010): On the taxonomic identity of *Fundulus beauforti* Ahl, 1924 (Cyprinodontiformes, Aplocheiloidei). – Zoosystematics and Evolution 86 (2): 337–341.

Sonnenberg, R. & Van der Zee, J. R. (2012): *Aphyosemion pseudoelegans* (Cyprinodontiformes: Nothobranchiidae), a new killifish species from the Cuvette centrale in the Congo Basin (Democratic Republic of Congo). – Bonn Zoological Bulletin 61 (1): 3–12.

Staeck, W. (1996): Wasserwerte. Zur Ableitung von Grenzwerten chemischer und physikalischer Parameter des Wassers für die artgemäße Haltung von Aquariumfischen. – DATZ 49 (5): 298–300.

Stallknecht, H. (1963): *Epiplatys bifasciatus taeniatus*. – AT 10 (3): 84–85.

Stallknecht, H. (1994): Man nennt sie Salmler. – Tetra Verlag, Melle, 160 S.

Stansch, K. (1914): Die exotischen Zierfische in Wort und Bild. – Gustav Wenzel & Sohn, Braunschweig, 349 S.

Steffens, W. (1985): Grundlagen der Fischernährung. – Gustav Fischer Verlag, Jena, 226 S.

Stenglein, W. (2004): »Haut Zaire 1985« oder Ein Franke in Afrika. – DKG-J. Suppl. Nr. 7: 1–82.

Thomerson, J. E. & Taphorn, D. C. (1992): Two new annual killifishes from Amazonas Territory, Venezuela (Cyprinodontiformes: Rivulidae). – IEF 3 (4): 377–384.

Tinbergen, N. (1951): The study of instinct. – Clarendon Press, Oxford, 228 S. (nicht eingesehen).

Turner, G. F. (1999): What is a fish species? – Reviews in Fish Biology and Fisheries 9 (4): 281–297 (nicht eingesehen).

Vaissiere, A. P. (2009): Zuchterfolge bei Ziersalmlern. – Amazonas 5 (6): 47–51.

Valdesalici, S. & Eberl, W. (2013): *Aphyosemion grelli* (Cyprinodontiformes: Nothobranchiidae), a new species from the Massif du Chaillu, southern Gabon. – Vertebrate Zoology 63 (2): 155–160.

Valdesalici, S. & Eberl, W. (2015): *Aphyosemion jeanhuberi*, a new killifish species of the *Aphyosemion ogoense* species group (Cyprinodontiformes: Nothobranchiidae), with remarks on the identity of *Aphyosemion loussense* (Pellegrin, 1931). – Aqua, International J. of Ichthyology 21 (3): 110–119.

Valdesalici, S. & Eberl, W. (2016): *Aphyosemion bitteri* (Cyprinodontiformes: Nothobranchiidae), a new killifish species from the northern Massif du Chaillu, Gabon. – Aqua, International J. of Ichthyology 22 (2): 61–68.

Van der Laan, R., Eschmeyer, W. & Fricke, R. (2014): Family-group names of recent fishes. – Zootaxa 3882 (2): 1–230.

Van den Nieuwenhuizen, A. (1964): *Aphyosemion*-Importe der letzten zwei Jahre. – DATZ 17 (1): 5–9.

Van der Zee, J. R. (2002): Neue Einsichten in die Verwandtschaft der Gattung *Episemion*. – DKG-J. 34: 135–143.

Van der Zee, J. R. & Huber, J. H. (2006): Zur Identität von *Aphyosemion christyi* (Boulenger, 1915), *Aphyosemion schoutedeni* (Boulenger, 1920) und *Aphyosemion castaneum* Myers, 1924 (Pisces, Cyprinodontiformes, Aplocheilidae). – DKG-J. 38 (5): 131–142.

Van der Zee, J. R. & Sonnenberg, R. (2010): *Aphyosemion teugelsi* (Cyprinodontiformes: Nothobranchiidae), a new species from a remote locality in the southern Democratic Republic of the Congo. – Zootaxa 2724: 58–68.

Van der Zee, J. R. & Sonnenberg, R. (2011): *Aphyosemion musafirii* (Cyprinodontiformes: Nothobranchiidae), a new species from the Tshopo Province in the Democratic Republic of Congo, with some notes on the *Aphyosemion* of the Congo Basin. – Bonn Zoological Bulletin 60 (1): 73–87.

Van der Zee, J. R. & Sonnenberg, R. (2012): *Aphyosemion* im Kongobecken. – Amazonas 44 (Nov./Dez.) 8 (6): 16–27.

Van der Zee, J. R. & Wildekamp, R. H. (1995): Description of a new *Fundulopanchax* species (Cyprinodontiformes: Aplocheilidae) from the Niger delta, with a redefinition of the genus *Fundulopanchax*. – J. of African Zoology 108 (5): 417–434.

Van der Zee, J. R., Woeltjes, T. & Wildekamp, R. H. (2007): Aplocheilidae. – In: Stiassny, M. L. J., Teugels, G. G. & Hopkins, C. D. (Hrsg.): The fresh and brackish water fishes of Lower Guinea, West-Central Africa. Band II. – IRD Éditions, Paris, 80–240.

Van der Zee, J. R., Walsh, G., Boukaka Mikembi, V. N., Jonker, M. N., Alexandre, M. P. & Sonnenberg, R. (2018): Three new endemic *Aphyosemion* species (Cyprinodontiformes: Nothobranchiidae) from the Massif du Chaillu in the upper Louessé River system, Republic of the Congo. – Zootaxa 4369 (1): 063–092.

Vlaming, J. (1994): Mit Eisendraht und Fliegengitter. – DKG-J. Supplementheft Nr. 3, 103 S.

Völker, M., Ráb, P. & Kullmann, H. (2007): Banded karyotypes of *Chromaphyosemion poliaki* and *C. volcanum* (Cyprinodontiformes, Nothobranchiidae) with discussion of the validity of *C. poliaki*. – IEF 18 (1): 1–8.

Völker, M., Ráb, P. & Kullmann, H. (2008): Karyotype differentiation in *Chromaphyosemion* killifishes (Cyprinodontiformes, Nothobranchiidae): patterns, mechanisms, and evolutionary implications. – Biological J. of the Linnean Society 94: 143–153.

Vollmert, P., Fink, A. H. & Besler, H. (2003): »Ghana Dry Zone« und »Dahomey Gap«: Ursachen für eine Niederschlagsanomalie im tropischen Westafrika. – Erde 134 (4): 375–393.

Wedekind, H. (2002): Die Wirkung von Huminstoffen aus natürlichen Substraten auf Fische und Wasserchemie. – In: Greven, H. & Riehl, R. (Hrsg.): Verhalten der Aquarienfische (2) [Symposiumsband] – Birgit Schmettkamp Verlag, Bornheim, 169–174.

Werner, U. (1973): Zum Thema: Albinimus. – DA 7 (5): 178–180.

Wiefel, G., Heidrich, S. & Bech, R. (1968): Ein neuer *Aphyosemion* aus Guinea. – AT 15 (3): 90–93.

Wildekamp, R. H. (1976): Vergleichende Untersuchungen zwischen diversen Formen von *Aphyosemion lujae, Aph. (striatum) ogoense* gegenüber der unter diesem Namen bekannt gewordenen Aquarienform. – Aquarienfreund 5 (11): 203–218.

Wildekamp, R. (1982): Prachtkärpflinge. – Kernen Verlag, Stuttgart, 208 S.

Wildekamp, R. H. (1993): A world of killies. Atlas of the oviparous cyprinodontiform fishes of the world. Band 1. – American Killifish Association, Mishawaka, Ind., 311 S.

Wildekamp, R. H. (1995): A world of killies. Atlas of the oviparous cyprinodontiform fishes of the world. Band 2. – American Killifish Association, Mishawaka, Ind., 384 S.

Wildekamp, R. H. (1996): A world of killies: Atlas of the oviparous cyprinodontiform fishes of the world. Band 3. – American Killifish Association, Mishawaka, Ind., 311 S.

Wildekamp, R. H. (2004): A world of killies. Atlas of the oviparous cyprinodontiform fishes of the world. Band 4. – American Killifish Association, Mishawaka, Ind., 398 S.

Winter, F. (1999): Frostfutter kann auch tödlich sein. – DATZ Aquarienpraxis 52 (8): 7–8.

Winter, M. (1993): Tierschutzgerechte Haltung von Zierfischen im Zoohandel. Eine Studie. – Dissertation Ludwig-Maximilians-Universität München, 190 S.

Wright, F. (1972): *Roloffia hastingsi*. – British Killifish Association, Leaflet (83)-7/72, 2 S. [Online]. – http://90.185.129.48/library/W/Wright_1972.pdf; URL besucht am 27.12.2016.

Wourms, J. P. (1964): Comparative observations on the early embryology of *Nothobranchius taeniopygus* (Hilgendorf) and *Aplocheilichthys pumilis* (Boulenger) with special reference to the problem of naturally occurring embryonic diapause in teleost fishes. – In: East African Freshwater Fisheries Research Organization, Annual Report for 1964, Jinja, 68–73.

Wourms, J. P. (1972a): Developmental biology of annual fishes. I: Stages in the normal development of *Austrofundulus myersi* Dahl. – JEZ 182 (2): 143–167.

Wourms, J. P. (1972b): Developmental biology of annual fishes. II: Naturally occurring dispersion and reaggregation of blastomeres during the development of annual fish eggs. – JEZ 182 (2): 169–200.

Wourms, J. P. (1972c): Developmental biology of annual fishes. III: Pre-embryonic and embryonic diapause of variable duration in the eggs of annual fishes. – JEZ 182 (3): 389–414.

Wülker, W. (1953): Die frühen Entwicklungsstadien von *Rivulus cylindraceus* Poey. – DATZ 6 (12): 305–308.

Register

Internationale Killifisch-Gemeinschaften (Auswahl)

American Killifish Association (AKA)
aka.org | chairman@aka.org

Associação Portuguesa de Killifilia (APK)
http://www.apk.pt

Association Killiphile Francophone de Belgique (AKFB)
Jean-Pol Vandersmissen, Rue des Haies 77, 6001 Marcinelle, Belgie
akfb.be/

Associazione Italiana Killifish (AIK)
aik.it

Belgische Killifish Vereniging (B.K.V.)
Herman Meeus, De Reet 6, 2160 Wommelgem, Belgie
herman.meeus1@telenet.be

British Killifish Association (BKA)
bka.webeden.co.uk

Czech Killifish Association (CZKA)
killi3.webnode.cz

Deutsche Killifisch Gemeinschaft
www.killi.org | geschaeftsfuehrer1@killi.org

Killi Club Argentina (KCA)
http://www.killiclub.org

Killi Club de France (KCF)
killiclubdefrance.org

Killifish Club of Japan (KCJ)
kcj.jp

Killi Fish Nederland (KFN)
killifishnederland.nl

Russische Killifisch Gemeinschaft (SLIK)
http://killi.ru

Skandinaviska Killi Sällskapet (SKS)
killi.dk/en

Sociedad Española de Killis (SEK)
www.sekweb.org

Danksagung

Ohne meine Familie mit ihrer Toleranz gegenüber meinem Hobby wäre es mir nicht möglich gewesen, solch reiche Erfahrungen zu sammeln. Meiner Frau Karin kam und kommt hier eine besondere Rolle zu. Seit fast 50 Jahren teilt, durchlebt und durchleidet sie meine Passion und wagte sich für drei Fangreisen sogar ins ungeliebte Flugzeug. Danken möchte ich ihr aber vor allem für ihr Engagement für dieses Buch. Sie hat den gesamten Text gelesen. Dass intensive Diskussionen zur deutschen Grammatik einmal zu den Szenen meiner Ehe gehören würden, hatte ich nicht vermutet.

Über die langen Jahre halfen viele Menschen mit, dass solch ein Buch entstehen kann. Allen sei herzlich gedankt. Stellvertretend möchte ich anführen: Barbara Doppler, Basel, die die Doktorarbeit von Paul Odermatt an der Universität Basel für mich kopiert hat; Karl-Heinz Lüke, Bochum, der über die lange Zeit geduldig alle meine Fragen zur Zucht und zum Futter beantwortete; Aki Klimpel, Herne, und Wilfried Pütz, Würselen, die mich wie Karl-Heinz Lüke Blicke in ihre Aquarienanlage werfen ließen. Ich nahm so manche Anregung für eine planmäßige Organisation der Zucht, zur Aufzucht der Arten und zum Nutzen von Lebendfutter mit.

Über meine eigene große Literatursammlung hinaus benötigte ich zahlreiche weitere Quellen. Mein Dank geht an die wichtigen Helfer bei der Literaturbeschaffung Heinz Otto Berkenkamp, Wilhelmshaven, Alexander Dorn, Ansbach, Daniel Poliak (†), Château-Landon, Rainer Sonnenberg, Plön, Winfried Stenglein (†), Adelsdorf, und Dr. Thomas Litz, Attenweiler. Den Dank an Letzteren möchte ich besonders herausheben. Er verwaltet engagiert die Literaturstelle der DKG und zauberte in einer unglaublichen Geschwindigkeit Publikationen ans Licht, mit denen ich häufig nicht gerechnet hatte und die meine Arbeit am Buch stets voranbrachten. Bedanken möchte ich mich außerdem bei José Torres, Meeder, für seine Hilfe bei der Übersetzung aus dem Spanischen.

Schließlich danke ich der VerlagsKG Wolf und ihrem Geschäftsführer Michael Wolf, Magdeburg, für die Möglichkeit, dieses Buch zu veröffentlichen. Seine unaufgeregte und lehrreiche Begleitung bei dieser mir bisher ungewohnten Aufgabe hat mir sehr geholfen. Dass er mir mit Caren Fuhrmann, Jesewitz, eine engagierte Lektorin zur Seite gestellt hat, hat mir und dem Buch sehr gut getan. Ich danke ihr für die Anregungen sowie den Biss und die Konsequenz, mit der sie meinen thematisch recht speziellen Text bearbeitet hat. In der fruchtbaren Zusammenarbeit ist mir bewusst geworden, wie sehr sich das Schreiben eines Artikels von dem Verfassen eines Buchs unterscheidet und welche Arbeit nötig ist, es veröffentlichungsreif zu machen. Meinen Respekt dafür.

Abb. 10.1: Aus diesen unscheinbaren Zysten schlüpfen *Artemia*-Nauplien, ein wichtiges Jungfischfutter.

Abb. 10.2: *Aphyosemion (Chromaphyosemion) bivittatum* »Funge ABC 05/12«, hier ein Männchen, ist eine sehr häufig gepflegte Art.

Abb. 10.3: *Aphyosemion coeleste* »GEB 94/14« wird in der DKG nachgezüchtet.

Abb. 10.4: In der Zucht ist *Fundulopanchax fallax* »Mouanko« eine echte Herausforderung.

Abb. 10.5: *Aphyosemion hera* »Bengui 1-2 GJS 2000/29 wurde im Juli 1996 durch ROMER und KRUMMENACKER sowie im Februar 1997 durch TIRBAK, DERUGIN und KLIESCH aufgesammelt.

Abb. 10.6: Auch bei *Nimbapanchax jeanpoli* »Daro GF 06/11« sind Weibchen oft größer als die Männchen.